食品生物化学实验教程

主编　魏玉梅　潘和平

科学出版社

北　京

内 容 简 介

本书分为四篇：第一篇介绍食品生物化学实验基本知识，共两章；第二篇介绍常用生物化学实验技术与原理，共三章，包括光谱分析实验技术、生物活性分子的分离技术、活性分子及其活性检测；第三篇为基础性实验，共八章，与食品生物化学理论教材相对应，包括食品中的水及矿物质、糖类、脂类、蛋白质、核酸、酶、维生素、物质代谢与生物氧化实验项目；第四篇为综合设计性实验，共四章，由浅至深设计实验项目，使学生掌握更多的研究方法和技术，培养应用和创新能力。本书注重基本实验方法和技能的训练，还结合食品领域相关实验方法和手段，引进新的生物化学实验技术，以培养学生的创新意识。

本书可作为高等学校食品工程、发酵工程、食品营养、动物医学、卫生检验、生物技术等相关专业的本科生实验教材，也可供相关专业的学生、教师及科研工作者参考。

图书在版编目（CIP）数据

食品生物化学实验教程/魏玉梅，潘和平主编. —北京：科学出版社，2017

ISBN 978-7-03-052421-8

Ⅰ. ①食… Ⅱ. ①魏… ②潘… Ⅲ. ①食品化学–生物化学–化学实验–高等学校–教材 Ⅳ. ①TS201.2-33

中国版本图书馆 CIP 数据核字（2017）第 055449 号

责任编辑：陈雅娴 宁 倩 / 责任校对：贾娜娜
责任印制：张 伟 / 封面设计：迷底书装

科学出版社出版
北京东黄城根北街 16 号
邮政编码：100717
http://www.sciencep.com

涿州市般润文化传播有限公司 印刷

科学出版社发行 各地新华书店经销

*

2017 年 5 月第 一 版 开本：B5（720 × 1000）
2022 年 8 月第五次印刷 印张：16 3/4
字数：352 000

定价：49.00 元

（如有印装质量问题，我社负责调换）

《食品生物化学实验教程》编写委员会

主　编　魏玉梅　潘和平

副主编　刘　华

编　者（按姓名汉语拼音排序）

蔡　勇　曹　忻　李海玲　刘　华　潘和平

魏玉梅　肖朝虎

前　言

食品生物化学是食品工程、生物工程与技术、动物医学和农学等专业的重要基础课程，不仅具有较强的理论性，而且具有一定的实践性。它以生物化学为基础，其前置课程有无机化学、有机化学、物理化学和生物学，后置课程有食品微生物学、食品营养学、食品生物技术、食品加工原理（工艺学）等。食品生物化学实验是衔接基础生物化学和食品专业课程的一门重要实验课程，课程所涉及实验技能也是生命科学及化工领域天然物质研究与开发、功能性食品研究与开发等科研人员的必备技能。

本书分为四篇：第一篇为食品生物化学实验基本知识，第二篇为常用生物化学实验技术与原理，第三篇为基础性实验，第四篇为综合设计性实验。内容涉及食品生物化学实验的各个方面，既有经典的基本理论验证实验，又有近年应用广泛的各种凝胶电泳、核酸提取、纯化、鉴定等实验，还有把物质提取、纯化、性质研究、测定等融合在一起的综合实验。另外，介绍了实验室安全与防护、常用数据列表和数据处理方法等内容，尤其详细介绍了食品样品的采集与前处理方法。每个实验包括实验目的、实验原理、实验试剂与仪器、实验步骤、结果处理等内容，同时附有注意事项及思考题，以便使用者能够掌握实验的背景和原理，在做实验的同时提高专业理论水平。

本书理论介绍和实验内容较多，还包括综合设计性实验，可供各院校根据各自实验室条件选做不同实验。

本书由西北民族大学魏玉梅负责统稿，参与编写工作的有：潘和平编写第 1 章，蔡勇编写 2.1～2.3 节，刘华编写 2.4～2.6 节，魏玉梅编写第 3～17 章，肖朝虎编写附录 1、附录 2，李海玲编写附录 3～5，曹忻编写附录 6～8。

本书的出版获中央高校基本科研业务专项资金项目（项目编号：31920160004，31920170072）资助。在编写过程中，得到了西北民族大学教务处、实验中心及生命科学与工程学院等单位领导和老师的大力支持与帮助，许多老师提出了宝贵的意见，同时生命科学与工程学院 2013 级食品科学与工程专业张帅中同学也积极参与了部分工作，在此特致感谢。另外，编者在编写过程中参考了大量的著作和教材，引用了部分图表和数据，在此向相关作者表示诚挚的感谢！

由于编者水平有限，书中难免存在疏漏之处，恳切希望读者批评指正，以使本书日趋完善。

魏玉梅

2017 年 1 月 4 日

目　录

第四篇 综合设计性实验

第一篇　食品生物化学实验基本知识

第1章　绪　　论

1.1　食品生物化学基本概念

生物化学是生命的化学，是研究生物体的化学组成和生命过程中的化学变化规律的科学。它是运用化学的原理和方法研究生命活动化学本质的学科，是从分子水平研究生物体（包括人类、动物、植物和微生物）内基本物质的化学组成、结构、生理功能及在生命活动中这些物质所进行的化学变化（代谢反应）的规律，是生物学与化学结合的一门基础学科。生物化学的主要内容可以概括为以下三个方面：①研究构成生物体的基本物质的结构和性质；②研究生物活动的各种化学变化过程；③研究机体的各种化学变化与生理机能的相互关系。

生物化学是一门实验性科学，每一项生物化学知识的发现与研究都离不开实验技术。虽然人类早在生产实践中应用了各种生物化学技术，如酿酒、酿醋、制酱等，但是第一个真正的生物化学实验是在1896年进行的，即Eduard用不含细胞的酵母菌提取液成功地在活的生物体外实现了糖转化为乙醇的发酵过程。生物科学近20年进展惊人，今日的生物化学在广度和深度上都发生了巨大变化，它已渗透到生命科学的各个领域，对食品科学也具有重要的指导意义。

人类为了维持生命，必须从外界取得物质和能量。人经口摄入体内的含有营养素（如蛋白质、糖类、脂类、矿物质、水分等）的物料统称为食物或食料。绝大多数的人类食物都是经过加工以后才被食用的，经过加工以后的食物称为食品。食品通常泛指一切食物。人是生物体，人类的食物也主要来源于其他生物。食品科学是一门以生物学、化学、工程学等为主要基础的综合学科。为了最大限度地满足人体的营养需要和适应人体的生理特点，食品资源的开发、加工手段与方法的研究等都必须建立在人及其食品的化学组成、性质和生物体在内、外各种条件下的化学变化规律的基础上。

食品生物化学是食品科学的一个重要分支，是应用生物化学之一。概括地说，食品生物化学研究的对象与范围是人及其食品体系的化学及化学过程。食品生物化学不仅涵盖生物化学的一些基本内容，而且包括食品生产和加工过程中与食品营养和感官质量有关的化学及生物化学知识。它所研究的主要内容包括以下几个方面：

（1）食品的化学组成、主要结构、性质及生理功能。食品的化学组成是指食品中含有的能用化学方法进行分析的元素或物质，主要包括无机成分如水分、矿物质等，有机成分如糖类、蛋白质、核酸、脂类、维生素等，此外还有食品添加剂以及污染物质等。

（2）食品在加工、储运过程中的变化及其对食品感官质量和营养质量的影响。

（3）食品的动态生化过程。动态生化以代谢途径为中心，研究食品在人体内的变化规律及伴随其发生的能量变化。

食品生物化学既不同于以研究生物体的化学组成、生命物质的结构和功能、生命过程中物质变化和能量变化的规律，以及一切生命现象的化学原理为基本内容的普通生物化学，也不同于以研究食品的组成、主要结构、特性及其产生的化学变化为基本内容的食品化学，而是将二者的基本原理有机地结合起来，应用于食品科学的研究所产生的一门交叉学科，也是食品科学的重要基石。

1.2　生物化学实验技术

在 20 世纪，生物化学实验技术进入了快速发展阶段。20 世纪初，利用微量分析技术发现了维生素、激素和辅酶等。1924 年，Svedberg 创建的“超离心技术”实现了对生化物质的离心分离，并准确测定了血红蛋白等复杂蛋白质的相对分子质量。1935 年，Schoenheimer 和 Rittenberg 将放射性同位素示踪用于糖类及类脂物质的中间代谢的研究。1937 年，瑞典化学家 Tisellius 研制了电泳仪，建立了研究蛋白质的移动界面电泳方法。1941 年，Martin 和 Synge 建立了分配层析技术，利用柱层析使混合液中的氨基酸得到分离。在 20 世纪 50 年代后，各种仪器分析方法被用于生物化学研究，如高效液相色谱技术，红外光谱、紫外光谱、圆二色光谱等光谱技术，核磁共振技术等，使生物化学实验技术取得了很大的进展。Wilkins 通过对 DNA 分子的 X 射线衍射研究证实了 Watson 和 Crick 的 DNA 模型。Kendrew 和 Perutz 先后对肌红蛋白和血红蛋白的结构进行了 X 射线衍射分析，成为研究生物大分子空间立体结构的先驱。1953 年，Sanger 确定了胰岛素分子的氨基酸序列；1958 年，Stem、Moore 和 Spackman 设计出氨基酸自动分析仪；1967 年，Edman 和 Begg 制成了多肽氨基酸序列分析仪；1973 年，Moore 和 Stein 设计出氨基酸序列自动测定仪，大大加快了蛋白质的分析工作。1965 年，我国化学和生物化学家用化学方法在世界上首次人工合成了具有生物活性的结晶牛胰岛素。此外，层析和电泳技术也取得了重大进展，1969 年 Weber 应用 SDS-聚丙烯酰胺凝胶电泳技术测定了蛋白质的相对分子质量，在 1968～1972 年 Anfinsen 创建了亲和层析技术。

20 世纪 70 年代，核酸研究的开展将生物化学实验技术推入了辉煌发展的时期。1972 年，Berg 等首次用限制性内切酶切割了 DNA 分子，并实现了 DNA 分子的重组。1973 年，Cohen 等第一次完成了 DNA 重组体的转化技术。与此同时，各种仪器分析手段进一步发展，DNA 序列测定仪、DNA 合成仪等相继制成。1980 年，英国剑桥大学的生物化学家 Sanger 和美国哈佛大学的 Gilbert 分别设计出两种测定

DNA 分子内核苷酸序列的方法，从此，DNA 序列分析法成为生物化学与分子生物学最重要的研究手段之一。1981 年，由 Jorgenson 和 Lukacs 提出的高效毛细管电泳技术（HPCE）是生化实验技术和仪器分析领域的重大突破。1984 年，Kohler、Milstein 和 Jerne 发展了单克隆抗体技术，完善了极微量蛋白质的检测技术。1985 年，Mullis 等发明了 PCR 技术（聚合酶链式反应的 DNA 扩增技术），这对于生物化学和分子生物学的研究工作具有划时代的意义。在 20 世纪 90 年代后，各种生化实验技术得到了进一步的发展和完善，并不断涌现出新的技术手段，如基因芯片、蛋白质芯片等，有力地推动了基因组学、后基因组学及蛋白质组学的研究。

食品生物技术的发展也渗透到食品理化特性、物质变化、营养价值、安全性和其他品质的分析与检测方面。对于食品物理性质测定，应用一定的仪器设备在不破坏食品成分分子结构的状态下对食品的多种物理性质进行测定，甚至不用破坏食品的整体或组织，就能完成物理性质乃至化学组成的测定。有些物理性质的测定结果与感官评定结果很匹配，但是性质测定结果是一个客观和量化的结果，可以更好地反映食品的质量指标。

化学分析法是以物质的化学反应为基础的分析测定法，也是最基本和传统的物质定性和定量分析方法。目前，食品水分、灰分、果胶、纤维素、脂肪、蛋白质、维生素等常规测定主要采用化学分析法。

仪器分析法是随着近代和现代科学技术发展而越来越强大的分析技术，它利用仪器半自动化或全自动化分离、鉴定和分析物质的成分，这种技术现已广泛应用于食品检验领域，如分光光度法、气相色谱法、高效液相色谱法、气相色谱-质谱联用法、氨基酸自动分析仪法、原子吸收光谱法、近红外光谱分析技术等。这类方法灵敏度和精密度高，需要的样品量少，分析测定速度快，测定结果常用计算机处理、分析和展示，因此具有广阔的应用前景。

第2章　食品生物化学实验室常识与规则

2.1　食品生物化学实验室须知

2.1.1　食品生物化学实验目的

（1）通过实验让学生掌握基本的生物化学实验操作技能。

（2）通过实验让学生加深对生物化学基础理论知识的理解。

（3）培养学生观察、分析问题和解决问题的能力，以及求实创新的工作作风。

2.1.2　生物化学实验室的基本要求

（1）实验前必须认真预习实验内容，明确实验的目的和要求，掌握实验原理和基本操作。

（2）每位学生必须穿实验服进入实验室，严格遵守实验课堂纪律，维护课堂秩序，不迟到，不早退。

（3）进入实验室后，要保持安静，不得大声谈笑，严禁随意动用器械、动物及危险品。

（4）在实验过程中要听从教师的指导，严肃认真地按操作规程进行实验，简要、准确地将实验结果和数据记录在实验记录本上。实验完成后经教师检查同意，方可离开。

（5）严格领取实验试剂及仪器，听从实验教师安排，做好领用登记。取用试剂时必须“盖随瓶走”，使用后立即盖好放回原处，切忌“张冠李戴”。实验结束后清点所用的试剂及仪器，做到领用和归还数量一致，并签字确认。

（6）严格按操作规程使用仪器，并执行使用登记；凡不熟悉其操作方法的仪器，不得随意动用；对贵重仪器必须先熟知其使用方法，才能开始使用；仪器发生故障时，应立即关闭电源，不得擅自拆修。

（7）实验完毕，将使用过的有关仪器和器材洗净放好，保持实验台面、称量台、药品架、水池以及各种实验仪器内外的清洁及整齐。

（8）未经实验教师批准，实验室内一切物品严禁携带到室外，借物品必须办理登记手续。

（9）爱护公物，节约水、电、试剂，遵守损坏仪器“报告、登记、赔偿”制度。打破玻璃仪器要及时向教师报告，自觉登记，并在学期结束时按规定进行赔偿。

（10）实验室内严禁吸烟、饮水和进食，严禁用嘴吸移液管和虹吸管。易燃液体不得接近明火和电炉，凡产生烟雾、有害气体和不良气味的实验，均应在通风条件下进行。

（11）严格遵守实验室安全用电规则和其他安全规则。不能直接加热乙醇、丙酮、乙醚等易燃品，需要使用时要远离火源操作和放置。

（12）废弃液体（强酸、强碱溶液必须先用水稀释）可倒入水槽内同时放水冲走，或倒入指定废液收集缸内。废纸、火柴梗及其他固体废弃物和带有渣滓沉淀的废弃物都应倒入废品缸内，不能倒入水槽或到处乱扔。电泳后的凝胶和各种废物不得倒入水池，只能倒入废物缸。

（13）实验完毕，应立即关闭各种仪器电源，关闭各类阀门。离开实验室前应认真检查，严防不安全事故的发生。

（14）每次实验完毕，值日生要认真做好实验室的卫生工作，同时再次认真检查实验室是否安全，确认电源、火源、水源阀门是否关闭，离开实验室时关好门窗及排风系统等。

2.2　生物化学实验室安全及防护知识

2.2.1　实验室安全原则

1. 实验室用电

（1）实验室管理人员必须经常检查电源线路及插座，发现电线绝缘胶皮老化或插座破裂等隐患要及时维修更换。

（2）不得超负荷使用电器设备。保险丝熔断后应寻找原因，排除故障或确认无危险后用相同保险丝更换，不得用铁丝、铜丝和粗保险丝代替。

（3）使用电学仪器或设备时，要注意电压、电流是否符合设备标牌规定的要求。必要时应使用稳压器或调压器。

（4）严格按照电器使用规程操作，不能随意拆卸电器。

（5）严防触电。电闸是控制局部电路、实施维修的必要装置，原则上谁拉闸（维修后）谁关闭。发现闸刀被拉下，在情况不明时不能贸然合闸，以免他人触电。绝不可用湿手或当眼睛旁视时开关电闸和电器。检查电器设备是否漏电时应使用试电笔。凡是漏电的仪器一律不能使用。

2. 实验室用水

（1）注意节约用水，使用完毕应随手关闭水龙头。实验完毕离开实验室前应检查室内所有水龙头是否已经关闭。水槽内不可堆积仪器或杂物，以防排水不利时溢出槽外。另外，要保证地板上地漏一直畅通。

（2）实验室必须配备一定数量的消防器材，并按消防规定保管、检修和使用。所有在实验室工作的人员都应接受消防器材使用培训。

3. 实验室防火

（1）实验室发生火灾主要是不安全用电，不正确用火，不合理使用与处置可燃易爆试剂如乙醚、丙酮、乙醇、苯、金属钠、白磷等引起的。实验室内严禁吸烟。冰箱内不许存放可燃液体。实验室内如必须存放少量的即将使用的可燃物，应远离火源和电器开关。倾倒可燃性液体时，室内不得有明火或开启电器。不准在火焰上直接加热低沸点的有机溶剂，只能利用带回流冷凝管的装置在水浴上加热或蒸馏。

（2）如果不慎洒出相当数量的可燃液体，应立即切断室内所有的火源和电加热器的电源。关上室门，打开窗户，用毛巾或抹布擦拭洒出的液体，回收到带塞的瓶内。

（3）可燃和易爆炸物质的残渣（如金属钠、白磷、火柴头等）不得倒入污物桶或水槽中，应收集在指定的容器内。可燃的有机溶剂废液也不能倒入水槽，须回收在指定带塞的瓶内。

4. 实验室防毒

（1）毒物应按实验室规定办理审批手续后领取，并由专人妥善保管。存放及操作生物危险品或放射性物质的实验室，不同类型的实验化学药品存放处应有国际通用标志。

（2）使用毒性物质和致癌物时，必须根据试剂瓶上标签严格操作，安全称量、转移和保管。操作时应戴手套，必要时戴口罩或防毒面罩，并在通风橱中进行。沾过毒性物质、致癌物的容器应单独清洗、处理。

（3）水银温度计、气量计等重金属设备破损时，必须立即采取措施回收汞，并在污染处撒上一层硫磺粉以防止中毒。

5. 规范操作，避免伤害

使用玻璃、金属器材或动力设备时，注意防止割伤、机械创伤。清除碎玻璃不可用抹布，以免划伤或扎伤手部。量取浓酸、浓碱强腐蚀性液体需格外小心。用吸量管量取液体试剂尤其是有毒物品时，必须用洗耳球，不得用口吸取。

6. 预防生物危害

（1）生物材料如微生物、动物的组织、细胞培养液、血液和分泌物等都可能存在细菌和病毒感染的潜伏性危险。处理各种生物材料必须谨慎、小心，做完实验后必须用肥皂、洗涤剂或消毒液充分洗净双手。

（2）使用微生物作为实验材料时，尤其要注意安全和清洁卫生。被污染的物品必须进行高压消毒或烧成灰烬。被污染的玻璃用具应在清洗和高压灭菌之前立即浸泡在适当的消毒液中。

（3）进行遗传重组的实验室更应根据有关规定加强制定生物伤害的防范措施。

7. 警惕放射性伤害

使用放射性同位素的实验必须在有放射性标志的专用实验室中进行，切忌在实验室中操作或存放有放射性同位素的材料和器具。实验后科研人员应及时淋浴，定期进行体检。

8. 妥善保管和收藏科研资料

科研资料是科研人员艰苦劳动的文字记录、视听记载、实物证据，应妥善保管，防止水淹、火烧、鼠咬、发霉或丢失。

2.2.2　实验室安全措施

1. 实验室灭火法

（1）实验中一旦发生火灾，切不可惊慌失措，应保持镇静。首先立即切断室内一切火源和电源，然后根据具体情况积极正确地进行抢救和灭火。

（2）较大的火灾事故应立即报警，必须清楚说明发生火灾的实验室的确切地点。

（3）导线着火时应切断电源或使用四氯化碳灭火器，不能用水及二氧化碳灭火器，以免人员触电。

（4）可燃性液体着火时，应立即转移着火区域内的一切可燃物质。若着火面积较小，可用石棉布、湿布或沙土覆盖，隔绝空气使之熄灭。但覆盖时切忌忙中生乱，不要碰破或打翻盛有可燃液体的器皿，避免火势蔓延。绝对不要用水灭火，否则会扩大燃烧面积。金属钠着火时可用沙土覆盖。

（5）衣服着火切忌奔走，应卧地滚动灭火。

2. 其他情况急救措施

（1）有人触电时应立即关闭电源或用绝缘的木棍、竹竿等使触电者与电源脱离接触。急救者必须采取防止触电的安全措施，不可用手直接接触触电者。

（2）受玻璃割伤及其他机械损伤时，首先检查伤口内有无玻璃或金属碎片，然后用硼酸水溶液洗净，再涂擦碘伏，必要时用纱布包扎。若伤口较大或过深而且大量出血，应迅速在伤口上部和下部扎紧血管止血，立即到医院诊治。

（3）烫伤。轻度烫伤一般可涂上苦味酸软膏，如果伤处红痛或红肿（一级灼伤），可擦医用橄榄油；若皮肤起泡（二级灼伤），不要弄破水泡，防止感染；若伤处皮肤呈棕色或黑色（三级灼伤），应用干燥无菌的消毒纱布轻轻包扎好，迅速送医院治疗。

（4）化学试剂灼伤。强碱和碱金属引起的灼伤，先用大量自来水冲洗，再用5%硼酸溶液或2%乙酸溶液清洗。强酸、溴等引起的灼伤，立即用大量自来水冲洗，再用 5%碳酸氢钠溶液或 5%氢氧化铵溶液洗涤，如酚触及皮肤引起灼伤，可用医用酒精洗涤。

（5）汞容易由呼吸道进入人体，也可以经皮肤直接吸收而引起积累性中毒。严重中毒的症状是口中有金属味，呼出气体也有气味；流唾液、打哈欠时疼痛，牙床及嘴唇上显示硫化汞的黑色；淋巴腺及唾液腺肿大。若不慎中毒，应送医院急救。

急性中毒时，通常用炭粉或呕吐剂彻底洗胃，或者是食入蛋白（如1L牛奶加3个鸡蛋清），或用蓖麻油解毒并使之呕吐出来。

2.3　生物化学实验基本操作

生物化学实验中除了有些特殊的操作和方法使用某些特殊仪器外，整个实验的绝大部分是由各种常用基本操作组成的。基本操作的掌握是否正确及其熟练程度如何往往是实验的关键。因此，必须有意识地加强基本操作的练习。

2.3.1　玻璃仪器的洗涤

在生物化学实验中，所用的玻璃仪器清洁与否是能否获得准确结果的关键。因此，玻璃仪器的洗涤是非常重要的。清洁的玻璃仪器应十分明亮光洁，如将洗干净的玻璃仪器倒置时，器壁上不应挂有水珠，否则表示尚未洗净，必须重新洗涤。在实验的过程中，实验者要养成保持所用玻璃仪器清洁、放置整齐的良好习惯。

1. 一般玻璃仪器

凡能用毛刷刷洗的玻璃仪器（如试管、烧杯、锥形瓶、量筒等），先用自来水洗刷再用毛刷蘸取洗衣粉（肥皂或去污粉）将仪器内、外部（特别是内壁）细心刷洗，用自来水冲洗干净后，再用少量蒸馏水冲洗两三次，倒置于仪器架上自然晾干后备用。

2. 新购玻璃仪器

新购置玻璃仪器表面常附有游离的碱性物质及泥污，可先用洗衣粉洗刷再用自来水洗净，然后浸泡在1%～2%盐酸溶液中过夜（不少于4h），再进一步洗涤，最后用蒸馏水冲洗两三次，倒置于仪器架上晾干备用。

3. 量度玻璃仪器

凡不能用毛刷刷洗的量器（如容量瓶、滴定管、刻度吸管等），应先用自来水冲洗、沥干，再用铬酸洗液浸泡4～6h（或过夜），从洗液中取出并沥干后，用自来水冲洗干净，再用蒸馏水冲洗两三次，倒置于量器架上自然晾干。

4. 窄口仪器（试剂瓶）

窄口仪器使用后立即在洗涤剂溶液或清水中浸泡过夜，洗涤剂溶液倒入容器内（约1/4），小心转动或摇动仪器，用自来水冲洗，最后用蒸馏水冲洗两三次。

5. 比色皿

分光光度法中所用的比色皿是用光学玻璃或石英制成的，不能用毛刷刷洗，通常用盐酸-乙醇混合液、合成洗涤剂等洗涤后，用自来水冲洗，再用蒸馏水冲洗两三次。

6. 干燥方法

（1）晾干。仪器倒立放在特制架子上，自然晾干。

（2）烘干。尽量倒净仪器内部的水，将其放在托盘上，放入烘箱烘干。普通仪器干燥温度为 80～100℃，容量分析仪器干燥温度为 37～40℃。

（3）有机溶剂干燥。体积小的容器急需干燥时，可用此法。洗净的仪器先用少量乙醇洗一次，再用少量丙酮或乙醚洗涤，用电吹风吹干（不必加热）。

7. 洗涤液

实验室中除用水、洗衣粉和肥皂外，还会使用一些化合物的溶液洗涤玻璃仪器，这些溶液称为洗涤液。洗涤液种类很多，现介绍如下几种。

1）铬酸洗液

铬酸洗液是指重铬酸钾-硫酸洗液，简称洗液，是实验室中使用最广泛的一种洗涤液。其配方很多，可根据情况选用。现列举两种配方：

（1）称取重铬酸钾 50g，溶于 100mL 水中，在慢慢搅动条件下加入浓硫酸（工业用）400mL，若中途温度过高，则暂停待稍冷后再加。冷却后即可使用。

（2）称取重铬酸钾 5g，加水 5mL，搅拌使其溶解，慢慢加入浓硫酸（工业用）100mL，待冷却后即可使用。

铬酸洗液具有强烈的腐蚀性。皮肤、衣物等要避免与之接触。洗液应保存在密闭容器中，以防吸水。良好的洗液应呈褐红色，若溶液变成黑绿色表示已失效，无氧化能力，应更换。

2）10%～20%尿素溶液

用以洗涤盛过血液等含蛋白质的器皿。

3）硝酸洗涤液

用水和浓硝酸按体积比 1∶1 配成的硝酸溶液，用以洗涤二氧化碳测定仪等。

2.3.2　刻度吸管的使用

刻度吸管（吸量管）是使用广泛的一种小容量吸管，其准确度较高，常用的有 10mL、5mL、2mL、1mL、0.5mL、0.1mL 等几种。因生产厂家的不同，其刻度方法也有所不同，一般可分为吹出式和流出式等形式。

吹出式：此种吸量管一般都注有“吹”字，使用 1mL 以下（不包括 1mL）的吸量管时，必须将管尖端残留的液体吹入接收器内。

流出式：此类吸量管的刻度上有零刻度、下无总量刻度，或上有总量刻度、下无零刻度。这类吸量管又可分为慢流速、快流速两种，按其容量和精密度不同，慢流速吸量管又可分为 A 级与 B 级，而快流速吸量管只有 B 级，在吸量管上都注有 A 或 B。若使用 1mL 以上（包括 1mL）吸量管，让吸量管尖端紧靠在接收器壁上，A 级停留 5s，B 级停留 3s，同时转动吸量管，最后吸量管尖端残留的液体不应吹出。

上述两类吸量管虽有不同之处，但其操作规程是相同的，现将其使用方法一并介绍如下。

（1）选择。使用前应根据需要选择适当的吸量管，其总容量最好等于或稍大于取液量，同时必须看清楚吸量管的刻度读数，以免弄错。

（2）执管。用右手拇指及中指持住吸量管的上部，用食指堵住管口及控制流量，刻度数字要向着操作者。切忌用大拇指堵住管口控制流量。

（3）量取溶液。左手持洗耳球，将吸量管的尖端插入所量取试剂液面下 1cm 处。用洗耳球的下端出口对准吸量管上口，将液体轻轻吸上，眼睛注视上升液面，当液面上升至所需取量稍高一些刻度时，立即用右手食指按紧管口。

（4）调准刻度。用食指控制流量，使吸量管内液面缓慢下降至所需刻度，此时液体弯月面底部、刻度和视线应同在一水平线上，右手食指立即按紧吸量管上口，使液体不再流出。如吸取的溶液黏度较大，则必须用小滤纸片将吸管尖端外部溶液擦干。

（5）放出溶液。将吸量管转移至盛所取溶液的容器内，让吸量管尖端接触接收器内壁，但不能插入接收器内原有液体之中，以免污染吸量管及试剂。稍松动右手食指，使液体自然流出。放液后吸量管尖端残留的液体是吹出或不吹出，则视选用吸量管种类要求而定，若需要吹的则将其吹出，若要求不吹的则让吸量管尖端停靠容器内壁，同时转动吸量管。

（6）洗涤。吸取血液、尿、组织样品及黏稠样品的吸量管，用后应及时用自来水冲洗干净。若吸取一般试剂的吸量管可不必马上冲洗，暂时放在吸量管架上，待实验做完后再清洗。

2.3.3　微量移液器的使用

微量移液器是用于准确移取一定体积溶液，尤其是较小体积（<100μL）溶液的一种量器。目前，已有多种型号、多种规格的移液器可供使用，有可调式、单刻度式，转移体积为 0.1μL～10mL 不等。可更换取样滴头移取不同种类、不同体积的液体。使用时注意用拇指控制管腔压力。一般有两个挡位，拇指压下的第一挡松开后所取得的液体为标示体积；放出液体时，要用拇指压下至第二挡，才能将全部液体放出。

2.3.4　试管中液体的混匀法

容器中先后加入的几种试剂能否充分混匀往往是实验成败的关键之一。常用于试管中液体混匀的方法有下列几种。

（1）甩动法。右手持管上部，将试管轻轻甩动振摇即可混匀。此法适用于液体较少时。

（2）弹敲法。右手持管上部，将试管的下部在左手掌心弹敲。此法也适用于管内液体不多时。

（3）旋转法。右手掌心顶住试管上口，五指拿紧试管，利用腕力使管向一个方向做圆周运动，使管内液体形成漩涡而混匀。该法适用于试管中液体较多或小口器皿，如锥形瓶。

（4）吸管混匀法。用清洁吸管将溶液反复吸放数次，使溶液充分混匀。成倍稀释某种液体往往采用此法。

（5）振荡器混匀。将需要混合的液体装入容器内（液体量约为容器容积的 1/3），手持容器放在振荡器工作台上（或用附件固定）即可混匀。混匀速度可视需要进行调整，如用烧杯或烧瓶配制溶液时，一般可用玻璃棒搅拌或用磁力搅拌器搅拌溶解及混匀。

2.4　样品的采集与前处理

2.4.1　样品的采集与保存

1. 采样的重要性和分类

采样就是从原料或产品的总体（通常指一个货批）中抽取样品的过程。采样是实验分析中最基础的工作。试样是采样和制样的结果，它必须很好地代表原有样品的本来特性。否则，再先进的分析设备、再精确的测试方法、再准确的试样分析结果都将毫无意义。

除了要求具有代表性外，采样还应满足分析的精度要求。由于食品材料的均匀性差，食品分析中采样和制样带来的误差往往大于后续测定带来的误差。因此，应严格地按照采样和制样的各项要求，认真地完成这项工作。

在食品分析工作中，为了特殊需要，采样有时可能是有选择的，但通常是在整个货批中按一定方式和方法取样，取得代表整个货批全面质量的客观样品。根据食品的种类不同，可分为粮谷、粮谷制品、油料、食油、水果及其制品、蔬菜及其制品、蛋及其制品、乳及其制品、肉及其制品、水产品、酿造品、蜂产品、饮料等不同食物和相应条件下的采样。根据分析对象所处的地点不同，可分为原料产地、储藏库、加工厂、成品库、市场、口岸、码头等不同地点和相应条件下的采样。根据分析对象的运动状态，可分为仓库中、储罐中、流水作业线上、运输途中等不同运动状态和相应条件下的采样。根据食品的其他不同，又分为散装、包装品的采样和液体、固体、半固体食品的采样。多数国家是按第一种分类方法制定采样方法标准的，其他的分类方法按不同情况的需要，以不同形式列入采样标准方法中。

1）采样量和采样位点的设定

简单地加大采样量和增加采样位点，可以提高采样的代表性和精度，但从经济的角度出发，采样量越小越好。从分析方法要求的试样量出发，采样量不得太低，但过多则是浪费。采样量和采样位点控制时，首先考虑采样对象的均匀性。液体物料的均匀性一般高于固体，液体的采样量和采样位点显然可少于固体的。

例如，在液体储罐里取样，分样取样位点一般设在储液的上、中、下三层和管道口附近。在存放固体食品的大容器中取样时，分样取样位点应设在食品整体的不同平面和位置。例如，在粮食仓库中取样，分样取样位点要求设在粮堆的上、中、下、角、心、面、左、中、右、前、后等各点；在大袋子里取粒状食品样品，应在表面以梅花点均匀定位后，再在上、中、下层取分样。生鲜食品的最小单位是个体，采样时一般不应将个体切分，因此除了要在堆放的不同部位设点取分样外，还要按个体的大、中、小均匀取分样。包装了的食品也不均匀，一般可均匀地在其堆放的各分区设点后，在各点中随机抽取分样。流水作业线上的取样点一般都设在流水线的一定位置上（如罐头生产线的封盖前、码头散装货输送带的抓斗前），每隔一定时间抽取分样。

2）采样和缩分方法

（1）采样的一般步骤。采样前先要做调查，调查的项目包括：待检商品的货主、来源、种类、批次、生产日期、保质期、总量、包装堆积形式、运输情况、储藏条件及时间、挥发损失、污染情况等。如果是外地调入的商品，还应审查其货运单、质量检查证及质检报告单、卫生检验合格证及卫检报告单、港口或海关签发的通关证明和相关检验报告等。

根据待检商品的特点和地点，确定采样方法，做好采样准备（包括保存和运输的准备），按选择的方法取好分样后贴好标签运回分析室。运达分析室后，立即按一定方法使分样均匀混合，得到的均匀样品称为“原始样品”。原始样品按一定方法被缩分后得到的样品称为“平均样品”。平均样品即作为全面分析用的样品，它的量一般不应少于全部分析项目需用量的4倍。平均样品被均分为三份：第一份作为分析用，称为“检验样品”；第二份作为复查用，称为“复检样品”；第三份作为备查用，称为“保留样品”。必须贴好每一份样品的标签。

采样时应有采样单和记录本，随时记录调查的信息和采样的情况。另外，采样完毕时，应在专用的工作记录本上仔细做出更正规的记录，记录内容包括：样品来源、种类、包装情况、产品批号、采样条件、采样数量、检验或分析项目、样品编号、采样人、采样日期、调查和采样中记录的其他重要情况。

（2）缩分。原始样品的缩分方法依样品种类和特点的不同而不同。颗粒状样品可采用四分法，即将样品混匀后堆成一圆堆，从正中画十字将其四等分，或者将样品铺成一正方形，连接对角线画十字将其四等分，然后将对角的两份取出后，重新混匀堆成圆堆或铺成正方形，再画十字将其四等分，将对角的两份取出混匀，继续这样缩分直到平均样品的需要量为止。

液体样品的缩分只要将原始样品搅匀或摇匀，直接按平均样品的需要量倒取平均样品即可。易挥发液体应始终装在加盖容器内，缩分时可用虹吸法转移液体；易分层又易挥发的液体，缩分时可用虹吸法从上、中、下三层中平均转移一份液体。

水果、蔬菜、动物性食品的个体大小不一，有些太大且不宜过早切开的个体，其检验样品、复检样品和保留样品可以分别直接从尚未混合的原始样品中，按各分样占总采样量的质量分数随机抽取。这实际就是将各原始分样按个体大小分为三份，然后再分别混合。其中的检验样品由于立即就可用于分析，混合后就可去掉皮、核、蒂、根、骨等不可食部分，然后再切成小块、小片甚至打浆后混匀，这时再来缩分。缩分时要防止汁液流失和分得不均。

3）不同食品的采样量

采样量一般指原始样品的总量，通常称为最少抽样单位数或最少取样量。前者指要求抽取的包装单位的件数，后者指应采取的被检物的质量或体积。对精装样品一般规定前者，对散装样品一般规定后者。由于采样量与样品种类及分析项目有关，所以采样标准很多。

采样数量应能反映该食品的卫生质量和满足分析对试样量的需要，一式三份，供检验、复验、备查或仲裁，一般散装样品每份不少于0.5kg。鉴于采样的数量和规则各有不同，一般可按下述方法进行。

（1）液体、半流体食品。如植物油、鲜乳、酒或其他饮料，若用大桶或大罐盛装者，应先行充分混匀后采样。样品应分别盛放在三个干净的容器中，盛放样品的容器不得含有待测物质及干扰物质。

（2）粮食及固体食品应自每批食品的上、中、下三层中的不同部位分别采取部分样品，混合后按四分法对角取样，再进行几次混合，最后取有代表性的样品。

（3）肉类、水产等食品应按分析项目要求分别采取不同部位的样品或混合后采样。

（4）罐头、瓶装食品或其他小包装食品，应根据批号随机取样。同一批号取样件数，250g以上的包装不得少于6个，250g以下的包装不得少于10个。掺伪食品和食物中毒的样品采集要具有典型性。

2. 样品运输与保存

1）样品运输

不论是将样品送回实验室，还是将样品送到别处去分析，都要考虑和防止样品变质。生鲜样品要冷冻运送，易挥发样品要密封运送，水分较多的样品要装在几层塑料食品袋内封好，干燥的样品可用牛皮纸袋盛装，样品的外包装要结实而不易变形和损坏。此外，运送过程中要注意车辆的清洁，注意车站、码头有无污染源，避免样品被污染。

2）样品保存

采回的样品应尽快进行分析，若无法尽快分析（特别是复检样品和保留样品），就要保质保存。根据不同的样品，保存的方法也不同。干燥的农产品只要放在干燥的室内就可保存1～2周；易腐的样品应在冷藏或冷冻的条件下存放，冷藏或冷冻时要把样品密封在加厚塑料袋中以防水分渗进或逸出；对含水多的样品，也可先分析其水分后将剩余样品干燥保存；如果向样品中加入某些有助于样品保藏的防腐剂、稳定剂等纯度较高的试剂并不会干扰要进行的分析，则可以采用这种方法，以利于延长样品保存期。保存样品时同样要严格注意卫生、防止污染。

2.4.2 样品的制备和前处理

1. 一般食品

1）样品制备

样品制备的目的是保证分析试样十分均匀，并去掉检验样品中的杂质和不值得分析的部分。有时整个平均样品是在被制备后才被分为检验样品、复检样品和保留样品的，这样三者的差异更小，如干燥固体样品。正确选择制样方法可使制出的分析样品具有更好的代表性。

液体样品的制备只需搅匀或摇匀。固体样品的制备稍复杂，并且各不相同。

（1）粮谷、茶叶等干燥固体样品反复被粉碎，每粉碎一遍过一次筛，直到样品全部通过 20 目筛。

（2）肉食样品按肥瘦比例、器官和组织部位先取分量，将各分量切碎后混合，然后用绞肉机反复绞 3 遍。

（3）水产、禽类制样时，将样品个体先各取半只，切除非食用部分，将可食用部分用绞肉机反复绞碎。

（4）罐头食品制样时，将罐头打开，固体和汤汁分别称量，小心去除固体中的不可食部分（如骨头）后再称量，按可食固体和液体的质量比各取一定量，混合后于捣碎机内捣碎。

（5）水果、蔬菜先清洗，洗净后除去表面附着的水分，除去非食用部分（如卷心菜的外叶、洋葱的根部和顶部、水果的柄和核），将可食部分沿纵轴剖开，利用四分法缩分到体积较小后，混合不同个体的缩分样，于捣碎机内捣碎。

（6）核果去壳、仁，再经粉碎后，四分法缩分到适当量。

样品制备后应立即进行分析。有时仅经上述制备后的样品还不能直接用于分析，这是因为食物成分很复杂，经常有被测成分的分析可能受到样品中其他物质严重干扰的情况。如果遇到这种情况，就要对样品做进一步的前处理。

2）有机物破坏法

在进行食品矿物质成分含量分析时，尤其是进行微量元素分析时，由于这些成分可能与食品中的蛋白质或有机酸结合牢固，严重干扰分析结果的精密度和准确性。破除这种干扰的常用方法是在不损失矿物质的前提下全盘破坏有机质。有机物破坏法分为以下两类。

a. 干法（又称灰化法）

将洗净的坩埚用掺有 $FeSO_4$ 的墨水编号后，于高温电炉中烘至恒量，冷却后将称量后的样品置于坩埚中，于普通电炉上小心炭化（除去水分和黑烟），再转入高温炉于 500～600℃灰化，如不能灰化彻底，取出放冷后，加入少许硝酸或双氧水润湿残渣，小心蒸干后再转入高温炉灰化，直至灰化完全。取出冷却后用稀盐酸溶解，过滤后滤液供测定用。

干法的优点在于破坏彻底、操作简便、使用试剂少，适用于除砷、汞、锑、铅等以外的金属元素的测定。

b. 湿法（又称消化法）

在酸性溶液中，利用强氧化剂使有机质分解的方法称为湿法。湿法的优点是使用的分解温度低于干法，因此减少了金属元素挥散损失的机会，应用范围较为广泛。按使用氧化剂的不同，湿法又分为以下几类。

（1）硫酸-硝酸法。在盛有样品的凯氏烧瓶中加数毫升浓硫酸，小心混匀后，先用小火使样品溶化，再加适量浓硝酸，渐渐加强火力，保持微沸状态。如在继续加热微沸的过程中发现瓶内溶液的颜色变深或无棕色气体，说明硝酸已不足和样品已炭化，此时必须立即停止加热，待瓶温稍降后再补加数毫升浓硝酸，继续加热保持微沸，如此反复操作直至瓶内溶液变为无色或微黄色时，继续加热至冒出三氧化硫的白烟。自然冷却至常温后，加水20mL，煮沸除去残留在溶液中的硝酸和氮氧化物，直至再次冒出三氧化硫的白烟。冷却后将消解液小心加水稀释，转入容量瓶中，凯氏烧瓶须用水洗涤几遍，洗涤液并入容量瓶，加水定容后供测定用。

（2）高氯酸-硝酸-硫酸法。操作基本同硫酸-硝酸法，不同点在于：中途反复加入的是硝酸和高氯酸（3∶1）的混合液。

（3）高氯酸（或双氧水）-硫酸法。在盛有样品的凯氏烧瓶中加浓硫酸适量，加热消化至淡棕色时放冷，加入数毫升高氯酸（或双氧水），再加热消化。如此反复操作直至消解完全时，冷却到室温，用水无损失地转移到容量瓶中，定容后供测试用。

（4）硝酸-高氯酸法。在盛有样品的凯氏烧瓶中加数毫升浓硝酸，小心加热至剧烈反应停止后，继续加热至干，适当冷却后加入20mL硝酸和高氯酸（1∶1）的混合液并缓缓加热，继续反复补加硝酸和高氯酸混合液，直至瓶中有机物完全消解时，小心继续加热。加入适量稀盐酸溶解，用水无损失地转移到容量瓶中，定容后供测试用。

为了消除试剂中含有的微量矿物质元素带来的误差，湿法要求做空白消解样。

3）溶剂提取法

使用无机或有机溶剂，如水、稀酸、乙醇、石油醚等，从样品中提取被测物或干扰物是常用的样品处理方法。如果样品为固体，该法称为浸提；如果样品为液体，该法称为萃取。

提取法的原理是溶质在互不相溶的介质中的扩散分配。将溶剂加入样品中，经过充分混合和一定时间的等待，溶质就会从样品中不断扩散进入溶剂，直到扩散分配平衡。平衡时，溶质在原介质和溶剂中的浓度比称为分配系数(K)，它是一次提取所能达到的分离效果的主要影响因素之一。经过一次提取达到平衡并将溶剂分出后，又可另加新溶剂进行第二次提取。如此反复提取，直到溶质都转移到溶剂中。为了提高提取效率和节约溶剂，应采用每次少量加入溶剂和多次提取的方法。经n次等溶剂量提取后，溶质在原介质中的保留量(w_r)理论上可用下式表示：

$$w_r = w_0\left(\frac{V_w}{KV_0 + V_w}\right)^n$$

式中：w_0为样品中溶质的起始含量；K为分配系数；V_w为提取所用的样品量（体积）；V_0为一次提取所用的溶剂量（体积）。

认真观察该式后不难看出，括号内是一真分数，所以随着n的增大，w_r将迅速减小。

应该选择对被测物和干扰物有尽可能大的溶解度差异的溶剂，还应避免选择两介质难以分离和易产生泡沫的溶剂。

近年来，超临界CO_2萃取技术和液态CO_2提取技术在食品界得到了越来越多的应用。它们的应用范围主要不在于食品分析，而在于提取香精油、保健成分和其他天然有机成分。这两种提取方法使用的溶剂化学惰性高、在最终样品中无残留、提取效率高、样品不必过于破碎，因此是很高级的提取方法，也可用于分析工作。

液态CO_2提取技术除了要求有低温条件以保证CO_2不大量挥发损失外，其他方面与一般的溶剂提取无任何差别。超临界CO_2萃取技术则要求用专门的仪器，这种仪器既包括提取室，又包括分离室。CO_2在提取室内以超临界状态与样品接触，达到饱和提取后，转入分离室，在脱离超临界状态的同时CO_2与提取的物质分离，分离物被取出后，CO_2重新转入超临界状态重复使用，如此反复提取与分离，直到提取与分离彻底完成。

4）蒸馏法

利用物质间不同的挥发性，通过蒸馏将它们分离是一种应用相当广泛的方法。如果所处理的物质耐高温，可采用简单蒸馏或分馏的方法；如果所处理的物质不耐高温，可采用减压蒸馏或水蒸气蒸馏的方法。

5）沉析法

在食品化学研究中，沉析分离技术是经常用到的。通常用沉析法去除溶液中的蛋白质、多糖等杂质。促进蛋白质沉析的方法常有以下3种。

（1）盐析。在存在蛋白质的液体分散系中加入一定量氯化钠或硫酸铵，就会使蛋白质沉析下来。盐析中所加的盐可以是粉状盐，也可以是饱和盐溶液。调节适当pH和温度，可达到更好的盐析效果。

（2）有机溶剂沉析。用于蛋白质和多糖的沉析。在存在蛋白质和（或）多糖的液体分散系中加入一定量乙醇或丙酮等有机溶剂，降低介质的极性和介电常数，从而降低蛋白质和（或）多糖的溶解度，就会使蛋白质和（或）多糖沉析下来。由于向多水分散系中加入有机溶剂是放热反应，这种沉析要在低温下进行。

（3）等电点沉析。蛋白质的荷电状况与介质的pH密切相关，当pH达到蛋白质的等电点时，蛋白质就可能因失去电荷而沉析。

6）透析法

透析膜是一种半透膜，如玻璃纸、肠衣和人造的商品透析袋，它们只允许小分子透过。选择适当膜孔的透析袋装入样品，扎紧袋口悬于盛有适当溶液的烧杯中，不定期地摇动烧杯以促进透析，待小分子达到扩散平衡后，将透析袋转入另一份同样的溶液中继续透析，如此反复透析，直到小分子全部转移到透析液中，合并透析液后浓缩至适当体积，就可用来分析。

7）色谱法

如果要对样品中一组结构和性质很相近的组分进行分析，一般的前处理是很难消除它们之间的相互干扰的。通常使用色谱法来分开它们，或用色谱法来直接分析它们。

色谱法是一组相关分离方法的总称。这些方法都包括两个相：一相是固定相，通常是表面积很大的多孔性固体或涂在固体表面上的高黏度的涂层；另一相是流动相，通常是液体或气体。当流动相带着样品流过固定相时，由于样品中的物质在两相间的分配情况不同，经过多次差别分配就可达到分离的目的。

一种物质的色谱行为可用保留因子、保留时间等参数描述。保留因子(R)的定义是被分离物在色谱中的移动距离与流动相前沿在色谱中的移动距离之比。保留时间(t_R)的定义是被分离物从进入色谱的分离系统（如色谱柱）到离开色谱的分离系统所需要的时间。这些参数在色谱条件一定的情况下是定值，可作为定性分析的依据之一。

在色谱分析过程中，不同物质在固定相和流动相中差别分配的原因是它们的分配系数有差别，而这一差别可能来自两相对这些物质的物理吸附力、化学吸附力、溶解度、离子配对键合力、扩散阻力等的不同，由此可将色谱法分为吸附色谱法、分配色谱法、离子交换色谱法和凝胶排阻色谱法。另外，根据固定相的形状不同，可将色谱法分为柱色谱法、纸色谱法、薄层色谱法和凝胶色谱法。根据流动相的物态不同，可将色谱法分为气相色谱法和液相色谱法。

（1）柱色谱。柱色谱所用的柱子是有下口阀门和一个多孔瓷板的玻璃管，常用的固定相是硅胶或氧化铝细粉，离子交换树脂和多糖凝胶的应用也较广泛。将固定相放在水中分散后，一次性加入柱子，在打开柱子阀门的条件下让水慢慢流过瓷板外流，瓷板阻挡住向下运动的固定相逐渐形成柱床，注意调整下水速度和及时关闭阀门，以保证柱床中始终充满水，待全部固定相都进入床体时表示柱子已装好。

将样品溶解在一定的溶液中后，小心加到柱床上方，小心打开阀门让样品液进入床体，然后以一定的洗脱液、适当的流速洗脱，利用分步收集器收集使用不同洗脱液和不同洗脱时间的流出液，将被测组分所在的流出液合并，就可用于测定。

影响柱色谱的因素很多，主要包括选定的吸附剂或分子筛、选定的洗脱液的极性或其 pH 和离子强度、柱子的柱径和柱长、洗脱的速率。

（2）薄层色谱。薄层色谱是将固定相铺在玻璃板或塑胶板上形成薄层，让展开剂（流动相）带动着样品由板的一端向另一端扩散。在扩散时，由于样品中的物质在两相间的分配情况不同，可经过多次差别分配达到分离的目的。

薄层色谱操作简单、设备便宜、速度快、使用样品少、灵敏度较高，可单相和双相展开，分离后可用薄层色谱扫描仪直接定量分析；但它的分辨率低，重复性不是很好，定量分析误差较大。

薄层色谱的固定相常用硅胶和氧化铝。硅胶略带酸性，适用于酸性和中性物质的分离，氧化铝略带碱性，适用于碱性和中性物质的分离，它们的吸附活性都可用活化处理和掺入不同比例的硅藻土来调节，以适应不同样品中物质最佳分离所需的吸附活性。

薄层色谱的分析用板一般用 10cm×10cm 板，制备用板一般用 20cm×20cm 板，铺板厚度一般为 1mm 左右。定性分析时点样量不定，定量分析时则要求点样量准确，此时可用刻度毛细管或微量注射器点样。样点的直径一般不大于 2mm，点与点之间的距离一般为 1.5～2cm，样点与板一端的距离一般为 1～1.5cm。展开剂的用量一般以浸没板的一端 0.3～0.5cm 较适宜。

薄层色谱展开剂极性大时，样品中极性大的组分跑得快，极性小的组分跑得慢；展开剂极性小时，样品中极性小的组分跑得快，极性大的组分跑得慢。为了使样品中各组分更好地分开，常采用复合展开剂。

薄层色谱的显迹方法有物理法、化学法、生物法和薄层色谱扫描仪法。物理法中最常用紫外灯照射法，有荧光的样品组分在此条件下显迹。化学法又分为两类方法：一类是蒸气显迹，例如，用碘蒸气熏层析板后，样品中的多数有机组分便显黄棕色；另一类是喷雾显迹，例如，用三氯化铝溶液喷在层析板后，样品中的多数黄酮便显黄色。生物法在分析有杀菌作用的样品组分时很有用。例如，将分离后的层析板小心覆盖在接有实验菌种的琼脂平板上，在适当温度下经过一段时间培养后，即可通过显出的抑菌圈来显迹。

双光束薄层色谱扫描仪法既可用于显迹，又可用于定量。该仪器同时用两个波长和强度相等的光束扫描薄层，其中一个光束扫描样迹，另一个光束扫描邻近的空白薄层。这样同时获得样迹的吸光度和空白的吸光度，二者之差就是样迹中样品组分的净吸光度。以标准物质作对照，根据保留因子和净吸光度进行定性和定量分析。

（3）气相色谱。气相色谱（gas chromatography，GC）主要用于相对分子质量低、易挥发的有机化合物的分离及定性和定量分析。它选择性高、分离效率高、灵敏度高、分离或分析速度快、信号分辨率很高。

气相色谱的流动相常为 N_2、Ar、He、CO_2 等气体，在气相色谱中称为载气。固定相常为多孔固体或附着在固体表面的高黏液体。常用多孔固体有活性炭、氧化铝、硅胶、分子筛和高分子多孔小球，常用高黏液体有十八烷、角鲨烷、甲基硅酮类、甲基苯基硅酮类、聚乙二醇类等。用多孔固体或表面附着有高黏液体的多孔固体填充在相对较粗和较短的柱子中形成的气谱柱称为填充柱，其分辨率相对较差。由高黏液体涂覆在很长的毛细管内壁上形成的气谱柱称为空心毛细管柱，其分辨率相对较高。

气相色谱分析的样品可以是气体或溶液，一次色谱仅需约 1mL 气样或 1μL 液样。制备气样的方法常用顶隙气收集法，即将样品装在一密闭容器中，容器中留有顶隙，经过一段时间的扩散，顶隙气被收集待用。制备液样的方法就像制备一般溶液，但要注意使用的溶剂不得干扰样品成分的色谱分离。溶液形式的样品进入柱子前需先在气化室里气化，然后才能进入色谱柱。气化室的温度不得高于样品中被测组分的热解温度。

气化后的样品在柱内随载气流动，样品中的组分在过柱的途中不断在固定相和流动相间反复（数千次）分配，于是样品中的不同组分便因差别分配而彼此分离，在不同时间流出色谱柱。

气相色谱仪中常用的检测器有热导池检测器和氢火焰离子化检测器，前者灵敏度低，但不破坏被检物，后者灵敏度高，但破坏被检物。

（4）高效液相色谱。高效液相色谱（high performance liquid chromatography，HPLC）的色谱柱是由刚性很强、粒度小于 20μm（经常小于 10μm）的固体粒子充填而成。实验者可以购买柱材和空柱后自己装柱，但一般购买专门厂家生产的成品柱。

高效液相色谱柱的固定相密度很大，因此流动相的流动阻力也很大，需要很高的压力推动，流动相才能较快过柱。高效液相色谱仪通过高压泵提供所需高压，并能保持基本恒流。高效液相色谱仪的检测器常用两种，即紫外分光光度检测器和示差折光检测器。前者只能检测有紫外吸收的物质，后者是广谱检测器。

高效液相色谱法是分离和分析面最广的色谱法，它灵敏度高、分离效能高、速度快、选择性高（可分辨性质极相似的物质，甚至旋光异构体），样品不需受热气化。

8）固相萃取

固相萃取（solid-phase extraction，SPE）是近年发展起来的一种样品预处理技术，由液固萃取和柱液相色谱技术结合发展而来，主要用于样品的分离、纯化和浓缩，具有溶剂用量少、操作简便、萃取效率高、交叉污染机会小、重现性好、回收率高等特点，已广泛应用在医疗和药物分析、食品农残和有毒有害物检测等领域。

SPE 是一个液相中的待测物质被固相物理或化学萃取的过程。由于固相对待测物的吸附力大于样品母液，当样品通过固相萃取柱时，待测物被吸附在固体表面，其他组分则随样品母液通过柱子，最后用适当的溶剂将待测物洗脱下来就达到富集和纯化的目的。

SPE 装置由 SPE 小柱和辅助装置构成。SPE 小柱由柱管、烧结玻璃垫和填料组成。填料不同则吸附选择性不同，加之样品溶剂和待测物的不同，可形成正向 SPE、反向 SPE、离子交换 SPE 和吸附 SPE 几种情况。SPE 的辅助装置包括真空装置、吹干装置、采样装置和缓冲瓶。

SPE 的操作步骤包括：用适当的溶剂进行预处理，除去填料中可能存在的杂质，并使填料溶剂化，提高固相萃取的重现性；预处理后，试样溶液以一定的流速通过柱子，使待测物吸附保留在柱上；选择适当的溶剂，将干扰组分从柱上洗脱下来，同时使待测物仍留在柱上；用洗脱剂将待测物从柱上洗脱下来并收集洗脱液用于进一步分析。如有必要可用氮气吹干收集液，再溶于小体积其他溶剂中用于进一步分析。

9）固相微萃取

固相微萃取（solid-phase microextraction，SPME）是近年来兴起的一种简便、快速、无需溶剂的样品分析前处理新技术。SPME 技术集“采样、萃取、浓缩、进样”于一体，并且能够与 GC 或 HPLC 等仪器联用。与 SPE 相比，它不用有机溶剂，样品用量更少（几毫升以上即可），检测限可达 μg/L 至 ng/L 水平，萃取之后可直接进行色谱分析。

SPME 装置外形如一支微量进样器，由手柄（holder）和萃取头两部分构成。萃取头又称纤维头（fiber），是一根涂有不同吸附剂的熔融纤维，接在不锈钢丝上，外边套有细不锈钢管（保护石英纤维不被折断）。纤维头在钢管内可伸缩或进出，细不锈钢管可穿透橡胶或塑料垫片进行取样或进样。手柄用于安装或固定萃取头。

使用 SPME 的关键在于纤维头的选择，类似于色谱柱的选择，主要根据分析对象的相对分子质量和极性来选择。熔融纤维的涂层材料有多种，如聚二甲基硅氧烷（PDMS）、聚丙烯酸酯（PA）、模板树脂（TPR）、碳分子筛（CAR）、二乙烯基苯（DVB）、聚吡咯（PPY）、聚乙二醇模板树脂（CW-TPR）、聚乙二醇-聚二甲基硅氧烷（CW-PDMS）、聚二甲基硅氧烷-二乙烯基苯（PDMS-DVB）、聚乙二醇-二乙烯基苯（CW-DVB）等。根据相似相溶原理，若要萃取的成分是极性物质，就选用极性材料（如 PA）涂层的纤维头；若要萃取的成分是非极性物质，就选用非极性材料（如 PDMS）涂层的纤维头。涂层的厚度也需选择，若要萃取小分子成分和挥发性大的成分，可选择厚涂层的纤维头；若要萃取大分子成分和挥发性低的成分，应选择薄涂层的纤维头。

SPME 的萃取方式分为浸入式萃取和顶空萃取。浸入式萃取是将纤维头直接插入洁净的液体样品或气体样品进行萃取。升温和搅拌样品可加快萃取速度，但温度升高会降低分配系数，所以并不是温度越高越好。顶空萃取是将样品放在密闭的容器内，将纤维头插入容器的顶隙中，样品中的挥发性成分先进入顶隙，然后被吸附到纤维头的涂层中。适当加热、搅拌和向样品中加入适量的盐有助于加速吸附。萃取结束后，需要解吸附才能把待测成分从纤维头上解吸出来。解吸方法包括热解吸和溶剂洗脱解吸。另外，解吸方式还分为静态和动态，即间歇式洗脱解吸和连续洗脱解吸。当固相微萃取与色谱分析仪联用时，解吸直接在色谱仪的进样插件中完成。

管内固相微萃取（in-tube-SPME）是新型的固相微萃取方法。这种方法是将吸附涂层涂在毛细管内壁上，形成的吸附涂层可以很薄，从而可加快萃取和解吸速度。使用时将样品水溶液吸进或通入毛细管，待测成分被毛细管内壁上的涂层萃取，然后用氮气缓慢将水吹出，再吸入解吸溶剂或热解吸就可取得待测物。这种技术与 HPLC 和 GC 联用较为方便。

搅拌吸附固相萃取法（SBSE）是另一种新型的固相微萃取方法。在该法中，用涂有吸附剂的搅拌子在样品中搅拌一定时间，待分析物在水相与吸附剂相分配达到平衡后，通过热解吸转入气相色谱进样口，或者脱水后进行高效液相色谱分析。与 SPME 相比，SBSE 自身完成搅拌，可避免竞争吸附，有更高的萃取率，适应范围更宽，但需要特制的解吸器，萃取所需平衡时间更长。

2. 动植物及其他样品

1）动物的肝脏

（1）冷冻。刚宰杀牲畜的脏器要剥去脂肪和筋膜等结缔组织，若不马上进行抽提，应置于−10℃冰箱中短期保存，或置于−70℃低温冰箱中储存。

（2）脱脂。脏器原料中含有较多的脂肪，会严重影响纯化操作和制品的收率。一般的脱脂方法是人工剥去脂肪组织，浸泡在脂溶性有机溶剂（丙酮、乙醚）中，采用快速加热（温度不超过 50℃）再快速冷却方法，使熔化的油滴冷却凝成油块而被除去，也可利用索氏提取器使油脂与水溶液分离。

2）微生物

微生物细胞具有繁殖快、种类多、培养方便等特点，因此它已成为制备生物大分子物质的主要宿主。将培养一段时间后的微生物菌种离心，收集上清液，浓缩后即可制备胞外有效成分，若将菌体破碎亦可提取胞内有效成分。如培养液不立即使用，可在 4℃下低温保存一周左右。

3）细胞

细胞是生物体结构的基本单位。细胞除具有细胞膜、细胞质、细胞核外，还有线粒体、质体等细胞器。通常人们提取的物质主要分布在细胞内，因此在提取这类物质时，首先必须破碎细胞。破碎细胞的方法主要有以下几种：

（1）研磨法。将动植物组织剪碎，放入研钵中，加入一定量的缓冲液，用研杵用力挤压、研磨。为了提高研磨效果，可加少量石英砂或海砂来助研，直到把组织研成较细的浆液为止。此法作用温和，适用于植物和微生物细胞，适宜实验室操作。

（2）组织捣碎机法。该方法主要适用于破碎动物组织，作用比较剧烈。一般先把组织切碎置于捣碎机中于 8000～10000r/min 下处理 30～50s，即可将细胞完全破碎。但如提取酶液和核酸，则必须在捣碎过程中保持低温，并且捣碎时间不宜太长，以防有效成分变性。

（3）超声波法。超声波是频率高于 20000Hz 的波，由于其能量集中而强度大，振动剧烈，因而可破坏细胞器。用该法处理微生物细胞较为有效。

（4）冻融法。将细胞置低温下冰冻一段时间，然后在室温下（或 40℃左右）迅速融化，如此反复冻融几次，细胞可形成冰粒或在增高剩余细胞液中盐浓度的同时，发生溶胀、破溶。

（5）化学处理法。用脂溶性溶剂如丙酮、氯仿和甲苯等处理细胞时，可把细胞膜溶解，进而破坏整个细胞。

（6）酶法。溶菌酶具有降解细胞壁的功能，利用这一性能处理微生物细胞，可使细胞破碎。

2.5　方法的选择与数据处理

2.5.1　实验方法的分类与选择

食品生物化学实验是以有机体为研究对象的，对生物大分子物质，如糖、脂肪、蛋白质、核酸、酶等进行定性或定量分析测定，因此，需要掌握分析方法的选择原则，分析方法选择得当，才能以所需的速度和精度获得所需的数据。

1. 分析方法的分类

根据分析中获得关键数据所主要使用的量具和工具，分析方法主要可分为容量分析、重量分析和仪器分析。前两类方法所需设备简单，速度较慢，结果较准确，适应于一般小型化验室。后一类方法需要使用专门的分析仪器，速度一般高于前两种方法，灵敏度高，通常用前两种方法校准，分析结果也准确，但要求分析者熟练掌握大型精密仪器的操作过程。因此，使用大型精密分析仪器的分析主要适用于专门的分析机构。高等学校学生应较充分地掌握前两种方法，同时掌握一部分常用的仪器分析方法。

根据对方法本身误差的认识，分析方法又被分为以下三级，各自有不同用途。

（1）决定性方法。此类方法的准确度最高，系统误差最小，需要高精密度的仪器和设备、高纯试剂和训练有素的技术人员进行操作。决定性方法用于发展及评价参考方法和标准品，不直接用于常规分析。

（2）参考方法。此类方法已用决定性方法鉴定为可靠，或虽未被鉴定但暂时被公认可靠，并已证明其有适当的灵敏度、特异性、重现性、直线性和较宽的测定范围。参考方法的实用性在于评价常规方法，决定常规方法是否可被接受，新型分析仪器及配套试剂的质量也必须用参考方法进行评价。

（3）常规方法。日常工作中使用的方法，这类方法应有足够的精密度、准确度、特异性和适当的分析范围等性能指标。

2. 分析方法的选择

在食品科学与工程的主要应用领域内，常遇到的是对常规方法的选择，原则上应选出准确、稳定、简便、快速、经济的方法，可按下列步骤进行：

（1）根据被分析对象考虑待测物的含量范围、含有哪些杂质和它们可能对测定的干扰，提出所需分析方法的选择性要求。

（2）根据分析任务提出对分析方法速度、精密度、准确度的要求。

（3）根据本实验室的设备、分析仪器、标准参考物质等装备情况考虑最可能选用的方法。

（4）综合以上要求和考虑，详细查阅资料、文献，特别是查找别人在做类似研究时已用过的方法及其分析效果，初步确定何种方法为适宜。

（5）做一系列方法评价试验，考察方法误差的大小。若方法误差小于分析任务的允许误差范围，则方法可用，否则另选方法。

2.5.2　实验误差的分析

在科学研究和实验过程中，最初实验的成果往往是以数据的形式表达的，如果要得到更深入的结果，就必须对实验数据做进一步的整理工作。为了保证最终结果的准确性，应该首先对原始数据的可靠性进行客观的评定，也就是说，需要对实验数据进行误差分析。

在实验过程中，由于实验仪器精度的限制、实验方法的不完善、科研人员认识能力的不足和科学水平的限制等，在实验中获得的实验值与实验对象的客观真实值并不一致，这种实验值与真实值的不相符程度就是实验误差（experiment error）。可见，误差是与准确相矛盾的一个概念，可以用误差说明实验数据的准确度。实验结果都具有误差，误差自始至终存在于一切科学实验过程之中。随着科学水平的提高和人们经验、技巧、专门知识的积累以及高精度实验仪器的出现、实验手段的不断改进，实验值会不断地逼近真实值。

1. 真实值与平均值

1）真实值

真实值即真值（true value），是指在一定条件下，物质物理量的客观值或实际值。真值通常是未知的，从实验主体出发，真值是一个理想的结果，是实验者努力的目标，随着人们认识水平的提高，真值是可以逼近的，绝对的真值是不可知的，但从相对的角度来讲，真值是可知的。例如，国家标准样品的标准值、国际公认的计量值、高精度仪器所测值以及多次实验的平均值等均可视为真值。

2）平均值

平均值即均值，是指在一定条件下，对物质物理量进行多次实验测定所得的多个数据被实验次数平均的值。在科学实验中，虽然实验误差在所难免，但平均值（mean）可综合反映实验值在一定条件下的一般水平，所以在科学实验中，经常将多次实验值的平均值作为真值的近似值。平均值的种类很多，在处理实验结果时常用的平均值有以下几种：

（1）算术平均值（arithmetic mean）。此值是最常用的一种平均值。设有n个实验值，并且认为每个实验值对真值的贡献相同，此时，平均值就是各个实验值的和除以实验次数，由此而得到的平均值即为算术平均值。在相同实验条件下，如果多次实验值服从正态分布，则算术平均值即为这组等精度实验值中的最佳值或可信赖值。

（2）权重平均值（weighed mean）。如果某组实验值是用不同的方法获得或由不同的实验者获得或采用不同仪器设备获得，则这组数据中不同值的精度或可信赖度就有差异，为了尽可能地避免由此造成的差异，突出信赖度高的数据，削弱信赖度低的数据，可采取不同数据乘以不同的权重系数然后再平均的方法，信赖度高的数据对应较大的权重系数，信赖度低的数据对应较小的权重系数。权重平均值取决于实验者的经验、水平和实验者所采用的仪器。

实验值的权重系数是相对的，可以是整数，也可以是小数或分数。权重系数不是任意给定的，在选择权重系数时应遵循下列原则：当实验次数很多时，可以将权重系数理解为实验数据在很大的实验总数中出现的频率；如果实验数据是在同样的实验条件下获得的，但来源于不同的组别，这时首先将各组的数据进行平均，权重系数可用每组的实验次数代替。

（3）对数平均值（logarithmic mean）。如果实验数据的分布曲线具有对数特性，则宜使用对数平均值。它有对数特性，使得两数的对数平均值总是不大于它们的算术平均值。如果两数的比介于 1/2～2，可用算术平均值代替对数平均值，由此产生的误差≤4.4%。

（4）几何平均值（geometric mean）。当一组实验数据取对数后所得数据的分布曲线更加对称时，可采用几何平均值。一组实验值的几何平均值常小于它们的算术平均值。

（5）调和平均值（harmonic mean）。调和平均值是实验数据倒数的算术平均值的倒数，通常用于涉及与一些量的倒数有关的场合。调和平均值一般小于对应的几何平均值和算术平均值。

以上所介绍的平均值是人们在实验数据处理中常用的几种，有关其他平均值的概念可查阅相关专著，在此不赘述。不同的平均值都有适用的场合，在实际使用中，可根据实验数据本身的特点进行选择，使平均值尽可能地反映真实值。

2. 误差

1）误差的概念与表示

化学工作往往要求量的准确，如分析工作常要求得出准确度高的结果。准确度的高低用误差来衡量。误差表示测定结果与真值的差异，根据来源可将其分为系统误差和随机误差。系统误差是由实验方法本身不够准确、仪器本身不够准确、试剂纯度不够高和操作人员普遍存在着某种未纠正的错误操作引起的。它是相对于采用精确方法、精度很高的仪器和试剂（通常认定它们的误差可被忽略）及训练有素的操作人员的测定结果而言的；它具有单向性，增加平行实验次数和采用数理统计方法都不能消除此类误差。随机误差是由实验条件、操作和读数等发生难以避免的随机波动引起的。随机误差的大小决定实验结果的精密度，它具有双向性，服从统计规律，可以通过增加实验次数予以减小。在采用置信区间表达分析结果时，随机误差的范围同时被给出，因此随机误差的存在常常并不强烈影响分析结果。

在分析实验中，个别测定结果和平均测定结果与真值的差值分别称为个别和平均测定误差。误差的大小可用绝对误差(E_a)与相对误差(E_r)两种方式表示。

(1) 绝对误差 $E_a = X - T$，即绝对误差=测量值－真值。

(2) 相对误差 $E_r = \frac{E_a}{T} \times 100\%$，即相对误差=100%×（测量值－真值）/真值。

在分析实验中，对样品所进行的一组取样称为样本，这组平行测定结果之间彼此相符的程度称为精密度。各个测定结果与平均测定结果的差值称为偏差($d = X_i - \bar{X}$)，评价样本分析精密度的指标是样本标准偏差(S)和变异系数(CV)。

$$S = \sqrt{\frac{\sum (X_i - \bar{X})^2}{n-1}}$$

$$\mathrm{CV} = \frac{S}{\bar{X}} \times 100\%$$

式中：X_i 为第 i 次测定的结果；$\bar{X}$ 为 n 次测定结果的均值；n 为平行测定的次数；$n-1$ 为自由度，其意义为 n 个数据比较时，只能有 $n-1$ 个独立可变的偏差。

2）误差来源与处理

误差根据其性质或成因，可分为系统误差（systematic error）、随机误差（chance error）和过失误差（mistake）。

a. 系统误差

(1) 系统误差的来源。在一定的观测条件下多次测量同一量时，如果实验数据误差的绝对值和符号保持恒定或改变，即按某一规律变化，此类误差为系统误差。系统误差来源于很多方面，包括：①方法误差：实验方法本身有缺陷，近似计算的理论依据有缺点；②仪器误差：仪器制造精度低，仪器精密度不准确；③试剂误差：试剂纯度低，杂质含量高；④实验条件误差：实验条件控制不当；⑤实验者：实验工作者的主观因素。

(2) 系统误差的处理。可针对其形成的主要因素降低系统误差，以提高实验数据的准确性。通常处理系统误差可采取下列途径：①排除试剂中杂质干扰、溶液器皿材料影响等导致的系统误差；②对实验仪器进行校正或更换精度高的实验仪器；③严格遵守操作规程。采用空白对照实验得到空白测定值，从测定结果中扣除空白值，就可消除试剂、溶剂及器皿中所含杂质造成的系统误差。如果扣除了这种系统误差后还有系统误差，可对所用天平、量具和仪器进行校准，校准后重新测量的结果扣除空白值后，若还有超过允许范围的系统误差，就说明所选的方法存在超过允许范围的系统误差，这时应另选方法。

b. 随机误差

(1) 随机误差的来源。在同一条件下多次重复测同一物理量，每次结果都有些不同，即围绕某一数值上下无规则变动，具有这种特性的误差称为随机误差。

随机误差是由于实验过程中一系列的偶然因素造成的，因此，随机误差也称为偶然误差。在实验过程中，由于造成随机误差的偶然因素不同，随机误差的来源途径也有所区别。随机误差主要来源于：①环境条件：温度湿度、静电磁场、空气悬浮物、气候等环境条件的偶然变化；②实验条件：地基震动、电压波动等偶然因素的变化；③实验者：实验者生理、心理的偶然波动。

从随机误差的成因不难看出，造成随机误差的偶然因素是实验本身无法克服的，因此随机误差一般是不可能完全避免的。

（2）随机误差的处理。尽管随机误差的成因具有偶然性，但根据随机误差的特性及产生原因，还是可以将其减少和控制的。通常随机误差的处理主要采取下列途径：①尽可能使实验在相对稳定的环境中进行；②维持环境温度、湿度恒定，保持环境清洁，消除静电，选择气候稳定天气；③实验设备、仪器尽可能安放在比较稳固的基础上，用电设备的电源需连接稳压器以获得稳定电源；④实验工作者须具有良好的生理和心理状态，以旺盛的精力投入到实验中；⑤在人力、物力、财力具备的情况下，尽可能多地增加实验次数，这是减少随机误差最有效的途径。

c. 过失误差

（1）过失误差的来源。由于实验者粗心、不正确操作或测量条件突变所引起的误差。这类误差的特点表现为：在一组实验数据中，个别数据严重偏离数据均值，由此造成整个实验误差超常。过失误差主要来源于：①由于实验操作者的粗心大意，造成物料错放、仪器失控、条件错用、结果误判、数据误记等，人为造成实验数据的异常误差；②实验过程中人为造成的突发事件，如突然断电、突然停水、仪器设备损坏等因素所造成实验数据的异常误差。

（2）过失误差的处理。

（a）如果平均偏差表示精密度，极端值（X_i）与平均值（X）的偏差（d）等于或大于平均偏差（d）的4倍时，应弃去，即

$$极端值-平均值（不包括极端值）\geqslant 4\times 平均偏差$$

（b）如用标准偏差表示精密度，极端值（X_i）与平均值（X）的偏差等于或大于标准偏差的3倍时，应弃去，即

$$极端值-平均值（不包括极端值）\geqslant 3\times 标准偏差$$

（c）Q检验。将测得的数据按大小顺序排列，即X_1、X_2、…、X_n，用可疑值与最邻近数据之差除以最大值与最小值之差，所得商为Q值：

可疑值在首项　　$$Q_{测}=\frac{X_2-X_1}{X_n-X_1}$$

可疑值在末项　　$$Q_{测}=\frac{X_n-X_{n-1}}{X_n-X_1}$$

查Q值表（表2-1），按以下方法处理：

$$Q_{测}\geqslant Q_{表}（弃去）$$

$$Q_{测}\leqslant Q_{表}（保留）$$

表2-1 Q的n次测定值（置信水平90%，95%，99%）

n	3	4	5	6	7	8	9	10
$Q_{0.90}$	0.94	0.76	0.64	0.56	0.51	0.47	0.44	0.41
$Q_{0.95}$	0.97	0.84	0.73	0.64	0.59	0.54	0.51	0.49
$Q_{0.99}$	0.99	0.93	0.82	0.74	0.68	0.63	0.60	0.57

3）允许误差

允许误差是人们对分析结果的准确度和精密度提出的合理要求。所谓合理，是因为它是在综合考虑了生产或科研的要求、分析方法可能达到的精密度和准确度、样品成分的复杂程度和样品中待测成分的含量高低等因素的基础之上提出的。

例如，待测成分含量高时，允许绝对误差可较大，而允许相对误差可较小；待测成分含量低时，允许绝对误差可较小，而允许相对误差可较大；待测成分含量很低时，已无必要考虑定出允许相对误差。

对分析结果精密度提出的要求实际上是对随机误差提出的要求。随机误差是否在允许范围，常用变异指数衡量。变异指数指被考查的变异系数与训练有素的人做相同分析时的变异系数的比值。一般分析工作可要求变异指数小于2。

2.5.3 实验数据的精确度

误差的大小反映了实验结果的优劣，标志着实验的成败，误差的成因可能来源于系统误差、随机误差或过失误差的单一方面，也可能来源于多方面的叠加综合，为此需引入精密度、正确度和准确度，以表示误差的性质。

1. 精密度

精密度（precision）是指在一定实验条件下，多次实验值的彼此符合程度，即实验数据的重现性。精密度反映了随机误差的大小，用于说明实验数据的离散程度。精密度与重复实验时单次实验值的变动有关，如果实验数据分散程度小，则说明实验精密度高；反之，则精密度低。实验数据的精密度是建立在实验数据用途的基础上的，脱离实验数据的实际用途，单纯的精密度是毫无意义的。对精密度高低的要求也要和实验数据的具体用途相结合，不能不分具体场合地一味追求实验数据的高精密度，盲目地追求高精密度只能造成人力、物力和财力的巨大浪费。由于精密度反映随机误差的大小，因此对于无系统误差的实验，可以通过增加实验次数的方式达到提高实验数据精密度的目的。如果实验过程足够精密，则只需少量几次实验就能够满足精密度要求。

2. 正确度

正确度（correctness）是指在一定实验条件下，所有系统误差的综合。正确度反映了系统误差的大小。对于某一组实验数据而言，精密度高并不意味着正确度也高；反之，精密度不高但实验次数相当多时，有时也会得到高的正确度。精密度与正确度之间的关系可由图 2-1 表示。

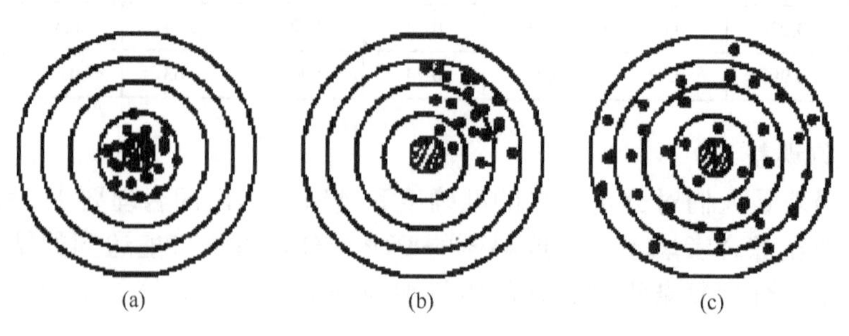

图 2-1　精密度与正确度的关系

（a）精密度与正确度都高；（b）精密度高、正确度低；（c）精密度与止确度都不高

3. 准确度

准确度（accuracy）是指在一定实验条件下，实验值与真实值的逼近程度。准确度反映系统误差和随机误差的综合。

4. 置信区间

真值落在一个指定的平均值的范围内，这个范围称为置信区间。数据表达就是综合了置信区间的有效范围。置信区间由下式确定：

$$置信区间=\bar{X}\pm t\frac{S}{\sqrt{n}}=\bar{X}\pm tS_{\bar{X}}$$

如果真值有 90%的可能性落在置信区间内，这个 90%就为置信水平，也称为置信系数或置信度，用符号 P 表示。表 2-2 为不同置信度下的 t 值。

表 2-2　不同置信度下的 t 值

P \ $n-1$	t		
	90%	95%	99%
1	6.31	12.71	63.66
2	2.92	4.30	9.92
3	2.35	3.18	5.84
4	2.13	2.78	4.60
5	2.01	2.57	4.03
6	1.94	2.45	3.71
7	1.98	2.36	3.50
8	1.86	2.31	3.35
9	1.83	2.26	3.25
10	1.81	2.23	3.17

续表

$n-1$ \ P	t		
	90%	95%	99%
20	1.72	2.09	2.84
30	1.70	2.04	2.75
60	1.67	2.00	2.66
120	1.66	1.98	2.62
∞	1.64	1.96	2.58

显而易见，如果测定次数越多，平均结果越接近真实值，但是测定次数也没有必要无限度地增加，一般测定次数 n 达到 20～30 次时，结果就彼此相近。

2.5.4　实验数据的处理

实验人员需要对实验记录的数据进行整理、计算与分析，并去粗取精、去伪存真，找出测量对象各变量之间的定量的内在规律，正确地给出实验结果，才能指导生产与设计。因此，数据处理是实验工作不可缺少的一部分。整理实验数据的最初步骤和最普遍的方法是列表，然后按一定规则绘制成图，再进一步整理数据表达成数学方程式。这里主要介绍实验数据的三种处理方法，即列表法、图解法、回归分析法（方程法）。

1. *列表法*

列表法是将实验数据列成表格以表示各变量间的关系，这通常是整理数据的第一步，为绘制曲线图或整理成方程式打下基础。

实验数据可分为原始记录表、运算表和最终结果表。对一个物理量进行多次测量，或者测量几个量之间的函数关系，往往借助于列表法把实验数据列成表格，不但可以表述实验材料和方法的特征、特性，而且可以用来统计实验结果，是整理研究结果之初必不可少的一个步骤。它的优点包括两方面：一方面列表法叙述简洁、鲜明、容易对比，使大量数据表达清晰醒目、条理化，易于检查数据和发现问题，避免差错，有助于反映出物理量之间的对应关系；另一方面可以表示多个变量，不需要特殊的纸张和工具就能直接观察出最高与最低数据，有效地反映规律性。但是，表不如图直观，凡是用文字和图说明有困难的，都可以考虑用列表法表示。

分析实验结果的第一步工作，就是把实验所得的各种数据分别列成表。这一步工作非常重要，往往需要仔细研究，把数据用各种可能的方式列出，看哪种方式能最有效地呈现出各种因素之间的相互关系。做到这一步，可以算是对于数据的解释工作完成了一大半。在发表的论文中，无论是否把表包括在内，或是包括多少，在整理研究结果之初，列表工作都是必不可少的一个步骤。

根据表中数字的来源，表可以分为三类：第一类是观测数据（实验数据）的表格；第二类是包括由原始实验记录数据演算出来的数据，即导出数据的表格，如百分数、比值、总计、平均值等，都是用作比较的有效方法；第三类是人们进行调查、统计出来的数据，即调查数据的表格，如统计、报表等。

根据表的作用，表可以分为两类：一类是表达十分确切的实验结果的表格，表中数据要精确、可靠，这些数据一般称为结果数字；另一类是为了显示某种变化趋势或若干因素相互关系的表格，其中数字有时不必十分精确，可以把尾数舍去，这些数据一般称为估计数据。

2. 图解法

图解法是将实验数据在坐标纸上绘成曲线，直观而清晰地表达出各变量之间的相互关系、转折点、变化率及其他特性，还可以根据曲线得出相应的方程式，某些精确的图形还可用于不知数学表达式的情况下进行图解积分和微分。

图的概念从狭义上讲，都是指图解，即把数字及事物的发生发展过程变为点、线、面、角度或立体等形象，通过一定的排列组合直观地表达出它们之间的关系，其作用同表相似；从广义上讲，还包括形态图，即包括图画和照片，所以广义的图就是指论文中起说明和论证作用的各式各样的图像。图的种类很多，比表格要复杂。由于图比表更形象、直观，因此论文中有用图比用表多的趋势。图的种类很多，主要有实验线图、计算线图、说明图及其他散点图。

3. 回归分析法

回归分析法是利用一元线性回归、一元非线性回归、最小二乘法对实验数据进行统计处理，得出最大限度符合实验数据的拟合方程式，并判定拟合方程式的有效性，这种拟合方程式有利于用电子计算机进行计算。

对任何未知规律 $Y=\Phi(X)$ 做实验研究时，其所得结果虽然可以用列表或根据实验数据绘制成曲线图的方式予以表达，但是使用起来总不如一个数学表达式来得方便。这就要求科研工作者能用一种数学方法处理变量与变量之间的关系，将研究结果表达成数学表达式或建立数学模型，这种研究方法就是回归分析法或方程法。一切客观事物本来是互相联系和具有内部规律的，而且每一事物的运动都与它周围其他事物互相联系和互相影响着，即从辩证唯物论的观点来看，变量与变量之间是互相联系、互相依存的。从而它们之间存在着一定的关系，这种关系一般分为两类：函数关系（也是确定关系）和相关关系。

回归分析所要研究的就是将实验中各变量间的依赖关系和变量之间的相关关系用解析形式表达出来。研究的方法是：对具有相关关系的变量进行大量观察，并收集数据，然后从这些数据出发，排除随机因素的干扰，寻找这些变量之间的规律。即从一组数据出发，确定变量之间合适的数学表达式，通常称它为经验公式；利用概率统计的有关知识进行分析、计算、讨论，以判断所建立经验公式的有效性；利用所得经验公式对生产过程进行预测和控制。回归分析也是数理统计中的一个重要分支，在工农业生产及科学研究工作等方面都有着广泛的应用，如对产品的质量控制、气象及地震的预报等许多场合中均要用到它。

回归分析法的主要优点有：表达简单清楚，便于求微分、积分和内插值；在各变量间的解析依赖关系是已知的情况下，用数学方程式表达可求取方程中的系数，系数常对应于一定的物理量。

实验结果的数学表达式之所以重要，不单是因为它形式简洁紧凑、内容严密完整，更重要的是它便于用计算机处理。在科技研究中，实验的或理论的研究都应用数学方法进行计算。计算机的普遍应用使得计算十分方便，从而弥补了方程法演算复杂的缺点。

总之，由实验数据求取数学方程是现代科研工作者必须掌握的基本方法。

2.6　实验记录和实验报告的撰写规范

2.6.1　预习报告

1. 要求

写好预习报告，有助于学生在实验前了解实验的内容、目的要求、基本原理、具体操作方法、数据记录格式及实验要点等，减少盲目性，增强教学效果。实验指导教师应检查学生的预习情况，进行必要的提问，解答疑难。具体要求如下：

（1）课前指导教师必须要求学生认真预习将要做的实验。结合理论课讲义与实验指导教材，了解实验要点（包括实验原理、实验方法、使用仪器、实验步骤）。

（2）实验教学大纲规定需写预习报告的实验，必须认真撰写预习报告，预习报告使用学校统一印制的预习报告纸，无预习报告不允许做实验。

（3）严禁抄袭报告。对抄袭报告的学生，除责成写检查外，必须重新书写预习报告。

2. 预习报告格式

实验名称

1. 实验目的
2. 实验原理：应在理解的基础上简明扼要地书写实验原理，画出必要的仪器连接图等。
3. 实验仪器设备：仪器名称及主要规格（包括量程及分度值等）。
4. 实验内容
5. 实验方案（仅对设计性、综合性实验要求）
6. 预习思考题及疑难问题

2.6.2　实验记录

详细、准确、如实地做好实验记录是极为重要的，记录如果有误，会使整个实验失败，这也是培养学生实验能力和严谨的科学作风的一个重要方面。

（1）每位学生需准备一个实验记录本，编好页码，不得撕页和涂改，写错时可以划去重写。不能用铅笔记录，只能用钢笔或圆珠笔记录。记录本的左页作计算和草稿用，右页用作实验记录。同组的两位学生合做同一实验时，两人必须都有相同、完整的记录。

（2）实验中应及时准确地记录所观察到的现象和测量的数据，条理清楚，字迹端正，切不可潦草，以致日后无法辨认。实验记录必须公正客观，不可夹杂主观因素。

（3）实验中要记录的各种数据，都应事先在记录本上设计好各种记录格式和表格，以免实验中由于忙乱而遗漏测量和记录，造成不可挽回的损失。

（4）实验记录要注意有效数字，如吸光度应为“0.050”，而不能记成“0.05”。每个结果都要尽可能重复观测两次以上，即使观测的数据相同或偏差很大，也都应如实记录，不得涂改。

（5）实验中要详细记录实验条件，如实验仪器的型号、编号、生产厂，生物材料的来源、形态特征、健康状况、选用的组织及其质量，试剂的规格、化学式、相对分子质量、浓度等都应记录清楚。两人一组的实验，必须每人都作记录。

2.6.3　实验报告书写要求及参考格式

实验报告是实验的总结和汇报，通过实验报告可以分析总结实验的经验和问题，学会处理各种实验数据的方法，加深对有关生物化学实验技术原理的理解和掌握，同时也是学习撰写科学研究论文的过程。

1. 实验报告的格式

实验编号　　名称　　　　实验者姓名　　　年　月　日

1. 实验目的
2. 实验原理
3. 仪器、实验材料和试剂
4. 操作步骤
5. 结果处理

一份满意的实验报告必须具备准确、客观、简洁、明了四个特点。实验报告的写作水平也是衡量学生实验成绩的一个重要方面。实验报告必须独立完成，严禁抄袭。写实验报告要用实验报告专用纸，以便教师批阅，不要用练习本和其他纸张。

为了使实验结果能够重复，必须详细记录实验现象的所有细节。例如，若实验中生成沉淀，那么沉淀的真实颜色是白色、淡黄色或是其他颜色；沉淀的量是多还是少，是胶状还是颗粒状；什么时候形成沉淀，立即生成还是缓慢生成，热时生成还是冷却时生成等。在科学研究中，仔细地观察，特别注意那些未料想到的实验现象是十分重要的，这些观察常常引起意外的发现。思考并注意分析实验中的真实发现，是非常重要的科学研究训练。

2. 实验报告的内容

实验报告使用的语言要简明清楚，抓住关键，各种实验数据都要尽可能整理成表格并作图表示，以便比较。对实验作图尤其要严格要求，必须使用坐标纸，每个图都要有明显的标题，坐标轴的名称要清楚完整，要注明合适的单位，坐标轴的分度数字要与有效数字相符，并尽可能简明，若数字太大，可以化简，并在坐标轴的单位上乘以 10 的方次。实验点要使用专门设计的符号，如○、□、■、△、▲等，符号的大小要与实验数据的误差相符，不要用“×”、“+”等。有时也可用两端有小横线的垂直线段来表示实验点，其线段的长度应与实验误差相符。通常横轴是自变量，纵轴是因变量，是测量的数据。曲线要用曲线板或曲线尺画成光滑连续的曲线，各实验点均匀分布在曲线上和曲线两边，且曲线不可超越最后一个实验点。两条以上的曲线和符号应有说明。

3. 实验结果

实验结果的讨论要充分，尽可能多查阅一些有关的文献和教科书，充分运用已学过的知识和生物化学原理进行深入探讨，勇于提出自己独到的分析和见解，并客观地对实验提出改进意见。

第二篇　常用生物化学实验技术与原理

第 3 章　光谱分析实验技术

3.1　分光光度法

在食品生物化学实验中，对蛋白质、糖、核酸、生物酶活性等的定量分析，天然活性物质有效成分的提取、活性产物的抗氧化、食品储存过程中色泽的保持、防腐剂抗菌等研究中，普遍使用分光光度法实验技术。

溶液对光线具有选择性的吸收作用，主要体现在物质分子结构不同，对不同波长光线的吸收能力不同。因此，每种物质都有其特异的吸收光谱。分光光度法主要是指利用物质特有的吸收光谱来鉴定物质性质及分析含量的实验技术。

3.1.1　分光光度法的基本原理

分光光度法是利用物质的分子或离子对某一波长范围光的吸收作用，对物质进行定性、定量分析以及结构分析的一种方法。物质对光存在选择性吸收，当光线通过透明溶液介质时，有一部分光可透过，一部分光被吸收，这种光波被溶液吸收的现象可用于某些物质的定性及定量分析。

光是一种电磁波，其中可见光波长的范围约由 400nm 的紫色到 760nm 的红色，波长短于 400nm 的光称为紫外光，长于 760nm 的则为红外光。

分光光度法所依据的原理是 Lambert-Beer 定律，该定律给出了溶液吸收单色光的多少同溶液的浓度及液层厚度之间的定量关系。

1. Lambert 定律

当一束单色光通过透明溶液介质时，其中一部分光能被溶液吸收，使光的强度减弱，如果溶液浓度不变，则随着溶液厚度的增大，光线强度的减弱也越来越明显，即光吸收的量与溶液的厚度成比例关系。

若以 I_0 表示入射光强度，I 表示透射光强度，L 表示溶液的厚度，而 $\frac{I}{I_0}$ 表示光线透过溶液的程度，称为透光率（transmittance），用 T 表示，则 $T=\frac{I}{I_0}$。

Lambert 定律可用下式表示

$$\lg\frac{I_0}{I}=KL$$

式中：K 为消光系数。

Lambert 定律的意义：当一束单色光通过一定浓度的溶液时，其吸光度与透过溶液的厚度成正比。

2. Beer 定律

一束单色光在通过透明溶液时，若溶液的厚度不变，则随着溶液浓度 c 的增加，光线强度的减弱变得更加明显，即溶液对光的吸收与溶液的浓度成比例关系。Beer 定律可用下式表示：

$$\lg\frac{I_0}{I}=Kc$$

Beer 定律的意义：当一束单色光通过溶液时，若液层厚度一定，其吸光度与溶液的浓度成正比。

3. Lambert-Beer 定律

如果同时考虑液层厚度和溶液浓度对光吸收的影响，要把 Lambert 定律和 Beer 定律合并，得

$$\lg\frac{I_0}{I}=KcL$$

此公式即为 Lambert-Beer 定律的数学形式。它的意义是：当一束单色光照射溶液时，其吸光度与溶液的液层厚度和浓度的乘积成正比，并且有

当 $I=I_0$ 时，$\lg\frac{I_0}{I}=0$，表示溶液不吸收光线；

当 $I\ll I_0$ 时，$\lg\frac{I_0}{I}$ 值大，表示溶液吸收光线较多；

当 $I\to 0$ 时，$\lg\frac{I_0}{I}$ 值无穷大，表示光线几乎被溶液完全吸收，即溶液不透光。

由此可知，$\lg\frac{I_0}{I}$ 的大小表示溶液对光吸收的不同程度，称为吸光度（absorbance），用 A 表示，即 $A=\lg\frac{I_0}{I}$。

综上，可以得出以下公式：

$$A=KcL$$

由此式可得

$$K=\frac{A}{cL}$$

式中：K 为消光系数（或吸光系数）。

4. 吸光系数和摩尔吸光系数

Lambert-Beer 定律中 K 的大小随着 c 和 L 的单位不同而不同，与入射光波长及溶液的性质有关。当浓度 c 以 g/L、液层厚度以 cm 为单位表示时，常数 K 用 a 来表

示，称为吸光系数，单位为 L/（g·cm）。此时 $K=\frac{A}{cL}$ 变为 $A=acL$ 。

若溶液的浓度 c 用 mol/L 表示，液层的厚度 L 用 cm 表示，则 K 写成 ε ，得

$$A=\varepsilon cL$$

式中：ε 为摩尔吸光系数，单位为 L/（mol·cm）。它所表示的意义是当物质的浓度为 1mol/L、液层厚度为 1cm 时溶液的吸光度。摩尔吸光系数表明物质对某一特定波长光的吸收能力。ε 越大，表示该物质对某波长光的吸收能力越强，测定的灵敏度也越高。因此在进行比色测定时，为了提高分析结果的灵敏度，一般选择 ε 大的有色化合物和具有最大 ε 值的波长作为入射光。

3.1.2 分光光度法的计算

通常测定时通过仪器直接读出吸光度，便可进一步按下列方式计算待测溶液浓度。

1. 公式法

利用标准管法计算出待测溶液的浓度。在同样实验条件下同时测得标准液和待测液的吸光度，然后进行计算。

根据 Lambert-Beer 定律 $A=KcL$ 得

标准溶液 $A_S=K_Sc_SL_S$

待测溶液 $A_U=K_Uc_UL_U$

两种溶液的液层厚度相等 $L_U=L_S$，而且是同一物质的两种不同浓度，在测定时所用单色光也相同，则 $K_U=K_S$ 。将两式相比得

$$\frac{A_U}{A_S}=\frac{c_U}{c_S}，即 c_U=\frac{A_U}{A_S}\cdot c_S$$

其中，A_U、A_S 可由分光光度计测出，c_S 为已知，则待测溶液的浓度 c_U 即可求出。

以上测定方法要求两者的浓度必须在分光光度计有效读数范围之内，并且要求配制的标准溶液浓度应尽量接近被测定溶液，不然将出现一定的测定误差。因此，在测定浓度各不同的同一物质的批量样品时，需要配制许多标准溶液，不太方便。

2. 标准曲线法

利用标准曲线求出待测溶液的浓度。分析大批待测溶液时，采用此法比较方便。先配制一系列浓度由大到小的标准溶液，分别测出它们的吸光度。在标准液的一定浓度范围内，溶液的浓度与吸光度之间呈直线关系。以各管的吸光度为纵坐标，浓度为横坐标，通过原点作出吸光度与浓度成正比的直线图，此直线称为标准曲线。

在制作标准曲线时，至少用 5 种浓度递增的标准溶液，测出的数据至少有 3 个点落在直线上，这样的标准曲线方可进行使用。

按相同条件处理各个未知溶液，在同一分光光度计上测定吸光度，即可迅速从标准曲线上查出相应的浓度值。测定待测溶液时，操作条件应与制作标准曲线时相同，测定吸光度后，从标准曲线上可以直接查出其浓度。如图 3-1 中，可由 A_U 直接查出其浓度 c_U。

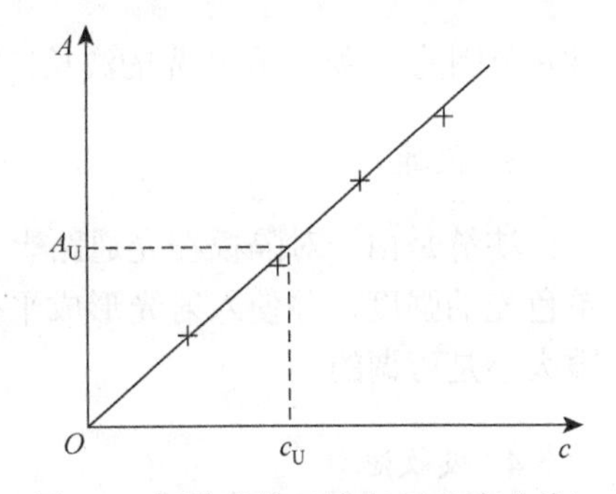

图 3-1　标准曲线（浓度-吸光度曲线）

标准曲线法在实验条件基本不变且样品数量足够多的测定中是十分准确、方便的。但标准曲线的绘制至关重要，曲线上的每个点都应该做 3 个平行测定，3 个数值力求重叠或十分接近。绘制好的标准曲线仅供在同样条件下处理的被测溶液使用。

3.1.3　分光光度计的基本构造

分光光度法所使用的仪器如分光光度计，它主要由五个部分组成，如图 3-2 所示，分别为辐射光源、单色器、吸收池（样品池）、光电检测器、数据示值系统（显示器）。

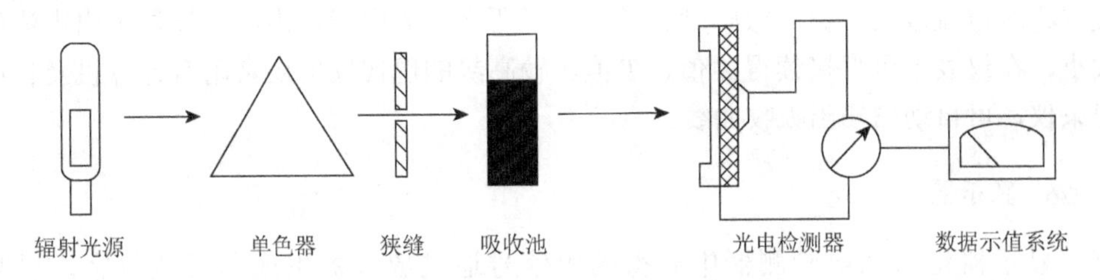

图 3-2　分光光度计的基本构造

1. 辐射光源

一个良好的光源要求具备发光强度高、光亮稳定、光谱范围较宽和使用寿命长等特点。分光光度计常用的光源有两种，即钨灯和氢灯（或氘灯）。在可见光区、近紫外区和近红外区常用钨灯，其发射连续波长范围在 320～2500nm。在紫外区用氢灯或氘灯，氢灯内充有低压氢，在两极间施以一定电压来激发氢分子发出紫外线，其发射连续辐射光谱波长为 190～360nm。氘灯（重氢灯）发射连续辐射光谱波长范围为 180～500nm，一般情况下氘灯的辐射强度是氢灯的 3～5 倍，使用寿命也比氢灯长，目前，大多数分光光度计都使用氘灯。为使发出的光线稳定，光源的供电需要由稳压电源供给。

2. 单色器

单色器是将混合光波分解为单一波长光的装置，多用棱镜或光栅作为色散元件，它们能在较宽光谱范围内分离出相对纯波长的光线，通过此色散系统可根据需要选择一定波长范围的单色光，单色光的波长范围越小，仪器的敏感性越高，测量的结果也越可靠。

3. 狭缝

狭缝是由一对隔板在光通路上形成的缝隙，通过调节缝隙的大小从而调节入射单色光的强度，并使入射光形成平行光线，以适应检测器的需要。分光光度计的缝隙大小是可调的。

4. 吸收池

吸收池又称比色杯、比色皿等，一般由玻璃或石英制成。在可见光范围内测量时，选用光学玻璃吸收池；在紫外光范围内测量时必须用石英池。

注意保护吸收池的质量是取得良好分析结果的重要条件之一，吸收池上的指纹、油污或壁上的一些沉积物，都会影响其透光性，因此务必注意仔细操作和及时清洗。

5. 光电检测器

光电检测器主要由受光器和测量器两部分组成，常用的受光器有光电池、真空光电管或光电倍增管等。它们可将接收到的光能转变为电能，并应用高灵敏度放大装置将弱电流放大，提高敏感度。通过测量所产生的电能，由电流计显示出电流的大小，在仪表上可直接读得 A 值、T 值。较高级的现代仪器还常附有计算机及自动记录仪，可自动扫描出吸收曲线。

6. 显示器

显示器将从光电检测器中获得的电信号通过放大器生成图像或数字，以某种方式显示出来。常用的显示器有指针式显示、LD 数字显示、VGA 屏幕显示和计算机显示。目前较精密的多功能分光光度计大多数采用配有相应软件的计算机显示。

3.1.4 分光光度计的分类

通常分光光度计的分类方式有两种：一种是按仪器的使用波长分类，另一种是按仪器的光学系统分类。其中，使用较多的分类方法是光学系统分类法。

（1）按仪器使用的波长分类，可分为真空紫外分光光度计（0.1～200nm）、可见分光光度计（350～700nm）、紫外-可见分光光度计（190～1100nm）、紫外-可见-红外分光光度计（190～2500nm）。

（2）按仪器使用的光学系统分类，可分为单光束分光光度计、双光束分光光度计、双波长分光光度计、双波长-双光束分光光度计、动力学分光光度计。

3.1.5 影响吸光系数的因素

（1）不同物质，其吸光系数不同，因此吸光系数可作为物质的特性常数。在分光光度法中，常用摩尔吸光系数ε来衡量显示反应的灵敏度，ε越大，灵敏度越高。

（2）不同溶剂，其吸光系数不同。在表示某一物质的吸光系数时，要注明所用溶剂。

（3）不同波长的光，吸光系数不同。物质的定量测定需在最适宜的波长下测定其吸光度，因为在此处测定的灵敏度最高。

（4）不同纯度单色光，其吸光系数亦不同。如果单色光源不纯，使吸收峰变圆钝，则吸光度降低。严格地说，Lambert-Beer 定律只有当入射光是单色光时才完全适合，因此物质的吸光系数与使用仪器的精度密切相关。若滤光片的分光性能较差，则测得的吸光系数值要比真实值小。

3.1.6 使用分光光度计的注意事项

1. 注意防震、防潮、防光及防腐蚀

（1）防震。仪器应放在平稳台上，不要随意搬动，操作时动作轻缓，防止损坏机件。

（2）防潮。光电池受潮后，灵敏度下降，甚至失效。因此，仪器应放在干燥的地方，或光电池附近放置一定干燥剂（如硅胶）。

（3）防光。光电池平常不宜受光照射。使用时注意防止强光照射，避免长时间照射。

（4）防腐蚀。具有腐蚀性的物质（如强酸、强碱等）都能损坏仪器。在盛装待测液时，达到比色杯的 3/4 即可，不宜过多，防止溶液溢出；移动吸收池时，动作轻缓，防止溶液溅出。

2. 吸收池的保护

不可用手、滤纸和毛刷等摩擦吸收池的光滑面。移动吸收池时，应手持吸收池的磨面。吸收池用完后立即用自来水冲洗，再用蒸馏水洗净、晾干。每台分光光度计的吸收池为专用，不可与其他分光光度计的吸收池互换。

3. 分光测定对波长的选择

测定波长对比色分析的灵敏度、准确度和选择性有很大的影响。选择波长的原则：吸收最大，干扰最小。因为吸光度越大，测定敏感度越高，准确度也容易提高；干扰越小，则选择性越好，测定准确度越高。

3.2 荧光分析法

自然界存在这样一类物质，当吸收了外界能量后，能发出不同波长和不同强度的光，一旦外界能量消失，则这种光也随之消失，这种光称为荧光（fluorescence）。

利用荧光的光谱和荧光强度，对物质进行定性、定量分析的方法称为荧光分光分析法。

3.2.1 基本原理

在室温下分子大都处于基态的最低振动能级，在光线照射下，分子吸收能量，其中某些电子由原来的基态能级跃迁到第一电子激发态或更高电子激发态中的各个不同振动能级，跃迁到较高能级的分子，很快（约10^{-9}s）由于分子碰撞而以热的形式损失一部分能量，从所处的激发态能级下降到第一电子激发态的最低振动能级，能量的这种转移方式称为无辐射跃迁。由第一电子激发态的最低振动能级下降到基态的能级，并以光的形式释放出它们所吸收的能量，这种光便称为荧光。

荧光分光分析法与分光光度法有所不同，分光光度法是测定物质吸收光的强度，而荧光分光分析法则是测定物质吸收了一定频率的光之后所发射出来光的强度。物质吸收的光即为激发光，物质吸收光后所发出的光即为发射光或荧光。将激发光用单色器分光后，依次连续测定每一波长由激发而引起的荧光强度，然后以荧光强度为纵坐标，激发光的波长为横坐标绘制得到的曲线，称为该荧光物质的激发光谱（excitation spectrum）。实际上，荧光物质的激发光谱便是它的吸收光谱。激发光谱中最高峰处的波长能使荧光物质发射出最强的荧光，如果保持激发光的波长和强度不变，让物质所发出的荧光通过单色器照射到检测器上，依次调节单色器至各种不同的波长，并测出相对应的荧光强度，然后以荧光强度为纵坐标，相对应的荧光波长为横坐标作图，所得到的曲线即为该荧光物质的荧光发射光谱，简称荧光光谱（fluorescence spectrum）。由于不同的物质组成与结构不同，所吸收光的波长（λ_{ex}）和发射光的波长（λ_{em}）也不同，利用这两个特性参数可以进行物质的定性鉴别。在λ_{ex}和λ_{em}一定的条件下，如果物质的浓度不同，它所发射的荧光强度(F)就不同，两者之间的定量关系可用下式表示：

$$F = Kc$$

式中：F为能发荧光物质的荧光强度；K为一定条件下的常数；c为能发荧光物质的浓度。

当激发光强度、波长、所用溶剂及温度等条件一定时，物质在一定浓度范围内，其发射荧光强度与溶液中该物质的浓度成正比，测量物质的荧光强度便可以对其进行定量分析。

3.2.2 荧光测定仪器的主要构件

测定荧光可以用荧光计和荧光分光光度计。前者结构较为简单且价格便宜，而后者构造精细，不仅定量测定的灵敏度和选择性高，而且也可作荧光物质的定性鉴定，应用广泛。二者的基本仪器构造是相似的。由光源发出的光，经单色器让特征波长的激发光通过，照射到液槽使荧光物质发射出荧光，经第二个单色器让待测物所产生的特征波长荧光通过，照射到检测器而产生光电流，经放大后以指针指示或利用记录仪记录其信号。仪器的主要构件如下。

1. 光源

理想的激发光源能发出含有各种波长的紫外光和可见光，光的强度要足够大，而且在整个波段范围内强度一致。理想的光源不易得到，目前应用最多的光源是汞灯、溴钨灯，也有氙弧灯，氙弧灯所发出的光波强度大。

2. 单色器

单色器是荧光仪的主要构件，它的作用主要是把入射光色散为各种不同波长的单色光，使用的单色器主要是棱镜和光栅。测定荧光的仪器有两个单色器，第一个放在光源和液槽之间，作用是滤去非特征波长的激发光；第二个放在液槽和检测器之间，作用是滤去反射光、散射光和杂荧光，让特征波长的荧光通过。荧光分光光度计采用石英棱镜或光栅作为单色器，分光能力强，从而提高了分析检测的灵敏度以及选择性。第二个单色器和检测器与光源呈90°分布，主要是为了防止透射光对荧光强度的干扰。

3. 液槽

液槽用来装溶液。由于普通的玻璃能够吸收323nm以下的光，因此液槽一般用石英制成，而且四面均为透光面。

4. 检测器

荧光分光光度计采用光电倍增管作为检测器，将其接收到的光信号转变为电信号，不同类型光电阴极的光电倍增管，能得到不同效应的荧光光谱。

荧光计和荧光分光光度计的操作方法与分光光度计有以下几点不同：①需要分别选择激发光波长和荧光波长；②比色池的四个面均为透光面，比色池架一次只能放一个比色池，测定时，比色池的四个透光面均要擦干净；③为了防止长时间的光照对荧光强度造成影响，只需在读数时短时间打开光路。

3.2.3 荧光分析法的定性、定量分析

1. 定性分析研究

在食品生物化学实验中应用荧光分析法，能够定性分析蛋白质在提取、加工或变性后，蛋白质疏水性、亲水性的变化；研究有机小分子、离子以及无机化合物与蛋白质的相互作用，获取对蛋白质结构及功能性质变化的信息等。

在蛋白质结构中存在三种芳香族氨基酸，即色氨酸（Trp）、苯丙氨酸（Phe）和酪氨酸（Tyr），它们能发出内源荧光，这些氨基酸的结构不同，荧光强度比为100∶0.5∶9，因此，绝大多数情况下，可以认为蛋白质所显示的荧光主要来自色氨酸残

基的贡献，色氨酸荧光光谱主要反映色氨酸微环境极性的变化，是一种较为灵敏、在三级结构水平上反映蛋白质构象变化的技术手段。一般来讲，荧光峰红移表明荧光发射基团暴露于溶剂，蛋白质分子伸展；如果荧光峰位置没有发生偏移，仅有荧光峰信号的减弱或增强，那么不能将其判断为明显的蛋白质构象改变。

在测定蛋白质的性质时，可以对蛋白质对照液进行荧光光谱扫描，以确定样液最合适的发射波长，然后测定处理样品荧光发射光谱，根据发射光谱最大发射波长的位置，判断蛋白质构象的变化。如果最大荧光发射波长红移，表明蛋白质残基所处环境的极性增加，蓝移则说明蛋白质疏水性增加。

荧光分光光度计法还可以用来对蛋白质水解进行研究。例如，在酶对蛋白质的水解作用过程中，随着酶解作用时间的延长，对酶解液进行荧光光谱分析时，其荧光峰会发生红移，说明酶解液中可溶性蛋白质的含量增加。

2. 定量测定

荧光分析法的定量分析方法主要可分为直接测定法和间接测定法两类。

1）直接测定法

利用荧光分析法对被分析物质进行浓度测定，最简单的方法就是直接测定法。某些物质只要本身能够发出荧光，则只需将含有这类物质的样品做适当的前处理或分离除去干扰物质，便可通过测量它的荧光强度从而测出其浓度。具体有以下两种方法。

（1）直接比较法。配制标准溶液，使其浓度在标准曲线的线性范围之内，测定其荧光强度 F_s，在相同条件下测定样品溶液的荧光强度 F_x，已知标准溶液的浓度 c_s，便可求出样品中待测溶液的含量。

如果空白溶液的荧光强度调不到零，则必须从 F_s 和 F_x 值中扣除空白溶液的荧光强度 F_0，然后进行计算。

$$F_s - F_0 = Kc_s\text{；}\quad F_x - F_0 = Kc_x$$

$$\frac{F_s - F_0}{F_x - F_0} = \frac{c_s}{c_x}\text{；}\quad c_x = c_s\frac{F_x - F_0}{F_s - F_0}$$

（2）标准曲线法。将已知量的标准品经过与样品相同处理后，配成一系列标准溶液，分别测定其荧光强度，以荧光强度对荧光物质含量绘制标准曲线。再测定样品溶液的荧光强度，根据标准曲线即可求出样品中待测荧光物质的含量。

为使各次所绘制的标准曲线能够重合一致，每次需以同一标准溶液对仪器进行校正。若该溶液在紫外光照射下不稳定，需要改用另外一种稳定且荧光峰相近的标准溶液进行校正。例如，在测定维生素 B_1 时，可用硫酸奎宁作为基准来校正仪器；测定维生素 B_2 时，可用荧光素钠溶液作为基准来校正仪器。

2）间接测定法

有许多物质本身不能发荧光，或者荧光量子产率很低，仅能显现非常微弱的荧光，无法直接进行测定，这时可采用间接测定方法。

间接测定法主要有以下三种：

（1）荧光猝灭法。利用本身不发荧光的被分析物质能使某种荧光化合物的荧光猝灭的性质，通过测量荧光化合物荧光强度的下降，间接地测定该物质的浓度。

（2）化学转化法。通过化学反应使非荧光物质变为适合于测定的荧光物质，从而间接地测定该物质的浓度。例如，金属离子与螯合剂反应生成具有荧光的螯合物；有机化合物通过光化学反应、降解、氧化还原、酶促反应等，使其转变为荧光物质。

（3）敏化发光法。对于很低浓度的分析物质，若采用一般的荧光测定方法，由于荧光信号太弱而无法检测，这时便可利用一种物质（敏化剂）以吸收激发光，然后将激发光能传递给发荧光的分析物质，从而提高被分析物质测定的灵敏度。

以上三种方法都只是相对的测定分析方法，在实验时均需采用某种标准进行比较，方能得出结果。

第 4 章　生物活性分子的分离技术

4.1　离 心 技 术

离心技术在生物科学特别是在生物化学和分子生物学研究领域，已得到十分广泛的应用，主要用于各种生物样品的分离和制备。生物样品悬浮液在高速旋转下，由于巨大的离心力作用，悬浮的微小颗粒以一定的速度沉降，从而与溶液分离，沉降速度取决于颗粒的质量、大小和密度。

4.1.1　离心技术基本原理

离心技术是根据物质在离心力场中的行为来分离物质的。溶液中的固相颗粒做圆周运动时产生一个向外离心力，其定义为

$$F = m\omega^2 r$$

式中：F 为离心力的强度；m 为沉降颗粒的有效质量；ω 为离心转子转动的角速度，rad/s；r 为离心半径，cm，即转子中心轴到沉降颗粒之间的距离。

通常离心力用地球引力的倍数来表示，因而称为相对离心力（relative centrifugal force，RCF）。相对离心力是指在离心场中，作用于颗粒的离心力相当于地球重力的倍数，单位是重力加速度“g”（980cm/s^2）。但由于转头的形状及结构的差异，每台离心机的离心管从管口至管底的各点与旋转轴之间的距离是不一样的，且沉降颗粒在离心管中所处位置不同，所受离心力不同。因此，在计算时规定旋转半径均用平均半径 r_{av} 代替，$r_{av} = \frac{r_{min} + r_{max}}{2}$。科技文献中离心力的数据通常是指平均值 RCF_{av}，即离心管中点的离心力。

一般情况下，低速离心时常以转速“r/min”表示，高速离心时则以“g”表示。“g”可以更真实地反映颗粒在离心管内不同位置的离心力及其动态变化。

4.1.2　离心机的主要构造和类型

实验用离心机分为制备型离心机和分析型离心机。制备型离心机主要用于分离各种生物材料，每次分离的样品容量比较大；分析型离心机一般都带有光学系统，主要用于研究纯的生物大分子和颗粒的理化性质，依据待测物质在离心场中的行为（用离心机中的光学系统连续监测），能推断物质的纯度、形状和相对分子质量等。分析型离心机都是超速离心机。

1. 制备型离心机

可分为三类：普通离心机、高速冷冻离心机、超速离心机。

1）普通离心机

最大转速 6000r/min 左右，最大相对离心力近 6000×g，容量为几十毫升至几升，分离形式是固液沉降分离，转子有角式和外摆式，其转速不能严格控制，通常不带冷冻系统，于室温下操作，用于收集易沉降的大颗粒物质，如红细胞、酵母细胞等。

2）高速冷冻离心机

最大转速为 20000～25000r/min，最大相对离心力为 89000×g，最大容量可达 3L，分离形式也是固液沉降分离，转头配有各种角式转头、荡平式转头、区带转头、垂直转头和大容量连续流动式转头，一般都有制冷系统，以消除高速旋转转头与空气之间摩擦而产生的热量，离心室的温度可以调节和维持在 0～40℃，转速、温度和时间都可以严格准确地控制，并有指针或数字显示，通常用于微生物菌体、细胞碎片、大细胞器、硫铵沉淀和免疫沉淀物等的分离纯化工作，但不能有效地沉降病毒、小细胞器（如核蛋白体）或单个分子。

3）超速离心机

转速可达 50000～80000r/min，相对离心力最大可达 510000×g，离心容量由几十毫升至 2L，分离的形式是差速沉降分离和密度梯度区带分离，离心管平衡允许的误差要小于 0.1g。超速离心机的出现使生物科学的研究领域有了新的进展，它能使过去仅在电子显微镜观察到的亚细胞器得到分级分离，还可以分离病毒、核酸、蛋白质和多糖等。

2. 分析型离心机

分析型离心机使用了特殊设计的转头和光学检测系统，以便连续地监视物质在一个离心场中的沉降过程，从而确定其物理性质。分析型离心机的主要特点是能在短时间内，用少量样品就可以得到一些重要信息；能够确定生物大分子是否存在和其大致的含量；计算生物大分子的沉降系数；结合界面扩散，估计分子的大小；检测分子的不均一性及混合物中各组分的比例；测定生物大分子的相对分子质量；还可以检测生物大分子的构象变化等。

4.1.3　离心分离方法

超速离心机容量较大，主要用于分离制备线粒体、溶酶体和病毒等，以及具有生物活性的核酸、酶等生物大分子。分析性超速离心机另装有光学系统，可以监测旋离过程中物质的沉降行为并能拍摄成照片。在操作技术上，最常用的是差速沉降离心法和密度梯度区带离心法。

1. 差速沉降离心法

差速沉降离心法是最普通的离心法。采用逐渐增加离心速度或低速和高速交替进行离心，使沉降速度不同的颗粒在不同的离心速度及不同离心时间下分批分离。此法一般用于分离沉降系数相差较大的颗粒。差速离心首先要选择好颗粒沉降所需的离心力和离心时间。当以一定的离心力在一定的离心时间内进行离心时，在离心管底部就会得到最大和最重颗粒的沉淀，分出的上清液在加大转速下再进行离心，又得到第二部分较大、较重颗粒的沉淀及含较小和较轻颗粒的上清液，如此多次离心处理，即能把液体中的不同颗粒较好地分离开。此法所得的沉淀是不均一的，仍含有其他成分，需经过两三次再悬浮和再离心，才能得到较纯的颗粒。此法主要用于组织匀浆液中分离细胞器和病毒，其优点是：操作简易，离心后用倾倒法即可将上清液与沉淀分开，并可使用容量较大的角式转子。缺点是：需多次离心，沉淀中有夹带，分离效果差，不能一次得到纯颗粒，沉淀于管底的颗粒受挤压，容易变性失活。差速沉降离心法如图 4-1 所示。

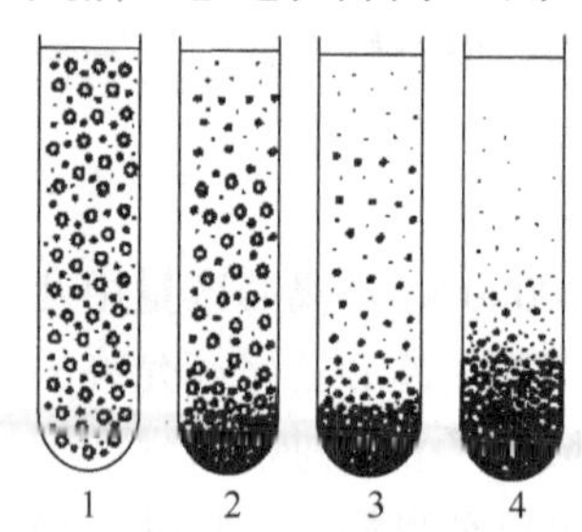

图 4-1　差速沉降离心示意图

离心管 1～4，离心力逐渐增加，颗粒逐级被分离

2. 密度梯度区带离心法

密度梯度区带离心法简称区带离心法，是将样品加在惰性梯度介质中进行离心沉降或沉降平衡，在一定的离心力下把颗粒分配到梯度中某些特定位置上，形成不同区带的分离方法。此法的优点是：①分离效果好，可一次获得较纯颗粒；②适应范围广，能像差速沉降离心法一样分离具有沉降系数差的颗粒，又能分离出一定浮力密度差的颗粒；③颗粒不会挤压变形，能保持颗粒活性，并防止已形成的区带由于对流而引起混合。此法的缺点是：①离心时间较长；②需要制备惰性梯度介质溶液；③操作严格，不易掌握。

密度梯度区带离心法又可分为两种：

1）差速区带离心法

当不同的颗粒间存在沉降速度差时（不需要像差速沉降离心法所要求的那样大的沉降系数差），在一定的离心力作用下，颗粒各自以一定的速度沉降，在密度梯度介质的不同区域上形成区带的方法称为差速区带离心法。此法仅用于分离有一定沉降系数差的颗粒（20%的沉降系数差或更少）或相对分子质量相差 3 倍的蛋白质，与颗粒的密度无关。大小相同、密度不同的颗粒（如线粒体、溶酶体等）不能用此法分离。

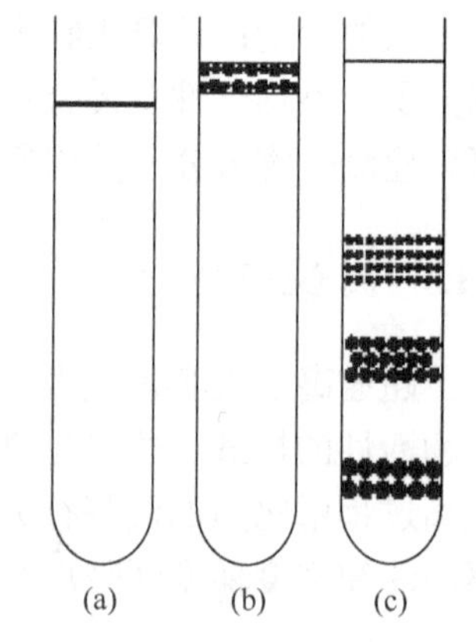

图 4-2　差速区带离心示意图

（a）充满密度梯度溶液的离心管；（b）样品加于介质顶部；（c）离心力作用下，粒子按照质量以不同速度移动

差速区带离心如图 4-2 所示。离心管先装好密度梯度介质溶液，样品液加在梯度介质的液面上。离心时，由于离心力的作用，颗粒离开原样品层，按不同沉降速度向管底沉降，离心一定时间后，

沉降的颗粒逐渐分开，最后形成一系列界面清楚的不连续区带，沉降系数越大，往下沉降越快，所呈现的区带也越低，离心必须在沉降最快的大颗粒到达管底前结束，样品颗粒的密度要大于梯度介质的密度。梯度介质通常用蔗糖溶液，其最大密度和浓度可达 1.28kg/cm^3 和 60%。

此离心法的关键是选择合适的离心转速和时间。

2）等密度区带离心法

离心管中预先放置好梯度介质，样品加在梯度液面上，或样品预先与梯度介质溶液混合后装入离心管，通过离心形成梯度，这就是预形成梯度和离心形成梯度的等密度区带离心产生梯度的两种方式。

离心时，样品的不同颗粒向上浮起，一直移动到与它们的密度相等的等密度点的特定梯度位置上，形成几条不同的区带，这就是等密度离心法，见图 4-3。体系到达平衡状态后，再延长离心时间和提高转速已无意义，处于等密度点上的样品颗粒的区带形状和位置均不再受离心时间所影响，提高转速可以缩短达到平衡的时间，离心所需时间以最小颗粒到达等密度点（平衡点）的时间为基准，有时长达数日。

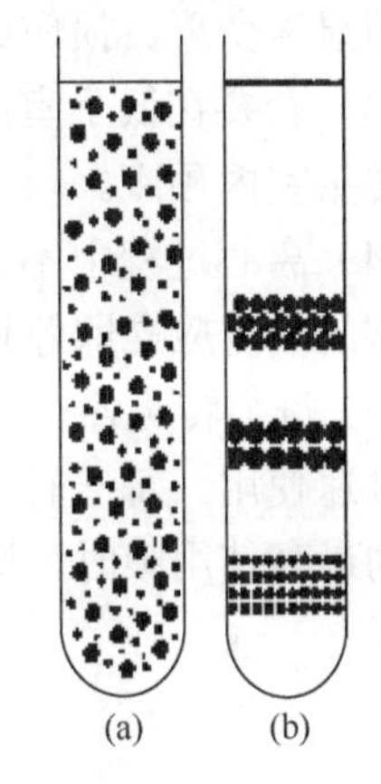

图 4-3　等密度区带离心示意图

（a）样品与梯度介质混合的均匀溶液；（b）离心力作用下，梯度介质重新分布，样品停留在等密度处

等密度离心法的分离效率取决于样品颗粒的浮力密度差，密度差越大，分离效果越好，与颗粒大小和形状无关，但大小和形状决定着达到平衡的速度、时间和区带宽度。

等密度区带离心法所用的梯度介质通常为氯化铯 CsCl，其密度可达 1.7g/cm^3。此法可分离核酸、亚细胞器等，也可以分离复合蛋白质，但简单蛋白质不适用。

两种区带离心方法各有特点，如表 4-1 所示。

表 4-1　差速区带离心法与等密度区带离心法的主要特点

特点	差速区带离心	等密度区带离心
梯度介质类型	Ficoll、Percoll 及蔗糖等有机小分子	CsCl 等无机盐
介质密度	比待分离样品密度小	密度梯度覆盖待分离样品的密度
与离心时间的关系	受限制	不受限制
用于分离的样品特点	相对分子质量不同	密度不同
用于分离的样品类型	蛋白质、亚细胞器等	核酸等

4.1.4　离心机操作的注意事项

高速与超速离心机是生化实验教学和生化科研的重要精密设备，其转速高、产生的离心力大，若使用不当或缺乏定期的检修和保养，都可能发生严重事故，因此使用离心机时都必须严格遵守操作规程。

（1）使用各种离心机时，必须事先在天平上精密地平衡离心管和其内容物，平衡时质量之差不得超过各个离心机说明书上所规定的范围，每个离心机不同的转头有各自的允许差值，转头中绝对不能装载单数的管子，当转头只是部分装载时，管子必须互相对称地放在转头中，以便使负载均匀地分布在转头的周围。

（2）装载溶液时，要根据各种离心机的具体操作说明进行。根据待离心液体的性质及体积选用适合的离心管，有的离心管无盖，液体不得装得过多，以防离心时甩出，造成转头不平衡、生锈或被腐蚀，而制备性超速离心机的离心管，则常常要求必须将液体装满，以免离心时塑料离心管的上部凹陷变形。每次使用后，必须仔细检查转头，及时将其清洗、擦干，转头是离心机中须重点保护的部件，搬动时要小心，不能碰撞，避免造成伤痕。转头长时间不用时，要涂上一层上光蜡保护，严禁使用显著变形、损伤或老化的离心管。

（3）若要在低于室温的温度下离心时，转头在使用前应放置在冰箱或置于离心机的转头室内预冷。

（4）离心过程中不得随意离开，应随时观察离心机上的仪表是否正常工作，如有异常的声音应立即停机检查，及时排除故障。

（5）每个转头各有其最高允许转速和使用累积限时，使用转头时要查阅说明书，不得过速使用。每一转头都要有一份使用档案，记录累积的使用时间，若超过了该转头的最高使用限时，则须按规定降速使用。

4.2　层 析 技 术

层析法又称色层分析法或色谱法（chromatography），它是1903～1906年由俄国植物学家M.Tswett首先提出来的。层析技术是近代生物化学最常用的分离方法之一。它是利用混合物中各组分的物理化学性质的差别（如吸附力、分子形状和大小、分子亲和力、分配系数等），使各组分不同程度地分布在两相中，其中一相是固定的称为固定相，另一相则流过此固定相称为流动相，从而使各组分以不同速度移动而达到分离的目的。

层析法的最大特点是分离效率高，它能分离各种性质极其类似的物质。既可用于少量物质的分析鉴定，又可用于大量物质的分离纯化制备。

4.2.1　层析技术的基本概念

层析法是一种基于被分离物质的物理、化学及生物学特性的不同，使它们在某种基质中的移动速度不同而进行分离和分析的方法。例如，利用物质在溶解度、吸附能力、立体化学特性及分子大小、带点情况及离子交换、亲和力的大小及特异的生物学反应等方面的差异，使其在流动相与固定相之间的分配系数（或称分配常数）不同，达到彼此分离的目的。

对于一个层析柱来说，可作如下基本假设：

（1）层析柱的内径和柱内的填料是均匀的，而且层析柱由若干层组成。每层高度为H，称为一个理论塔板。塔板一部分为固定相占据，一部分为流动相占据，且各塔板的流动相体积相等，称为板体积，以V_m表示。

（2）每个塔板内溶质分子在固定相与流动相之间瞬间达到平衡，且忽略分子纵向扩散。

（3）溶质在各塔板上的分配系数是一常数，与溶质在塔板的量无关。

（4）流动相通过层析柱可以看成脉冲式的间歇过程（不连续过程）。从一个塔板到另一个塔板流动相体积为V_m。当流过层析柱的流动相的体积为V时，则流动相在每个塔板上跳跃的次数为n，即$n=V/V_m$。

（5）溶质开始加在层析柱的第零塔板上。根据以上假定，将连续的层析过程分解成了间歇的动作，这与多次萃取过程相似，一个理论塔板相当于一个两相平衡的小单元。

根据上述假设导出的平衡塔板理论，初步阐明了溶质的分布随柱内流动相体积的变化规律，导出了层析洗脱曲线方程（曲线方程从略）。它形象、定量地描述了层析柱的柱效率等，初步揭示了层析分离的真实过程，对层析技术的发展起到了重要的推动作用。但是由于平衡塔板理论采用的是平衡过程的研究方法，忽略了许多动力学因素对柱分离效率的影响，如分子的扩散及运动速度等，因此这是一个半经验性理论。实际上，层析分离与分子的扩散及运动速度是有关的，而且，同一溶质在不同流动相流速下将具有不同的理论塔板数，因此，后来又发展了非平衡态的层析理论，或称速率理论。该理论对层析的平衡塔板模型作了修正，提出了连续流塔板模型，并且导出了层析洗脱曲线方程（曲线方程从略）。两个洗脱曲线方程是非常相似的，不过，在速率理论中的塔板高度已不像平衡塔板理论中具有十分明确的物理意义，它考虑了分子的扩散运动，得到的理论塔板高度H仅是衡量柱分离效率的一个参数值。

1）固定相

固定相是层析的一个基质。它可以是固体物质（如吸附剂、凝胶、离子交换剂等），也可以是液体物质（如固定在硅胶或纤维素上的溶液），这些基质能与待分离的化合物进行可逆的吸附、溶解、交换等作用。它对层析的效果起着关键的作用。

2）流动相

在层析过程中，推动固定相上待分离的物质朝着一个方向移动的液体、气体或超临界体等，都称为流动相。柱层析中一般称为洗脱剂，薄层层析时称为展层剂。它也是层析分离中的重要影响因素之一。

3）分配系数和迁移率

分配系数是指在一定条件下，某组分在固定相和流动相中作用达到平衡时，该组分分配到固定相与流动相中的含量（浓度）的比值，常用K来表示。分配系数与被分离的物质本身及固定相和流动相的性质有关，同时受温度、压力等条件的影响。

因此，不同物质在不同条件下的分配系数各不相同。当层析条件确定时，某一物质在此层析系统条件中的分配系数为一常数。分配系数是层析中分离纯化物质的主要依据，反映了被分离的物质在两相中的迁移能力及分离效能。在不同类型的色谱中，分配系数有不同概念：吸附色谱中称为吸附系数，离子交换色谱中称为交换系数，凝胶色谱中称为渗透参数。

$$K=\frac{\text{固定相中物质的浓度}}{\text{流动相中物质的浓度}}$$

迁移率是指在一定条件下，相同时间内，某一组分在固定相中移动的距离与流动相中移动的距离的比值，常用 R_f 表示，$R_f \leqslant 1$。

$$R_f=\frac{\text{组分在固定相中移动的距离}}{\text{组分在流动相中移动的距离}}$$

R_f 值取决于被分离物质在两相间的分配系数及两相间的体积比。在同一实验条件下，两相体积比是一常数，所以 R_f 值取决于分配系数。不同物质的分配系数是不同的，R_f 值也不相同。可以看出，K 值越大，则该物质越趋向于分配到固定相中，R_f 值就越小；反之，K 值越小，则该物质越趋向于分配到流动相中，R_f 值就越大。分配系数或 R_f 值的差异程度是决定几种物质采用层析方法能否分离的先决条件。显然，差异越大，分离效果越理想。

4）分辨率

分辨率是指两个相邻峰的分开程度，用 R_s 表示：

$$R_s=\frac{V_2-V_1}{\frac{W_1+W_2}{2}}=\frac{2Y}{W_1+W_2}$$

式中：V_1 为组分 1 从进样点到对应洗脱峰之间的洗脱液体积；V_2 为组分 2 从进样点到对应洗脱峰之间的洗脱液体积；W_1 为组分 1 的洗脱峰宽度；W_2 为组分 2 的洗脱峰宽度；Y 为组分 1 和组分 2 洗脱峰处洗脱液体积之差。

两个峰尖之间距离越大，分辨率越高；两峰宽度越大，分辨率越低。R_s 值越大表示两峰分得越开，两组分分离得越好。当 $R_s \leqslant 0.5$ 时，两峰部分重叠，两组分不完全分离；当 $R_s=1$ 时，两组分分离得较好，互相沾染约 2%，即两种组分的纯度约为 98%；当 $R_s=1.5$ 时，两峰完全分开，称为基线分离，两组分基本完全分离，两种组分的纯度达到 99.8%。

影响分辨率的因素是多方面的，被分离物质本身的理化性质、固定相和流动相的性质以及洗脱流速、进样量等因素都会影响层析分辨率，操作时应当根据实际情况综合考虑，特别是对于生物大分子，还必须考虑它的稳定性和活性等问题。另外，如 pH、温度等条件都会对其产生较大的影响。

5）操作容量（交换容量）

在一定条件下，某种组分与基质（固定相）反应达到平衡时，存在于基质上的饱和容量称为操作容量或交换容量。它的单位是 mmol/g（mg/g）或 mmol/mL（mg/mL），数值越大，表明基质对该物质的亲和力越强。应当注意，同一种基质对不同种类分子的操作容量是不相同的，这主要是由于分子大小（空间效应）、带电荷的多少、溶剂的性质等多种因素的影响。因此，在实际操作时，加入的样品量要控制在一定范围内，尽量少些，尤其是生物大分子，否则用层析方法不能得到有效的分离。

6）正相色谱和反相色谱

正相色谱是指固定相的极性高于流动相的极性。因此，在这种层析过程中，非极性分子或者极性小的分子比极性大的分子移动的速度快，先从柱中流出来。正相色谱用的固定相通常为硅胶以及具有胺基团和氰基团等其他极性官能团的键合相填料。由于硅胶表面的硅羟基或其他极性基团极性较强，因此，依据样品中各组分的极性由弱到强被冲洗出色谱柱。正相色谱使用的流动相极性相对固定相低，如正己烷、氯仿、二氯甲烷等。

反相色谱是指固定相的极性低于流动相的极性，在这种层析过程中，极性大的分子比极性小的分子移动的速度快，先从柱中流出来。反相色谱用的填料通常是硅胶为基质，表面键合有极性相对较弱的官能团。反相色谱使用的流动相极性较强，通常为水、缓冲液与甲醇、乙腈等的混合物。

一般来说，分离极性大的分子（带电离子等）采用正相色谱，而分离极性小的有机分子（有机酸、醇、酚等）多采用反相色谱。

4.2.2　层析技术的分类

（1）依操作形式或固定相基质的形式分为柱层析、纸层析、薄层层析等。

柱层析：将固定相装于柱内，使样品沿一个方向移动而达到分离。

纸层析：用滤纸作液体的载体，点样后，用流动相展开，以达到分离鉴定的目的。

薄层层析：将适当粒度的吸附剂铺成薄层，以纸层析类似的方法进行物质的分离和鉴定。

（2）按层析的机理不同可分为吸附层析、分配层析、离子交换层析、凝胶过滤层析等。

吸附层析：利用吸附剂表面对不同组分吸附性能的差异进行分离。

分配层析：利用不同组分在流动相和固定相之间的分配系数不同使之分离。

离子交换层析：利用不同组分对离子交换剂亲和力的不同进行分离。

凝胶过滤层析：利用某些凝胶对于不同分子大小的组分阻滞作用的不同进行分离。

（3）按流动相与固定相的不同可划分为气相层析、液相层析。这两大类层析是以流动相不同来划分的。如同时区分流动相和固定相，可划分为气固层析、气液层析、液固层析和液液层析等。

4.2.3　柱层析法的一般技术和操作

1. 柱层析基本装置

柱层析技术也称柱色谱技术。一根柱子里先填充不溶性基质形成固定相，将蛋白质混合样品加到柱子上后用特别的溶剂洗脱，溶剂组成流动相。在样品从柱子上洗脱下来的过程中，根据蛋白质混合物中各组分在固定相和流动相中的分配系数不同经过反复分配，将不同蛋白组分逐一分离。

柱层析的基本装置有层析柱、恒流装置、检测装置与接收装置等，如图 4-4 所示。

（1）层析柱。一般为玻璃管制成，其下端为细口，出口处带有玻璃烧结板或尼龙网。柱的直径和长度之比一般为 1∶10～1∶50。

（2）恒流装置。常用的恒流装置是恒流泵，它可以产生均一的流速，并且流速是可调的。

（3）检测装置。较高级的柱层析装置一般都配置检测器（常见的检测器为核酸蛋白检测仪）和记录仪。

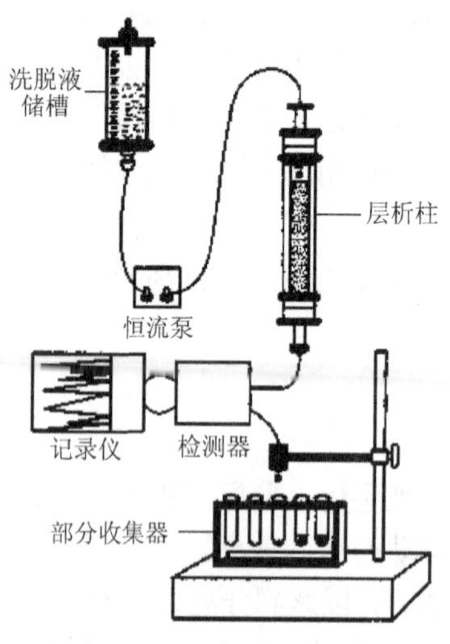

图 4-4　柱层析的基本装置示意图

（4）接收装置。洗脱液的接收可以手工用试管一管一管地接，不过最好使用部分收集器，这种仪器带有上百支试管，可准确定时换管，自动化程度很高。

2. 柱层析操作方法

目前，柱色谱分离的操作方式主要包括常压分离、减压分离和加压分离三种模式。常压分离的分离模式方便、简单，但是洗脱时间长。减压分离尽管能节省填料的使用量，但是大量的空气通过填料会使溶剂挥发，并且有时在柱子外面会有水汽凝结，以及有些易分解的化合物也难以得到，还必须同时使用水泵或真空泵抽气。加压分离可以加快淋洗剂的流动速度，缩短样品的洗脱时间，是一种比较好的方法，与常压柱类似，只不过外加压力使淋洗液更快洗脱。提供压力的可以是压缩空气、双连球或者小气泵等。

1）装柱

柱层析色谱柱的填装主要有湿法和干法两种，湿法省事，一般用淋洗剂溶解样品，也可以用二氯甲烷、乙酸乙酯等，但溶剂越少越好，否则溶剂就成了淋洗剂。柱子底端的活塞一定不要涂润滑剂，否则会被淋洗剂带到淋洗液中，可以采用聚四氟乙烯材料的阀门。干法和湿法装柱没有实质性差别，只要能把柱子装实就行。装完的柱子应该适度紧密（太密淋洗剂流速太慢），并且一定要均匀，否则样品就会从一侧倾斜流动。同时柱中不能有大气泡，大多数情况下有些小气泡没太大的影响，因为只要加压，气泡就可消失。装柱切忌开裂，开裂会影响分离效果，甚至使柱子报废。

2）溶剂的选择

选择一个合适的溶剂系统是柱层析分离的关键。在选用柱层析洗脱剂时首先要考虑三个方面的因素：溶解性、亲和性和分离度。溶剂应选择价廉、安全、环保的，可以考虑石油醚、乙酸乙酯、二氯甲烷、乙醚、甲醇和正己烷等。其中，正己烷价格较高，乙醚很易挥发，二氯甲烷和甲醇与硅胶的吸附是一个放热过程，易使柱子产生气泡。其他溶剂用得相对较少，要依不同需要选择。另外必须注意淋洗剂的纯度，一般使用农药残留级或 HPLC 级的，如果是分析纯的必须进行精制。同时溶剂在过柱后最好回收使用，一方面有利于环保，另一方面也能节省部分经费。

3）上样

上样量的多少直接影响分离的效果。一般地，加样量尽量少些，分离效果比较好。通常加样量应少于 20%（体积分数）的操作容量，体积应低于 5%（体积分数）的柱床体积，对于分析性柱层析，一般不超过柱床体积的 1%（体积分数）。当然，最大加样量必须在具体实验条件下多次实验后才能决定。

应注意的是，加样时应缓慢小心地将样品溶液加到固定相表面，尽量避免冲击基质，以保持基质表面平坦。

4）洗脱

洗脱的方式可分为简单洗脱、分步洗脱和梯度洗脱 3 种。

（1）简单洗脱。柱子始终用一种溶剂洗脱，直到层析分离过程结束。如果被分离物质对固定相的亲和力差异不大，其区带的洗脱时间间隔（或洗脱体积间隔）也不长，采用这种方法是适宜的，但选择的溶剂必须很合适方能使各组分得以分离。

（2）分步洗脱。这种洗脱方式是用几种洗脱能力递增的洗脱液进行逐级洗脱，主要针对混合物组成简单、各组分性质差异较大或需快速分离时，每次用一种洗脱液将其中一种组分快速洗脱下来。

（3）梯度洗脱。当混合物中组分复杂且性质差异较小时，一般采用梯度洗脱。它的洗脱能力是逐步连续增加的，梯度可以是浓度梯度、极性梯度、离子强度梯度或 pH 梯度等。

洗脱条件的选择也是影响层析效果的重要因素。当对所分离的混合物的性质了解较少时，一般先采用线性梯度洗脱的方式去尝试，但梯度的斜率要小一些，尽管洗脱时间较长，但对性质相近的组分分离更为有利。与此同时，也应注意洗脱时的速率。速率太快，各组分在固定相与流动相两相中平衡时间短，相互分不开，仍以混合组分流出；速率太慢，将增大物质的扩散，同样达不到理想的分离效果，要通过多次试验才能摸索出一个合适的流速。总之，必须经过反复的试验与调整，才能得到最佳的洗脱条件。另外，还应特别注意在整个洗脱过程中千万不能干柱，否则分离纯化将会前功尽弃。

5）收集、鉴定及保存

在柱层析实验中，一般是采用部分收集器来收集分离纯化的样品。由于检测系统分辨率有限，洗脱峰不一定能代表一个纯净的组分。因此，每管的收集量不能太多，一般每管 1～5mL，如果分离的物质性质很相近，可降低至 0.5mL/管，这要视具体情况而定。在合并一个峰的各管溶液之前，还要进行鉴定。例如，对于一个蛋白峰的各管溶液，可先用电泳法对各管进行鉴定，对于单条带，若认为已达电泳纯，就合并在一起，否则就另行处理。对于不同种类的物质要采用不同的鉴定方法。最后，为了保持所得产品的稳定性与生物活性，一般采用透析除盐、超滤或减压薄膜浓缩等，再冷冻干燥，得到干粉，在低温下保存备用。

6）基质（吸附剂、离子交换剂或凝胶等）的再生

许多基质可以反复使用，由于基质价格昂贵，层析后要回收处理，以备再用，严禁乱倒乱扔。各种基质的再生方法可参阅具体层析实验及有关文献。

4.2.4 常用层析技术介绍

1. 吸附层析

吸附层析是应用最早的层析技术，其原理是利用固定相（吸附剂）对物质的吸附能力差异来实现对混合物的分离。在柱层析中，层析柱内装填适当的吸附剂，将混合物加到层析柱上端后以一定的流速通入适当的洗脱剂（流动相）。洗脱剂向下流动的过程中，混合物中的各个溶质由于在固定相上的吸附平衡行为不同，具有不同的移动速度，随着洗脱时间的推移而逐渐分开，最后以彼此分离的层析带出现在层析柱出口，通过检测器可检测到各层析带的浓度分布曲线（层析峰）。吸附作用小的物质移动速度快，洗脱时间短；吸附作用强的物质移动速度慢，洗脱时间长。吸附作用的强弱主要与吸附剂和被吸附物质的性质有关。在吸附层析中固定相主要是颗粒状的吸附剂，在吸附剂表面存在着许多随机分布的吸附位点，这些位点通过范德华力、静电引力、疏水作用和配位键等作用力与溶质分子结合。

吸附层析的关键是吸附剂（固定相）和洗脱剂（流动相）的选择。吸附剂应具有表面积大、颗粒均匀、吸附选择性好、稳定性高、成本低等性能。普通吸附剂根据吸附能力的强弱可分三类。

（1）弱吸附剂：如蔗糖、淀粉等。

（2）中等吸附剂：如碳酸钙、磷酸钙、熟石灰、硅胶等。

（3）强吸附剂：如氧化铝、活性炭、硅藻土等。

根据相似相溶原理，极性强的吸附剂易吸附极性强的物质，非极性吸附剂易吸附非极性的物质。但为了便于解吸附，对于极性强的物质通常选用极性弱的吸附剂进行吸附。对于一定的待分离系统，需通过实验确定合适的吸附剂。

洗脱剂应具备黏度小、纯度高、不与吸附剂或吸附物起化学反应，易与目标分子分离等特点。洗脱剂的洗脱能力与介电常数有关，介电常数越大，其洗脱能力也越大。对于上述吸附剂，常用的洗脱剂介电常数的大小依次为：乙烷＞苯＞乙醚＞氯仿＞乙酸乙酯＞丙酮＞乙醇＞甲醇。

除上述吸附剂外，蛋白质的吸附分离常用疏水性吸附剂和亲和吸附剂。

（1）疏水性吸附剂表面键合有弱疏水性基团（如琼脂糖凝胶表面键合苯基、辛

基和丁基等)。疏水性吸附层析是根据蛋白质与疏水性吸附剂之间的弱疏水性相互作用的差别进行蛋白质类生物大分子分离纯化的层析法。亲水性蛋白质表面均含有一定量的疏水性基团，疏水性氨基酸（如酪氨酸、苯丙氨酸等）含量较多的蛋白质疏水性基团多，疏水性也大。尽管在水溶液中蛋白质具有将疏水性基团折叠在分子内部而表面显露极性和荷电基团的作用，但总有一些疏水性基团或极性基团的疏水部位暴露在蛋白质表面。这部分表面疏水基团可与亲水性固定相表面偶联的短链烷基、苯基等弱疏水基发生疏水性相互作用，被疏水性吸附剂所吸附。根据蛋白质盐析沉淀原理，在离子强度较高的盐溶液中，蛋白质表面疏水部位的水化层被破坏，裸露出疏水部位，疏水性相互作用增大。所以，蛋白质在疏水性吸附剂上的吸附平衡系数随流动相盐浓度（离子强度）的提高而增大。因此，蛋白质的疏水性吸附需在高浓度盐溶液中进行，洗脱则主要采用线性（或逐次）降低流动相离子强度的梯度洗脱法。

（2）亲和层析利用键合亲和配基的亲和吸附剂为固定相。常用的亲和配基有抗体、酶抑制剂和植物凝聚素等，它们可分别选择性吸附该抗体的抗原、酶和糖蛋白。亲和吸附具有高度的选择性，是一种分辨率最好的吸附层析法。亲和层析一般采用线性梯度洗脱或逐次洗脱法，洗脱剂需根据具体的亲和吸附系统（配基和蛋白质）来确定。

2. 分配层析

分配层析是以惰性支持物如滤纸、纤维素、硅胶等材料结合的液体为固定相，以沿着支持物移动的有机溶剂为流动相构成的层析系统。分配层析是根据溶质在不同溶剂系统中分配系数的不同而使物质分离的一种方法。分配系数是指一种溶质在两种互不相溶的溶剂系统中达到分配平衡时，该溶质在两相（固定相和流动相）中的浓度比，用 K 表示：

$$K = \frac{\text{物质在固定相中的浓度}}{\text{物质在流动相中的浓度}}$$

在分配层析中应用最广泛的是纸上分配层析，下面对纸层析作简单介绍。

1944 年，生物化学家以滤纸为惰性支持物，以茚三酮为显色剂，建立了微量而简便的分离蛋白质水解液中氨基酸的方法。后来发现糖类、核苷酸、甾体激素、维生素、抗生素等物质也都能用纸层析法进行分离。目前，纸层析法已成为一种常用的生化分离分析方法。图 4-5 为纸层析装置示意图，装置主要由层析缸、滤纸和展开剂组成。

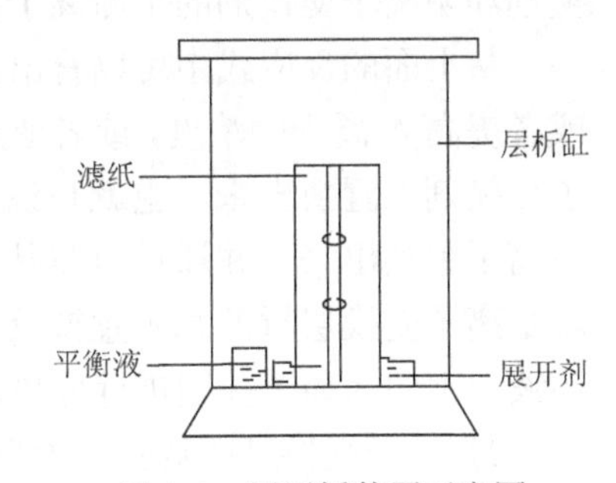

图 4-5 纸层析装置示意图

滤纸是理想的支持介质，滤纸纤维中的羟基具有亲水性，和水以氢键相连，能吸附 22%左右的水，而滤纸纤维与有机溶剂的亲和力较弱，因此滤纸上吸附的水可作为固定相。在层析过程中通过毛细作用沿着滤纸流动的有机溶剂（流动相）流过层析点时，层析点的溶质就在水相和有机相之间进行分配，一部分溶质离开原点随着有机相移动而进入无溶质区域，另一部分溶质从有机相进入水相。当有机相不断流动时，溶质也就不断进行分配。溶质在有机相中的溶解度越大，则在纸上随流动相移动的速度越快。溶质在纸上的移动速度可用迁移率 R_f 表示：

$$R_f = \frac{\text{原点到层析点中心的距离}}{\text{原点到溶剂前沿的距离}}$$

R_f 值主要取决于被分离物质在两相间的分配系数。在同一条件下 R_f 值是一个常数，不同物质的 R_f 值不同，这一性质可作为混合物分离鉴定的依据。R_f 值受分离物的结构、流动相组成、pH、温度、滤纸性质等多种因素的影响。

3. 离子交换层析

1）离子交换层析的基本原理

离子交换层析是依据各种离子或离子化合物与离子交换剂的结合力不同而进行分离纯化的。离子交换层析的固定相是离子交换剂，它是由一类不溶于水的惰性高分子聚合物基质通过一定的化学反应共价结合上某种电荷基团形成的。离子交换剂可以分为三部分：高分子聚合物基质、电荷基团和平衡离子。电荷基团与高分子聚合物共价结合，形成一个带电的可进行离子交换的基团。平衡离子是结合于电荷基团上的相反离子，它能与溶液中其他的离子基团发生可逆的交换反应。平衡离子带正电的离子交换剂能与带正电的离子基团发生交换作用，称为阳离子交换剂；平衡离子带负电的离子交换剂能与带负电的离子基团发生交换作用，称为阴离子交换剂。离子交换反应可以表示为

阳离子交换反应：$(R{-}X^-)Y^+ + A^+ \rightleftharpoons (R{-}X^-)A^+ + Y^+$

阴离子交换反应：$(R{-}X^+)Y^- + A^- \rightleftharpoons (R{-}X^+)A^- + Y^-$

其中，R 代表离子交换剂的高分子聚合物基质；X^- 和 X^+ 分别代表阳离子交换剂和阴离子交换剂中与高分子聚合物共价结合的电荷基团；Y^+ 和 Y^- 分别代表阳离子交换剂和阴离子交换剂的平衡离子；A^+ 和 A^- 分别代表溶液中的离子基团。

从上面的反应式中可以看出，如果 A 离子与离子交换剂的结合力强于 Y 离子，或者提高 A 离子的浓度，或者通过改变其他一些条件，可以使 A 离子将 Y 离子从离子交换剂上置换出来。也就是说，在一定条件下，溶液中的某种离子基团可以把平衡离子置换出来，并通过电荷基团结合到固定相上，而平衡离子则进入流动相，这就是离子交换层析的基本置换反应。通过在不同条件下的多次置换反应，就可以对溶液中不同的离子基团进行分离。

2）离子交换剂的选择、处理和保存

（1）离子交换剂的选择。离子交换剂的种类很多，离子交换层析要取得较好的

效果，选择合适的离子交换剂是非常重要的。

首先是对离子交换剂电荷基团的选择，确定是选择阳离子交换剂还是选择阴离子交换剂。这要取决于被分离的物质在其稳定的 pH 下所带的电荷，如果带正电，则选择阳离子交换剂；如果带负电，则选择阴离子交换剂。例如，待分离的蛋白质等电点为 4，稳定的 pH 范围为 6～9，由于这时蛋白质带负电，故应选择阴离子交换剂进行分离。强酸或强碱型离子交换剂适用的 pH 范围广，常用于分离一些小分子物质或在极端 pH 下的分离。由于弱酸型或弱碱型离子交换剂不易使蛋白质失活，故一般分离蛋白质等大分子物质常用弱酸型或弱碱型离子交换剂。

其次是对离子交换剂基质的选择。聚苯乙烯离子交换剂等疏水性较强的离子交换剂一般常用于分离小分子物质，如无机离子、氨基酸、核苷酸等。纤维素、葡聚糖、琼脂糖等离子交换剂亲水性较强，适合于分离蛋白质等大分子物质。一般纤维素离子交换剂价格较低，但分辨率和稳定性都较低，适于初步分离和大量制备。葡聚糖离子交换剂的分辨率和价格适中，但受外界影响较大，体积可能随离子强度和 pH 变化有较大改变，影响分辨率。琼脂糖离子交换剂机械稳定性较好，分辨率也较高，但价格较贵。

另外，离子交换剂颗粒大小也会影响分离的效果。离子交换剂颗粒一般呈球形，颗粒的大小通常以目数（mesh）或者颗粒直径（μm）表示，目数越大表示直径越小。另外，离子交换层析柱的分辨率和流速也都与所用的离子交换剂颗粒大小有关。一般来说，颗粒小，分辨率高，但平衡离子的平衡时间长，流速慢；颗粒大，则相反。因此，大颗粒的离子交换剂适合于对分辨率要求不高的大规模制备性分离，而小颗粒的离子交换剂适于需要高分辨率的分析或分离。

离子交换纤维素目前种类很多，其中以 DEAE-纤维素（二乙基氨基纤维素）和 CM-纤维素（羧甲基纤维素）最常用，它们在生物大分子物质（蛋白质、酶、核酸等）的分离方面显示很大的优越性。一是它具有开放性长链和松散的网状结构，有较大的表面积，大分子可自由通过，使它的实际交换容量要比离子交换树脂大得多；二是它具有亲水性，对蛋白质等生物大分子物质吸附的不太牢，用较温和的洗脱条件就可达到分离的目的，因此不致引起生物大分子物质的变性和失活；三是它的回收率高。因此，离子交换纤维素已成为非常重要的一类离子交换剂。

（2）离子交换剂的处理和保存。离子交换剂使用前一般要进行处理。干粉状的离子交换剂首先要进行膨化，将干粉在水中充分溶胀，以使离子交换剂颗粒的孔隙增大，具有交换活性的电荷基团充分暴露出来，而后用水悬浮去除杂质和细小颗粒，再用酸碱分别浸泡。每一种试剂处理后要用水洗至中性，再用另一种试剂处理，最后用水洗至中性，这是为了进一步去除杂质，并使离子交换剂带上需要的平衡离子。

离子交换剂保存时应首先处理洗净蛋白等杂质，并加入适当的防腐剂，一般加入 0.02%（质量分数）的叠氮钠，于 4℃下保存。

3）离子交换层析的基本操作

（1）层析柱。离子交换层析要根据分离的样品量选择合适的层析柱，离子交换用的层析柱一般粗而短，不宜过长。直径和柱长比一般为 1∶10～1∶50，层析柱安装要垂直。装柱时要均匀平整，不能有气泡。

（2）平衡缓冲液。离子交换层析的基本反应过程就是离子交换剂平衡离子与待分离物质、缓冲液中离子间的交换，所以在离子交换层析中平衡缓冲液和洗脱缓冲液的离子强度和 pH 的选择对于分离效果有很大的影响。

平衡缓冲液是指装柱后及上样后用于平衡离子交换柱的缓冲液。平衡缓冲液的离子强度和 pH 的选择首先要保证各个待分离物质如蛋白质的稳定。其次使各个待分离物质与离子交换剂适当地结合。一般是使待分离样品与离子交换剂有较稳定的结合，而尽量使杂质不与离子交换剂结合或结合不稳定。在一些情况下（如污水处理）可以使杂质与离子交换剂有牢固的结合，而样品与离子交换剂结合不稳定，也可以达到分离的目的。另外，注意平衡缓冲液中不能有与离子交换剂结合力强的离子，否则会大大降低交换容量，影响分离效果。选择合适的平衡缓冲液，直接就可以去除大量的杂质，并使得后面的洗脱有很好的效果。如果平衡缓冲液选择不合适，可能会对后面的洗脱带来困难，无法得到好的分离效果。

（3）上样。离子交换层析上样时应注意样品液的离子强度和 pH，上样量也不宜过大，一般为柱床体积的 1%～5%（体积分数）为宜，以使样品能吸附在层析柱的上层，得到较好的分离效果。

（4）洗脱缓冲液。在离子交换层析中一般常用梯度洗脱，通常有改变离子强度和改变 pH 两种方式。改变离子强度通常是在洗脱过程中逐步增大离子强度，从而使与离子交换剂结合的各个组分被洗脱下来；改变 pH 的洗脱，对于阳离子交换剂一般是 pH 从低到高洗脱，而阴离子交换剂一般是 pH 从高到低洗脱。由于 pH 可能对蛋白质的稳定性有较大的影响，故一般通常采用改变离子强度的梯度洗脱。梯度洗脱的装置有线性梯度、凹形梯度、凸形梯度以及分级梯度等洗脱方式。一般线性梯度洗脱分离效果较好，故通常采用线性梯度进行洗脱。

洗脱液的选择首先也是要保证在整个洗脱液梯度范围内，所有待分离组分都是稳定的。其次是要使结合在离子交换剂上的所有待分离组分在洗脱液梯度范围内都能够被洗脱下来。另外可以使梯度范围尽量小一些，以提高分辨率。

（5）洗脱速度。洗脱液的流速也会影响离子交换层析分离效果，洗脱速度通常要保持恒定。一般来说，洗脱速度慢时的分辨率要好，但洗脱速度过慢会造成分离时间长、样品扩散、谱峰变宽、分辨率降低等副作用，所以要根据实际情况选择合适的洗脱速度。如果洗脱峰相对集中于某个区域造成重叠，则应适当缩小梯度范围或降低洗脱速度来提高分辨率；如果分辨率较好，但洗脱峰过宽，则可适当提高洗脱速度。

（6）样品的浓缩、脱盐。离子交换层析得到的样品中往往盐的质量分数较高，而且体积较大，样品质量分数较低，因此一般离子交换层析得到的样品要进行浓缩、脱盐处理。

4. 凝胶过滤层析

凝胶过滤层析法也称为凝胶层析法，是 20 世纪 60 年代发展起来的一种简便有效的生化物质分离方法。凝胶过滤又称为分子筛层析。分子筛指的是多孔介质，这种介质具有立体网状结构，内部充满孔隙，孔径虽大小不一，但有一定范围。当含有不同相对分子质量溶质的混合物流经这一介质时，小分子物质能进入介质内部空隙，而大分子物质被排阻在介质之外。这样，不同相对分子质量的溶质分子在凝胶层析过程中的移动速度不同，从而得到层析分离。凝胶过滤示意图见图 4-6。

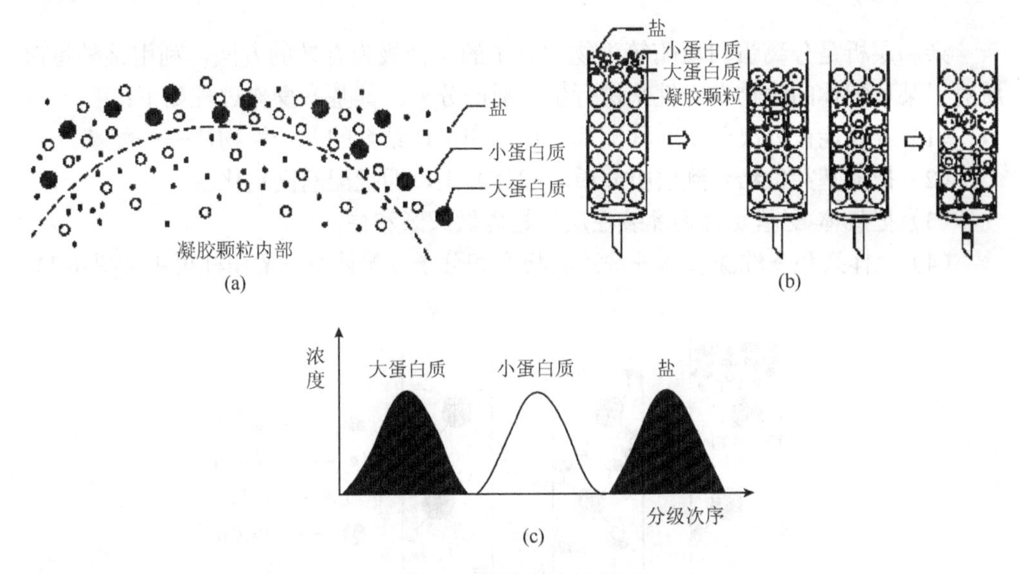

图 4-6　凝胶过滤示意图

（a）凝胶颗粒表面有给定大小范围的网孔；（b）层析过程中不同大小分子逐步分离；（c）分级分离结果

可作为凝胶过滤的介质很多，如交联葡聚糖（sephadex）、交联琼脂糖（sepharose）、聚丙烯酰胺凝胶等。下面以葡聚糖为例说明凝胶层析的基本原理。

交联葡聚糖是细菌葡聚糖（右旋糖苷，dextran）用交联剂环氧氯丙烷交联而成的具有三维空间的网状结构物。在合成凝胶时，如控制葡聚糖和交联剂的配比，即可以获得具有不同孔径范围的葡聚糖凝胶。交联葡聚糖凝胶含有大量的羟基，极性强，易吸水，使用前必须用水溶液进行充分的溶胀处理。交联度越大（sephadex 系列凝胶的 G 值小），孔径越小，吸水量也就越小。

将经过充分溶胀处理的凝胶装柱，再将含有不同相对分子质量溶质的样品液上柱，并用同一溶剂洗脱展开，就可实现各溶质的分离。如上所述，凝胶层析是根据凝胶介质对相对分子质量不同的溶质分子产生的不同排阻作用而达到分离目的的。凝胶对溶质的排阻程度可用分配系数 K_{av} 表示

$$K_{av}=\frac{V_e-V_0}{V_t-V_0}$$

式中：V_t 为凝胶柱的总体积；V_0 为柱的空隙体积或外水体积；V_e 为溶质的洗脱体积。

在一定的层析条件下，V_t 和 V_0 的值都是一定的，而 V_e 的值随溶质相对分子质量的变化而变化。小分子物质能够进入凝胶的大部分空隙中，因此分配系数大，洗脱体积 V_e 值大；大分子溶质仅能进入凝胶内的部分尺寸较大的空隙，因此分配系数较小，洗脱体积 V_e 也小；相对分子质量很大的溶质可完全被排阻在凝胶之外，分配系数为零，洗脱体积 V_e 就等于空隙体积 V_0。完全不能扩散进入到凝胶内部的最小分子的相对分子质量称为凝胶的排阻极限。不同凝胶的排阻极限不同，Sephadex G 系列凝胶中，G 值越大，排阻极限越大。

5. 亲和层析

亲和层析是分离蛋白质酶等生物大分子的一种极为有效的方法，利用某种蛋白质对于某种配体的生物专一性来进行蛋白质的分离。其基本操作过程如下：

（1）寻找能被分离分子（称配体）识别和可逆结合的专一性物质——配基。

（2）把配基共价结合到层析介质（载体）上，即把配基固定化。

（3）把载体-配基复合物灌装在层析柱内做成亲和柱。

（4）上样亲和→洗涤杂质→洗脱收集亲和分子（配体）→亲和柱再生（图 4-7）。

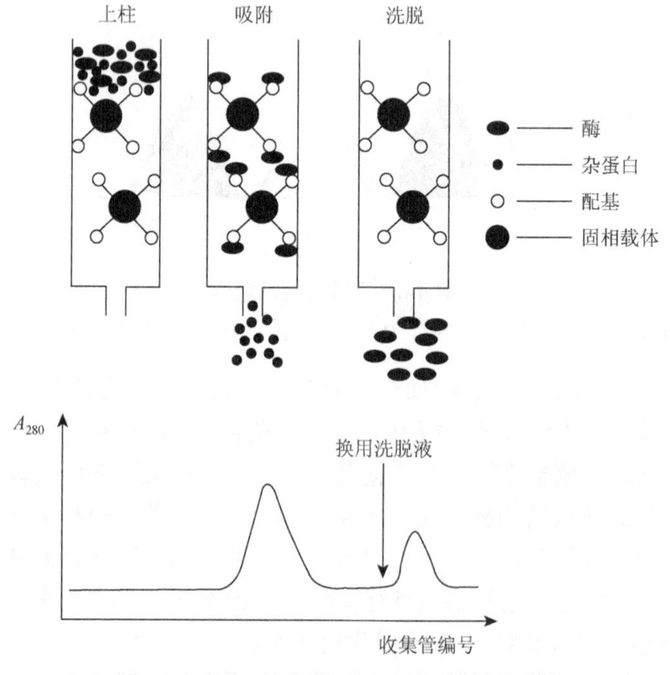

图 4-7　亲和层析操作过程和亲和层析图谱

在亲和层析中可用琼脂糖、聚丙烯酰胺凝胶和受控多孔玻璃球作层析介质，以琼脂糖最为常用，它是琼脂脱胶产物，是由（D-半乳糖-3, 6-脱水半乳糖）组成的链状高聚物。用琼脂糖作载体，非特异性吸附低，与被分离分子作用微弱。多孔结构具有很好的液体流动性。在较宽的 pH、离子强度和变性剂浓度范围内具有化学和机械稳定性。根据需要对其进行不同程度的活化处理，可以很好地与配基共价结合。

配基是发生亲和反应的功能部位，也是载体和被亲和分子之间的桥梁。配基本身必须具备两个基团，一个能与载体共价结合，一个能与被亲和分子结合。可作配基使用的物质有酶底物的类似物、效应物、酶的辅助因子。在有些情况下，只要设法抑制酶的活性，也可用该酶底物作配基使用。有亲和分子的物质原则上都可设法作配基使用，如固定化抗体可分离抗原，固定化抗原可分离抗体，固定化寡聚脱氧胸腺嘧啶核苷酸（oligo dT）可以亲和分离 mRNA 等。

配基的固定化方法有多种，包括载体结合法、物理吸附法、交联法和包埋法四类。亲和层析中常用小分子化合物作配基去亲和吸附与其相配的大分子物质。但固定配基的时候，往往占据了配基小分子表面的部分位置，由于载体的空间位阻效应可能影响配基和亲和分子的密切吻合，会发生所谓的无效吸附。此外，琼脂糖活化后需要与配基的游离氨基相连，如果小分子配基本身是不具有氨基的化合物，偶联就不能实现。为了解决这两个问题，可以在琼脂糖载体与配基之间接入不同长度的化合物接臂。

亲和层析是利用配基、配体之间专一可逆结合性质进行物质分离的方法，因此其专一性、选择性是极高的，往往通过一次亲和操作，就可把目的物从混合物中分离出来，对含量甚微的组分分离具有特殊的效果。

6. 气相色谱

气相色谱是柱色谱的一种。气相色谱仪的结构见图 4-8，层析柱是其核心部分，有填充柱和毛细管柱两类，以前者较为常用。在填充柱里装有俗称担体的层析介质，它可以是一种固体吸附剂，也可以是表面涂有耐高温液体（称固定液）的物质构成的固定相。在柱子进口端注入待分离样品（气体或液体），在载气（称流动相，常用氮气、氦气、氩气等气体）推动下，样品进入层析柱，在一定高温条件下，样品中各种组分气化并以不同的速率前进，从而逐渐分离开来。不容易被担体吸附或在固定相里分配系数小的组分，在柱中停留的时间较短，首先从柱后流出；而容易被吸附或在固定相中分配系数大的组分，在柱中保留时间较长，而后从柱中流出。不同时间流出的不同组分被柱后检测器检出，检出信号经放大后由数据处理机记录下各组分出峰图谱。根据各组分的保留时间与标准物质比较，实现定性分析。根据归一化法、内标法、外标法、叠加法，对各组分可以进行定量分析。

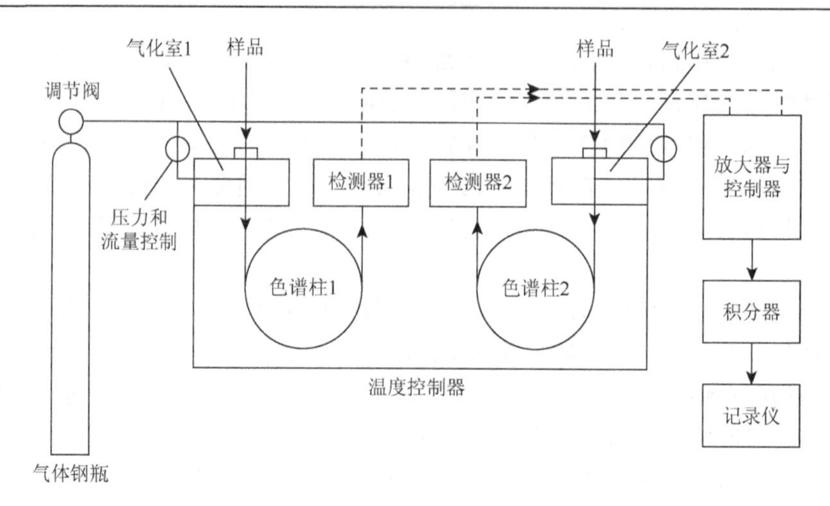

图 4-8　气相色谱仪结构简图

各种气体、有挥发性的物质或经过衍生处理在一定温度条件下可气化的组分，原则上都可以用气相色谱分离、分析。由于以不活泼气体作为流动相，其黏度系数小，样品在气相与固定相之间的传质速率高，容易达到平衡，分离速度快。增加层析柱的长度，能显著提高分辨率。气体组分的检出比液体容易，氢火焰离子化检测器（FID）、火焰光度检测器（FPD）、电子捕获检测器（ECD）、化学发光检测器（CLD）等多种柱后检测器的使用，实现了组分检出的高度自动化。因此，气相色谱早已成为物质分离的现代方法。把气相色谱仪作为分离工具，与红外、紫外、质谱仪等联合使用，在生物物质的研究中发挥着越来越大的作用。

7. 纸层析

纸层析是以滤纸为支持物的分配层析。组成滤纸的纤维素是亲水物质，它能形成水相和展层溶剂的两相系统，被分离物质在两相中的分配保持平衡关系。纸层析用于分析简单的混合物时可做单向层析。对于复杂的混合物，可做双向层析。1944年，马丁第一次用纸层析分析氨基酸，得到很好的分离效果，开创了近代层析的发展和应用的新局面。20 世纪 70 年代以后，纸层析已逐渐被其他分辨力更高、速度更快和更微量化的新方法，如离子交换层析、薄层层析、高效液相层析等所代替。

8. 薄层层析

在支持板玻璃片、金属箔或塑料片上铺上一层 1～2mm 的支持物，如纤维素、硅胶、离子交换剂、氧化铝或聚酰胺等，根据需要做不同类型的层析。聚酰胺薄膜是一种特异的薄层，将尼龙溶解于浓甲酸中，涂在涤纶片基上，当甲酸挥发后，在涤纶片基上形成一层多孔的薄膜，其分辨力超过了用尼龙粉铺成的薄层。薄层层析由于分辨率高、展层时间短，较纸层析优越。例如，用纸层析做氨基酸分析往往需要两天时间，而且对层析条件要求严格，不易得到满意的分离效果，如用薄层层析做分析，一般约需半小时，且分离效果更好。薄层层析一般用于定性分析，也能用于定量分析和制备样品。

9. 高效液相层析

高效液相层析又称高效液相色谱（HPLC），是在 20 世纪 60 年代中期发展起来的，它吸收了普通液相层析和气相色谱的优点，经过了适当改进。到 20 世纪 70 年代中期，随着计算机技术的应用，仪器的自动化水平和分析精度得到了进一步提高。与经典的液相色谱和气相色谱相比，HPLC 具有分离性能高、速度快、检测灵敏度高、应用范围广等特点。它不仅适用于很多高沸点、大分子、强极性、热稳定性差的物质的定性分析，也适用于上述物质的制备和分离，因而广泛应用于生命科学、化学化工、医药卫生、环境科学、食品、保健等各个领域。

高效液相色谱仪一般由溶剂槽、输液泵（有一元、二元、四元等多种类型）、色谱柱、进样器（手动或自动两种）、检测器（常见的有紫外检测器、折光检测器、荧光检测器等）、数据处理器或色谱工作站等组成，其结构如图 4-9 所示。

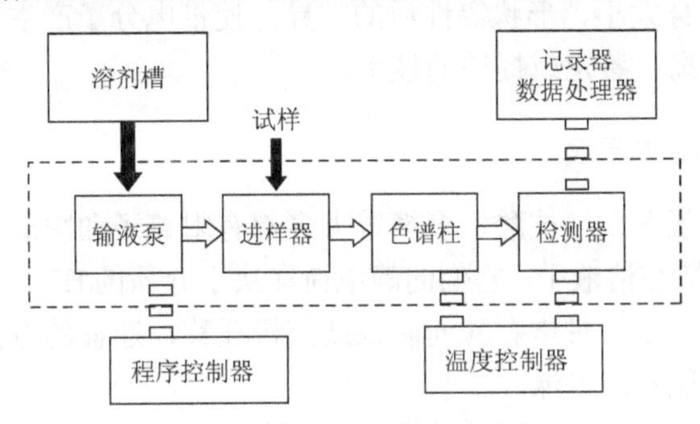

图 4-9　高效液相色谱仪结构简图

高效液相色谱仪的核心部件是耐高压的细管柱。柱中装有粒径极小的担体，它具有实心的内核和多孔的外壳，在薄壳中涂有固定液，当样品进入分析柱后，其中的各种组分随流动相前进的速率不同，从而实现有效的分离。柱中担体有不同的类型，分离的原理视担体种类不同而分为液-液分配层析、液-固吸附层析、离子交换层析、凝胶渗透层析等多种。它可以完成定性、定量分析，还可以用制备型色谱做一定量的制备。其与气相色谱相结合，可以完成绝大多数生物物质的分离、分析。

10. 反相层析

在吸附层析中，高极性物质在层析柱上吸附较牢，存在洗脱时发生拖尾现象和保留时间长的问题。如果在支持物上涂上一层高碳原子的疏水性强的烷烃类，洗脱液用极性强的溶剂，如甲醇和水的混合物，则被分离样品中的极性强的物质不被吸附，最先洗下来，得到较好的分离效果。这种层析法与普通的吸附层析法相反，故称为反相层析。目前用 HPLC 作反相层析常用的 ODS 柱，即在支持物的表面上连接了 $C_{18}H_{37}Si$-基团。

11. 同系层析

在核酸分析中，将样品经核酸酶部分裂解成不同长度的核苷酸片段，用同位素标记后，在 DEAE 纤维素薄层上分离，用含有未标记的相同的核苷酸片段作展层溶剂，这样，未标记的核苷酸把标记过的核苷酸推进，按相对分子质量大小不同把标记核苷酸片段按由小到大的次序排列，达到分离的目的。于是把这种层析法称为同系层析。同系层析和电泳相结合曾用于寡核苷酸的顺序分析。

4.3 电 泳 技 术

电泳是指带电颗粒在电场的作用下发生迁移的过程。许多重要的生物分子，如氨基酸、多肽、蛋白质、核苷酸、核酸等都具有可电离基团，它们在某个特定的 pH 下可以带正电或负电，在电场的作用下，这些带电分子会向着与其所带电荷极性相反的电极方向移动。电泳技术就是利用在电场的作用下，待分离样品中各种分子带电性质以及分子本身大小、形状等性质的差异，使带电分子产生不同的迁移速度，从而对样品进行分离、鉴定或提纯的技术。

4.3.1 电泳技术的基本原理

生物大分子如蛋白质、核酸、多糖等大多都有阳离子和阴离子基团，称为两性离子。常以颗粒分散在溶液中，它们的静电荷取决于介质的 H^+ 浓度或与其他大分子的相互作用。在电场中，带电颗粒向阴极或阳极迁移，迁移的方向取决于它们带电的符号，这种迁移现象即电泳。

如果把生物大分子的胶体溶液放在一个没有干扰的电场中，使颗粒具有恒定迁移速率的驱动力来自于颗粒上的有效电荷 Q 和电位梯度 E。它们与介质的摩擦阻力 f 抗衡。在自由溶液中这种抗衡服从 Stokes 定律

$$F = 6\pi r v \eta$$

式中：v 是在黏度为 η 的介质中半径为 r 的颗粒的移动速度。但在凝胶中，这种抗衡并不完全符合 Stokes 定律。F 取决于介质中的其他因子，如凝胶厚度、颗粒大小，甚至介质的内渗等。

4.3.2 电泳技术的主要影响因素

1. 颗粒性质

颗粒大小、形状以及所带静电荷的多少对电泳迁移率影响很大，一般颗粒所带静电荷越多，粒子越小且呈球形，电泳迁移率就越大。

2. 电场强度

电场强度（电势梯度，electric field intensity）是指每厘米的电位降（电位差或

电位梯度)。电场强度与电泳速度成正比，电场强度越高，带电颗粒移动速度越快。根据实验的需要，电泳可分为两种。一种是高压电泳，所用电压在 500～1000V 或更高，由于电压高，电泳时间短（有的样品需数分钟），适用于低分子化合物的分离，如氨基酸、无机离子，包括部分聚焦电泳分离及序列电泳的分离等。因电压高，产热量大，必须装有冷却装置，否则热量可引起蛋白质等物质的变性而不能分离；还会因发热引起缓冲液中水分蒸发过多，使支持物（滤纸、薄膜或凝胶等）上离子强度增加，以及引起虹吸现象（电泳槽内液被吸到支持物上）等，这都会影响物质的分离。另一种为常压电泳，产热量小，室温为 10～25℃时分离蛋白质标本是不被破坏的，无需冷却装置，一般分离时间长。

3. 溶液性质

1）电泳介质的 pH

溶液的 pH 决定带电物质的解离程度，也决定物质所带净电荷的多少。对蛋白质、氨基酸等类似两性电解质，pH 离等电点越远，粒子所带电荷越多，泳动速度越快，反之越慢。因此，当分离某一种混合物时，应选择一种能扩大各种蛋白质所带电荷量差别的 pH，以利于各种蛋白质的有效分离，为了保证电泳过程中溶液的 pH 恒定，必须采用缓冲溶液。

2）离子强度

离子强度代表所有类型的离子所产生的静电力，它取决于离子电荷的总数。若离子强度过高，带电离子能把溶液中与其电荷相反的离子吸引在自己周围形成离子扩散层，导致颗粒所带净电荷减少，电泳速度降低。

3）溶液黏度

电泳速度与溶液黏度成反比，黏度越大，电泳速度越小。

4）电渗现象

液体在电场中，对于固体支持介质的相对移动称为电渗。在有载体的电泳中，影响电泳移动的一个重要因素是电渗。最常遇到的情况是 γ-球蛋白由原点向负极移动，这就是电渗作用所引起的倒移现象。产生电渗现象的原因是载体中常含有可电离的基团，如滤纸中含有羟基而带负电荷，与滤纸相接触的水溶液带正电荷，从而液体向负极移动。由于电渗现象往往与电泳同时存在，带电粒子的移动距离也受电渗影响，如果电泳方向与电渗相反，则实际电泳的距离等于电泳距离加上电渗的距离。琼脂中含有琼脂果胶，其中含有较多的硫酸根，所以在琼脂电泳时电渗现象很明显，许多球蛋白均向负极移动。除去了琼脂果胶后的琼脂糖用作凝胶电泳时，电渗作用大为减弱。可用不带电的有色染料或有色葡聚糖点在支持物的中心，以观察电渗的方向和移动距离。

4.3.3　电泳设备

电泳所需的仪器有电泳槽和电源。

1）电泳槽

电泳槽是电泳系统的核心部分。根据电泳的原理，电泳支持物都是放在两个缓冲液之间，电场通过电泳支持物连接两个缓冲液，不同电泳采用不同的电泳槽。常用的电泳槽有：

（1）圆盘电泳槽。有上、下两个电泳槽和带有铂金电极的盖。上槽中具有若干孔，孔不用时，用硅橡皮塞塞住，要用的孔配以可插电泳管（玻璃管）的硅橡皮塞。电泳管的内径早期为5～7mm，为保证冷却和微量化，现在则越来越细。

（2）垂直板电泳槽。垂直板电泳槽的基本原理和结构与圆盘电泳槽基本相同，差别只在于制胶和电泳不在电泳管中，而是在两块垂直放置的平行玻璃板中间。

（3）水平电泳槽。水平电泳槽的形状各异，但结构大致相同。一般包括电泳槽基座、冷却板和电极。

2）电源

要使带电的生物大分子在电场中泳动，必须加电场，且电泳的分辨率和电泳速度与电泳时的电参数密切相关。不同的电泳技术需要不同的电压、电流和功率范围，所以选择电源主要根据电泳技术的需要，例如，聚丙烯酰胺凝胶电泳和SDS电泳需要200～600V电压。

4.3.4　电泳技术分类

目前所采用的电泳方法大致可分为三类：显微电泳、自由界面电泳和区带电泳。区带电泳应用广泛，可分为以下几种类型。

按支持物的物理性状不同，区带电泳可分为：①滤纸为支持物的纸电泳；②粉末电泳，如纤维素粉、淀粉、玻璃粉电泳；③凝胶电泳，如琼脂、琼脂糖、硅胶、淀粉胶、聚丙烯酰胺凝胶电泳；④缘线电泳，如尼龙丝、人造丝电泳。

按支持物的装置形式不同，区带电泳可分为：①平板式电泳，支持物水平放置，是最常用的电泳方式；②垂直板电泳，聚丙烯酰胺凝胶可做成垂直板式电泳；③柱状（管状）电泳，聚丙烯酰胺凝胶可灌入适当的电泳管中做成管状电泳。

按pH的连续性不同，区带电泳可分为：①连续pH电泳，如纸电泳、乙酸纤维素薄膜电泳；②非连续pH电泳，如聚丙烯酰胺凝胶盘状电泳。

4.3.5　几种电泳技术的介绍

1. 纸电泳和乙酸纤维素薄膜电泳

纸电泳是用滤纸作支持介质的一种早期电泳技术。尽管分辨率比凝胶介质要差，但由于其操作简单，仍有很多应用，特别是在血清样品的临床检测和病毒分析等方面有重要用途。

纸电泳使用水平电泳槽。分离氨基酸和核苷酸时常用pH为2～3.5的酸性缓冲液，分离蛋白质时常用碱性缓冲液。选用的滤纸必须厚度均匀，常用国产新华滤纸和进口的 Whatman 1 号滤纸。点样位置是在滤纸的一端距纸边 5～10cm 处。样品可点成圆形或长条形，长条形的分离效果较好。点样量为 5～100μg 和 5～10μL。点样方法有干点法和湿点法，湿点法是在点样前即将滤纸用缓冲液浸湿，样品液要求较浓，不宜多次点样；干点法是在点样后再用缓冲液和喷雾器将滤纸喷湿，点样时可用吹风机吹干后多次点样，因而可以用较稀的样品。电泳时要选择好正、负极，通常使用 2～10V/cm 的低压电泳，电泳时间较长。对于氨基酸和肽类等小分子物质，则要使用 50～200V/cm 的高压电泳，电泳时间可以大大缩短，但必须解决电泳时的冷却问题，并要注意安全。

电泳完毕记下滤纸的有效使用长度，然后烘干，用显色剂显色，显色剂和显色方法可查阅有关书籍。定量测定的方法有洗脱法和光密度法。洗脱法是将确定的样品区带剪下，用适当的洗脱剂洗脱后进行比色或分光光度测定。光密度法是将染色后的干滤纸用光密度计直接定量测定各样品电泳区带的含量。

乙酸纤维素薄膜电泳与纸电泳相似，只是换用了乙酸纤维素薄膜作为支持介质。将纤维素的羟基乙酰化为乙酸酯，溶于丙酮后涂布成有均一细密微孔的薄膜，其厚度为 0.1～0.15mm。

乙酸纤维素薄膜电泳与纸电泳相比有以下优点：①乙酸纤维素薄膜对蛋白质样品吸附极少，无“拖尾”现象，染色后蛋白质区带更清晰。②快速省时，由于乙酸纤维素薄膜亲水性比滤纸小，吸水少，电渗作用小，电泳时大部分电流由样品传导，因此分离速度快，电泳时间短，完成全部电泳操作只需 90min 左右。③灵敏度高，样品用量少。血清蛋白电泳仅需 2μL 血清，点样量甚至少到 0.1μL，仅含 5μg 的蛋白样品也可以得到清晰的电泳区带。临床医学用于检测微量异常蛋白的改变。④应用面广，可用于纸电泳不易分离的样品，如胎儿甲种球蛋白、溶菌酶、胰岛素、组蛋白等。⑤乙酸纤维素薄膜电泳染色后，用乙酸、乙醇混合液浸泡后可制成透明的干板，有利于光密度计和分光光度计扫描定量及长期保存。

由于乙酸纤维素薄膜电泳操作简单、快速、价廉，目前已广泛用于分析检测血浆蛋白、脂蛋白、糖蛋白、胎儿甲种球蛋白、体液、脊髓液、脱氢酶、多肽、核酸及其他生物大分子，为心血管疾病、肝硬化及某些癌症鉴别诊断提供了可靠的依据，因而已成为医学和临床检验的常规技术。

2. 琼脂糖凝胶电泳

琼脂糖是从琼脂中提纯出来的，主要是由 D-半乳糖和 3, 6 脱水 L-半乳糖连接而成的一种线性多糖。琼脂糖凝胶的制作是将干的琼脂糖悬浮于缓冲液中，通常使用的浓度是 1%～3%（体积分数），加热煮沸至溶液变为澄清，注入模板后室温下冷却凝聚即成琼脂糖凝胶。琼脂糖之间以分子内和分子间氢键形成较为稳定的交联结构，这种交联的结构使琼脂糖凝胶有较好的抗对流性质。琼脂糖凝胶的孔径可以通过琼脂糖的最初浓度来控制，低浓度的琼脂糖形成较大的孔径，而高浓度的琼脂糖形成较小的孔径。尽管琼脂糖本身没有电荷，但一些糖基可能会被羧基、甲氧基特别是硫酸根不同程度地取代，使得琼脂糖凝胶表面带有一定的电荷，引起电泳过程中发生电渗以及样品和凝胶间的静电相互作用，影响分离效果。市售的琼脂糖有不同的提纯等级，主要以硫酸根的含量为指标，硫酸根的含量越少，提纯等级越高。

琼脂糖凝胶可以用于蛋白质和核酸的电泳支持介质，尤其适合于核酸的提纯、分析。例如，浓度为 1%（体积分数）的琼脂糖凝胶的孔径对于蛋白质来说是比较大的，对蛋白质的阻碍作用较小，这时蛋白质分子大小对电泳迁移率的影响相对较小，所以适用于一些忽略蛋白质大小而只根据蛋白质天然电荷来进行分离的电泳技术，如免疫电泳、平板等电聚焦电泳等。琼脂糖也适合于 DNA 分子、RNA 分子的分离、分析，由于 DNA 分子、RNA 分子通常较大，在分离过程中会存在一定的摩擦阻碍作用，这时分子的大小会对电泳迁移率产生明显影响。例如，对于双链 DNA，电泳迁移率的大小主要与 DNA 分子大小有关，而与碱基排列及组成无关。另外，一些低熔点的琼脂糖（62～65℃）可以在 65℃时熔化，因此其中的样品如 DNA 可以重新溶解到溶液中而回收。

由于琼脂糖凝胶的弹性较差，难以从小管中取出，一般不适合于管状电泳，管状电泳通常采用聚丙烯酰胺凝胶。琼脂糖凝胶通常是形成水平式板状凝胶，用于等电聚焦、免疫电泳等蛋白质电泳，以及 DNA、RNA 的分析。垂直式电泳应用得相对较少。

3. 聚丙烯酰胺凝胶电泳

聚丙烯酰胺凝胶电泳（PAGE）是以聚丙烯酰胺凝胶作为支持物的一种电泳方法。聚丙烯酰胺凝胶是以单体丙烯酰胺（Acr）和双体甲叉丙烯酰胺（Bis）为材料，在催化剂作用下，聚合为含酰胺基侧链的脂肪族长链，在相邻长链间通过甲叉桥连接而成的三维网状结构。其孔径大小是由 Acr 和 Bis 在凝胶中的总浓度 T、Bis 占总浓度的百分含量 C 及交联度决定的。交联度随着总浓度的增加而降低。一般而言，浓度越大及交联度越大，孔径越小。聚丙烯酰胺聚合反应需要有催化剂催化方能完成。常用的催化剂有化学催化剂和光化学催化剂。化学催化剂一般以过硫酸铵（AP）、四甲基乙二胺（TEMED）作为加速剂。当 Acr、Bis 和 TEMED 溶液中加入过硫酸铵时，过硫酸铵即产生自由基，丙烯酰胺与自由基作用后随即被“活化”，活化的丙烯酰胺在交联剂 Bis 存在下形成凝胶。聚合的初速度与过硫酸铵的浓度的平方根成正比。这种催化系统需要在碱性条件下进行，例如，在 pH 8.8 条件下，7%的丙烯酰胺在 30min 就能聚合完全，而在 pH 4.3 时则需 90min 才能完成。温度、氧分子、杂质都会影响聚合速度：在室温下通常能很快聚合，温度升高，聚合加快；有氧或杂质存在时则聚合速度降低。在聚合前，将溶液分别抽气，可消除上述影响。光聚合反应的催化剂是核黄素，光聚合过程是一个光激发的催化反应过程。在氧及紫外线作用下，核黄素生成含自由基的产物，自由基的作用与前述过硫酸铵相同。光聚合反应通常将反应混合液置于荧光灯旁，即可发生反应。用核黄素催化反应时，可不加 TEMED，但加入后会使聚合速度加快，核黄素催化剂的优点是用量极少

（1mg/100mL），对所分析样品无任何影响；聚合作用可以控制，改变光照时间和强度，可使催化作用延迟或加速。光聚合作用的缺点是凝胶呈乳白色，透明度较差。

聚丙烯酰胺凝胶系统可分为连续和不连续电泳系统。连续系统是指电泳槽中的缓冲系统的 pH 与凝胶中的相同。不连续系统是指电泳槽中的缓冲系统的 pH 与凝胶中的不同。一般不连续系统的分辨率较高，因此目前生化实验室广泛采用不连续电泳。不连续电泳过程有三种效应，除一般电泳都具备的电荷效应外，还具有浓缩效应和分子筛效应。

1）浓缩效应

由于电泳基质的不连续，样品在浓缩层中得以浓缩，然后到达分离层得以分离。具体表现为：

（1）凝胶层的不连续性。电泳凝胶分两层，上层是大孔径的样品胶和浓缩胶（凝胶浓度低），下层为小孔径的分离胶（凝胶浓度高）。蛋白质分子在大孔径胶中受到的阻力小，移动速度快。进入小孔径胶后受到的阻力大，移动速度减慢。

（2）缓冲液离子成分的不连续性。在缓冲体系中存在三种不同的离子：第一种离子在电场中具有较大的迁移率，在电泳中走在最前面，这种离子称为前导离子（leading ion）；另一种与前导离子带有相同的电荷，但迁移率较小的离子称为尾随离子（tracking ion）；第三种是和前两种带有相反电荷的离子，称为缓冲平衡离子（buffer counter ion）。前导离子只存在于凝胶中，尾随离子只存在于电极缓冲液中，而缓冲平衡离子则在凝胶和缓冲液中均有。例如，分离蛋白质样品时，氯离子（Cl^-）为前导离子，甘氨酸离子（$NH_2CH_2COO^-$）为尾随离子，三羟甲基氨基甲烷（Tris）为缓冲平衡离子。电泳开始后，在样品胶和电极缓冲液间的界面上，前导离子很快地离开尾随离子向下迁移，由于选择了适当的 pH 缓冲液，蛋白质样品的有效迁移率介于前导离子与尾随离子的界面处，从而被浓缩成为极窄的区带。

（3）电位梯度的不连续性。电位梯度的高低影响电泳速度，电泳开始后，由于前导离子的迁移率最大，在其后边就形成一个低离子浓度的区域即低电导区。电导与电位梯度成反比

$$E = \frac{I}{k_e}$$

式中：E 为电位梯度；I 为电流强度；k_e 为电导率。这种低电导区就产生了较高的电位梯度，这种高电位梯度使蛋白质和尾随离子在前导离子后面加速移动，因而在高电位梯度和低电位梯度之间形成一个迅速移动的界面。由于样品的有效迁移率介于前导离子、尾随离子之间，因此也就聚集在这个移动的界面附近，被浓缩成一狭小的样品薄层。

（4）pH 的不连续性。在样品胶和浓缩胶之间有 pH 的不连续性，这是为了控制尾随离子的解离，从而控制其迁移率，使尾随离子的迁移率较所有被分离样品的迁移率低，以使样品夹在前导离子和尾随离子之间而被浓缩。一般样品胶的 pH 为 8.3，浓缩胶的 pH 为 6.8。

2）电荷效应

蛋白质混合物在界面处被高度浓缩，堆积成层，形成一狭小的高度浓缩的蛋白质区。但由于每种蛋白质分子所载有效电荷不同，故电泳速度也不同。这样各种蛋白质就以一定的顺序排列成一条一条的蛋白质区带。

3）分子筛效应

在浓缩层得到浓缩的蛋白质区带逐渐泳动到达分离层。由于分离层凝胶浓度大，网状结构的孔径小，蛋白质分子受到凝胶的阻滞作用。相对分子质量大且不规则的分子所受阻力大，泳动速度慢；相对分子质量小且形状为球形的分子所受阻力小，泳动速度快。这样，分子大小和形状不同的各组分在分离胶中得到分离。

4）聚丙烯酰胺凝胶电泳的优点

（1）聚丙烯酰胺凝胶是人工合成的凝胶，可通过调节单体和交联剂的比例，形成不同程度的交联结构，容易得到孔径大小范围广泛的凝胶，所以实验重复性很高。

（2）凝胶机械强度好、弹性大，便于电泳后处理。

（3）聚丙烯酰胺凝胶是碳-碳的多聚体，只带有不活泼的侧链，没有其他离子基团，因而几乎没有电渗作用。另外，聚丙烯酰胺不与样品发生相互作用。

（4）在一定范围内，凝胶对热稳定、无色透明、易于操作及观察，可用检测仪直接分析。

（5）设备简单，所需样品量少，分辨率高。

（6）用途广泛。除可用于生物高分子化合物的分析鉴定外，也可用于毫克级水平的分离制备。

4. 等电聚焦电泳

等电聚焦电泳是根据两性物质等电点（pI）的不同而进行分离的，它具有很高的分辨率，可以分辨出等电点相差 0.01 的蛋白质，是分离两性物质如蛋白质的一种理想方法。等电聚焦电泳的分离原理是在凝胶中通过加入两性电解质形成一个 pH 梯度，两性物质在电泳过程中会被集中在与其等电点相等的 pH 区域内，从而得到分离。两性电解质是人工合成的一种复杂的多氨基-多羧基的混合物。不同的两性电解质有不同的 pH 梯度范围，要根据待分离样品的情况选择适当的两性电解质，使待分离样品中各个组分都在两性电解质的 pH 范围内，两性电解质的 pH 范围越小，分辨率越高。

等电聚焦电泳多采用水平平板电泳，也使用管式电泳。由于两性电解质的价格昂贵，使用 1～2mm 厚的凝胶进行等电聚焦电泳价格较高，使用两条很薄的胶带作为玻璃板间隔，可以形成厚度仅为 0.15mm 的薄层凝胶，从而大大降低成本，因此，等电聚焦电泳通常使用这种薄层凝胶。由于等电聚焦过程需要蛋白质根据其电荷性质在电场中自由迁移，通常使用较低质量浓度的聚丙烯酰胺凝胶（如 4%）以防止分子筛作用，也经常使用琼脂糖，尤其是对于相对分子质量很大的蛋白质。制作等电聚焦薄层凝胶时，首先将两性电解质、核黄素与丙烯酰胺储液混合，加入带有间隔胶条的玻璃板上，而后在上面加上另一块玻璃板，形成平板薄层凝胶。经过光照聚合后，将一块玻璃板撬开移去，将一小薄片湿滤纸分别置于凝胶两侧，连接凝胶和电极液（阳极为酸性，如磷酸溶液；阴极为碱性，如氢氧化钠溶液）。接通电源，两性电解质中不同等电点的物质通过电泳在凝胶中形成 pH 梯度，从阳极侧到阴极侧 pH 由低到高呈线性梯度分布。而后关闭电源，上样时取一小块滤纸吸附样品后放置在凝胶上，通电 30min 后样品通过电泳离开滤纸加入凝胶中，这时可以去掉滤纸。最初样品中蛋白质所带的电荷取决于放置样品处凝胶的 pH，等电点在 pH 以上的蛋白质带正电，在电场的作用下向阴极移动，在迁移过程中，蛋白质所处的凝胶的 pH 逐渐升高，蛋白质所带的正电荷逐渐减少，到达 pH=pI 处的凝胶区域时蛋白质不带电荷，停止迁移。同样，等电点在上样处凝胶 pH 以下的蛋白质带负电，向阳极移动，最终到达 pH=pI 处的凝胶区域停止。可见等电聚焦过程无论样品加在凝胶上的什么位置，各种蛋白质都能向着其等电点处移动并最终到达其等电点处，对最后的电泳结果没有影响。因此，有时样品可以在制胶前直接加入凝胶溶液中。使用较高的电压（如 2000V，0.5mm 平板凝胶）可以得到较快速的分离（0.5～1h），但应注意对凝胶的冷却以及使用恒定功率的电源。凝胶结束后对蛋白质进行染色时应注意不能直接染色，要首先经过 10%三氯乙酸的浸泡以除去两性电解质后才能进行染色。

等电聚焦电泳还可以用于测定某个未知蛋白质的等电点。将一系列已知等电点的标准蛋白（通常 pI 3.5～10.0）及待测蛋白同时进行等电聚焦电泳，测定各个标准蛋白电泳区带到凝胶某一侧边缘的距离，对各自的 pI 作图，即得到标准曲线。再测定待测蛋白的距离，通过标准曲线即可求出其等电点。

5. 毛细管电泳

1981 年，Jorgenson 等首先提出在 75μm 内径的毛细管柱内用高压电进行分离，创造了毛细管电泳技术。毛细管电泳（capillary electrophoresis，CE）也称为高效毛细管电泳（high performance capillary electrophoresis，HPCE），是以毛细管为分离通道，以高压直流电场为驱动力而实现分离的新型液相分离技术。毛细管电泳自问世以来得到迅速发展，同时也促进了各种活性物质分析分离技术的发展，受到人们的重视。

CE 所用的石英毛细管管壁的主要成分是硅酸（H_2SiO_3），在 pH＞3 时，H_2SiO_3 发生解离，使得管内壁带负电，和溶液接触形成双电层。在高电压作用下，双电层中的水合阳离子层使得溶液整体向负极定向移动，形成电渗流。带正电荷粒子所受的电场力和电渗流的方向一致，其移动速率是泳动速率和电渗流之和；不带电荷的中性粒子是在电渗的作用下移动的，其泳动速率为 0，故移动速率相当于电渗流；带负电荷粒子所受的电场力和电渗流的方向相反，因电渗的作用一般大于电场力的作用，故其移动速率为电渗流与泳动速率之差。在毛细管中，不管各组分是否带电荷以及带何种电荷，它们都会在强大的电渗流的推动下向负极移动，但是移动速率不一样，正离子＞中性粒子＞负离子，这样样品中各组分就因为移动速率不同而得以分离。毛细管电泳和其他电泳的区别在于：无论是否带电，各种成分的物质都可以分离，在一般电泳中起破坏作用的电渗却是毛细管电泳的有效驱动力之一。

毛细管电泳的优点可概括如下：分辨率高，塔板数为 10^5～10^6/m，高者可达 10^7/m；灵敏度高，紫外检测器的检测限可达 10^{-13}～10^{-15}mol，激光诱导荧光检测器检测限可达 10^{-19}～10^{-21}mol；检测速度快，一般分析在十几分钟内完成，最快可在60s内完成；样品用量极少，进样所需样品为纳升级；成本低，实验消耗只需几毫升流动相，维持费用很低；模式多，可根据需要选用不同的分离模式且仅需一台仪器；自动化程度高，CE是目前操作自动化程度最高的电泳技术。但是，由于CE样品用量少，不利于制备。

CE可以采用多种分离介质，具有多种分离模式和多种功能，因此其应用非常广泛。通常能配成溶液或悬浮溶液的样品（除挥发性和不溶物外）均能用CE进行分离和分析，小到无机离子，大到生物大分子和超分子，甚至整个细胞都可进行分离检测，如核酸（核苷酸）、蛋白质（多肽、氨基酸）、糖类（多糖、糖蛋白）、酶、微量元素、维生素、杀虫剂、染料、小的生物活性分子、红细胞、体液等都可以用CE进行分离分析。此外，CE在DNA序列和DNA合成中产物纯度测定、药物与细胞的相互作用和病毒的分析、碱性药物分子及其代谢产物分析、手性药物分析等方面都有重要应用。

第5章 活性分子及其活性检测

5.1 含量分析

对生物活性分子的分析、检测方法有很多，根据不同的分析目的、检测原理与方法、检测样品及其用量和要求，选择不同的分析检测方法。对于种类繁多、结构复杂的生物活性分子，需要根据其分子结构、理化性质、功能特性、干扰成分的性质以及对准确度和精密度的要求等各种因素进行综合考虑，对比各类分析方法，再进行选择。随着现代仪器分析和计算机技术的飞速发展，现已推出将一种分离手段和一种鉴定方法结合的多种联用分析技术，集分离、分析与鉴定于一体，提高了方法的灵敏度、准确度等。

5.1.1 多糖含量的分析

多糖含量的测定多采用比色法，在样品中加入适当的显色剂显色后在可见光区进行比色测定。

1. 可溶性糖的提取

可溶性糖易溶于水和乙醇溶液。对于水果、蔬菜等样品直接用水提取即可，而对于含淀粉和葡萄糖较多的样品则需用80%乙醇溶液提取。

用水提取可溶性多糖时，先将样品研磨成糊状或粉状，加一定量蒸馏水，在70～80℃水浴中加热1h。在加热前最好加入少量的氯化汞（$HgCl_2$），以防止多糖被酶解。当样品所含有机酸较多时，要先调节pH至中性，再加热提取，这样可以避免部分低聚糖被有机酸水解。最后，用水定容、过滤，取滤液测定糖含量。

当用80%乙醇提取可溶性多糖时，需要回流提取3次，每次30min，合并提取液，蒸去乙醇，以水定容至一定体积，测定糖含量。

为了去除蛋白质等物质的干扰，先用10%的中性乙酸铅溶液对糖提取液进行处理，冷却后过滤。再用饱和硫酸钠将滤液中多余的铅沉淀出来，过滤后定容至一定体积，再进行糖的测定。

2. 还原糖的测定

1）3, 5-二硝基水杨酸（DNS）比色法

原理：在碱性溶液中，3, 5-二硝基水杨酸与还原糖共热后被还原成棕红色氨基化合物，在一定范围内还原糖的含量与反应液颜色强度的大小呈正比，利用比色法可测定样品中还原糖含量。

2）Somogyi-Nelson 比色法

原理：利用还原糖能将铜试剂还原成氧化亚铜，在浓硫酸存在的条件下，与砷钼酸反应生成蓝色溶液，而该溶液在 560nm 下测得的吸光度大小与还原糖含量呈一定比例关系，进而用比色法测定样品中还原糖含量。

还原糖的测定还有 Lane-Eynon（斐林试剂热滴定）法、Shaffer-Somogvi 碘量法等多种方法。非还原糖也可用上述方法测定，但需先经过酸水解。由于水解过程中有水分子掺入，应从测定总量中扣除掺入的水量，一般情况下，蔗糖乘以 0.95，其他多糖乘以 0.9。

3. 可溶性糖总含量的测定

1）蒽铜比色法

原理：糖类在浓硫酸作用下脱水生成糠醛及其衍生物，进而与蒽铜试剂缩合产生蓝绿色物质，在 620nm 处有最大吸收，显色深浅与糖含量呈线性关系。

2）地衣酚-硫酸比色法

原理：糖在无机酸作用下脱水产生糠醛或其衍生物，能与地衣酚缩合生成有色物质，溶液颜色深浅与糖含量呈正比，在 505nm 处比色可测定样品中的糖含量。

5.1.2　有机酸类化合物含量的分析

总有机酸含量的测定可采用酸碱滴定法。在酸性较弱的情况下可采用非水溶液滴定法或电位法。

对于存在紫外吸收的有机酸，可以在其特征吸收波长处测定吸光度，进而计算出含量。也可将有机酸与显色剂反应显色后，再进行测定。不具有紫外吸收的有机酸类物质可利用薄层色谱分离，再经显色剂显色后测定。对于具有荧光的有机酸类物质如阿魏酸、绿原酸等，可采用薄层扫描荧光法进行测定。

采用高效液相色谱法测定有机酸含量，需根据化合物的不同性质来选择不同的检测器，如紫外检测器、荧光检测器、蒸发光散射检测器等。例如，阿魏酸、绿原酸、丹参素等可采用紫外检测器检测，熊果酸、齐墩果酸可采用蒸发光散射检测器。

对于可以挥发的有机酸，可采用气相色谱法测定，如桂皮酸。有些非挥发性的有机酸，可经衍生反应成具有挥发性衍生物后，再进行气相色谱测定，如γ-亚麻酸可衍生为γ-亚麻酸甲酯。

5.1.3　生物碱含量的分析

生物碱的定量分析方法大多是基于其含有的氮原子、双键、分子中官能团的理化性质等进行设计的。之前常用酸碱滴定法、比色法、沉淀法等化学方法，近年来更多采用薄层色谱法、气相色谱法以及高效液相色谱法、毛细管电泳法等。

1. 紫外-可见分光光度法

生物碱分子结构中大都含有共轭双键或芳香环，在紫外区域有特征吸收。由于取代基团和测定时所用溶剂的不同，以及在整个分子结构的作用下，其特征吸收波长会发生变化。如果被测样品中无任何干扰成分，可通过直接测定生物碱在最大吸收波长处的吸光度进而计算出含量。紫外-可见分光光度法的优点在于操作简便、快速，样品用量少，专属性强，准确度高；缺点是抗干扰能力差，在样品测定之前需经萃取法或色谱法处理。

2. 比色法

通过加入适当的显色剂与生物碱反应之后，在可见光区测定其最大吸收波长处的吸光度，从而计算出含量的分析方法即为比色法。该方法的优点是灵敏度高，所需样品量少且有一定的专属性和准确性，是生物碱类成分分析的重要方法之一。

比色法测定生物碱含量通常有：①加酸性染料（如溴麝香草酚蓝、溴甲酚绿等）比色法；②先与生物碱沉淀剂（如苦味酸盐、雷氏盐等）反应产生有色沉淀，再定量分离溶解后进行比色的方法；③根据生物碱自身的性质或分子中所含有官能团的性质，与某些试剂先发生显色反应，再进行比色，如异羟肟酸铁比色法。

1）酸性染料比色法

在一定的pH条件下，某些生物碱类成分能与H^+结合生成阳离子，而酸性染料在该条件下解离为阴离子，两者可定量结合成有色离子对，再用有机溶剂定量提取，最后测定在一定波长下提取液的吸光度或经碱化后释放的染料的吸光度，即可计算出生物碱的含量。此方法测定的关键在于介质的pH、酸性染料的种类以及有机溶剂的选择，其中以pH的选择最为重要。

2）雷氏盐比色法

雷氏盐又称雷氏铵盐或硫氰酸铬铵，其组分为$NH_4[Cr(NH_3)_2(SCN)_4]\cdot H_2O$，为红色至深红色晶体，微溶于冷水，易溶于热水，可溶于乙醇。在酸性水溶液或酸性稀醇中，雷氏铵盐可与生物碱类成分定量反应生成难溶于水的红色配合物。含有两个及以上氮原子的生物碱能进一步与雷氏铵盐反应生成双盐、三盐等沉淀。生物碱雷氏盐沉淀易溶于丙酮，其丙酮溶液所呈现的吸收特征来自于分子结构中硫氰酸铬铵部分，而不是结合的生物碱部分。测定时可先将此沉淀过滤，洗净后溶于丙酮（或甲醇），于525nm（溶于甲醇时为427nm）处直接比色测定，再换算成生物碱含量；或者精确加入过量雷氏盐，滤除生成的生物碱雷氏盐沉淀，测定滤液中残存的过量雷氏盐含量，从而间接测出生物碱含量。

用雷氏盐法进行比色测定时需要注意：①雷氏盐的水溶液在室温下可分解，必须现用现配，沉淀反应也要在低温下进行；②雷氏盐的丙酮或丙酮-水溶液的吸光度会随时间的变化而变化，需要快速测定。

3）苦味酸盐比色法

在中性、弱酸性溶液中，生物碱可与苦味酸定量生成苦味酸盐沉淀，该沉淀可溶于有机溶剂（如氯仿）等，在碱性条件下可以释放出苦味酸和生物碱。在含量测定时一般可采用以下方法：①在pH为4～5的缓冲溶液中加氯仿溶解生物碱苦味酸盐后，在 360nm 处直接比色；②在 pH=7 的条件下使生物碱生成苦味酸盐沉淀，用氯仿溶解提取，再用 pH=11 的缓冲溶液将其解离，紧接着将苦味酸转溶到碱水液中进行比色；③滤出生物碱苦味酸盐沉淀，加碱使其解离，用有机溶剂将游离的生物碱萃取出来，再将含苦味酸的碱性水溶液进行比色测定。

4）异羟肟酸铁比色法

含有酯键的生物碱，在碱性介质中加热使酯键水解，产生的羧基与盐酸羟胺反应生成异羟肟酸，然后与 Fe^{3+} 反应生成紫红色的异羟肟酸铁，在 530nm 处有最大吸收。由于含有酯键结构（包括内酯）的成分均能发生上述反应，因此为了避免影响分析结果，要求测定的样品溶液中不能有其他酯类成分的存在。

3. 薄层色谱法

薄层色谱法测定生物碱类成分的优点在于操作简单、快速，在选用的条件下可对不同的组分起到较好的分离效果，抗干扰能力较强。但是，如果样品成分过于复杂，且含量很低，那么在层析之前还需进行纯化处理。常用的定量方法有薄层色谱-分光光度法和薄层色谱扫描法，其中后者多采用双波长反射式锯齿扫描，若被测成分本身具有荧光，亦可采用荧光扫描。

4. 高效液相色谱法

高效液相色谱法是对生物碱类成分定量分析最常用的方法之一，特别适用于对单体生物碱成分的含量测定。由于生物碱类化合物种类很多、酸碱强弱不同、存在形式不同，若用高效液相色谱法对其进行含量测定，需要综合考虑各种影响因素，包括固定相、流动相检测方法及样品前处理等，可选用的方法包括吸附色谱、正相色谱、反相色谱及离子交换色谱法等，其中以反相色谱法最为常用。

在反相色谱法中多采用非极性化学键合固定相，如十八烷基硅烷键合硅胶（简称 ODS 或 C_{18}）、辛烷基硅烷键合硅胶（C_8）；流动相常用甲醇-水、乙腈-水系统。

5. 气相色谱法

对于有挥发性且对热较稳定的生物碱类成分含量的测定，如麻黄碱、槟榔碱、苦参碱等，宜使用气相色谱法。某些挥发性生物碱的盐类在约 325℃急速加热下，会变成游离生物碱，可直接进行气相色谱分析。但是需要注意的是，生物碱盐在急速加热器中产生的酸对色谱柱和检测器不利。因此，样品溶液在提取、纯化过程中要避免加热，防止成分被破坏或挥发，最后需用氯仿等低极性有机溶剂来制备供试液。

6. 毛细管电泳法

大多数生物碱分子结构中含有氮原子，呈碱性，会在酸性环境下电离成阳离子，而具有不同的荷质比，可采用区带毛细管电泳法碱性分离。分析时，可根据生物碱 pK_a 值的不同选择不同 pH 的缓冲液，还可根据结构上的细微差异适当加入一些试剂来增强选择性和分离度。部分生物碱（如吲哚类生物碱）由于碱性较弱而较难电离，可选择胶束毛细管电泳法。但由于生物碱本身带正电荷，容易与管壁上的负电荷发生作用，常需加入乙腈、甲醇等改性剂，以改善拖尾现象。

5.1.4　黄酮类化合物含量的分析

黄酮类化合物的定量分析方法主要有紫外-可见分光光度法、比色法、薄层色谱法和高效液相色谱法等。

1. 紫外-可见分光光度法

黄酮类化合物结构中都含有α-苯基色原酮基本结构，羰基与 2 个芳香环形成 2 个较强的共轭系统吸收，在紫外光区有 2 个较强的特征吸收。大多数黄酮类化合物在甲醇中有 2 个主要紫外吸收光谱带：出现在 300～400nm 的吸收带称为吸收带 I，来自于 B 环共轭；出现在 240～280nm 的吸收带称为吸收带 II，来自于 A 环。根据黄酮类化合物结构的不同，其最大吸收波长也不同，可以通过特征吸收波长处的吸光度来计算含量。

某些试剂的加入可使黄酮类化合物的特征吸收峰发生一定程度的位移。例如，黄酮醇类化合物在中性乙醇介质中与 Al^{3+}配位，使吸收带向长波移动；在乙酸钠-乙醇溶液中，吸收带 II 向长波移动 8～20nm；在乙醇钠溶液、硼酸钠溶液中，其特征吸收均发生位移。

2. 比色法

比色法一般用于样品中总黄酮含量的测定。黄酮类化合物母核中 3、5 位上的羟基、B 环上任何相邻的羟基，均能与 Al^{3+}、Fe^{3+}、Sb^{3+}、Cr^{2+} 等金属离子反应形成配合物，呈现出黄色或橙色，且多数在紫外光下有显著荧光，常被用于定量分析。最常用的方法是以芦丁为对照品，加亚硝酸钠和硝酸铝显色来测定含量。1, 2-萘醌-4-磺酸（Folin 试剂）等一些酚类试剂也可与黄酮类化合物显色。

3. 薄层色谱法

薄层色谱法是测定样品中单体黄酮类成分的有效方法之一，先用硅胶、纤维素或聚酰胺进行色谱分离，再将含有待测组分的色斑刮下，以适当溶剂洗脱后用紫外分光光度法测定，也可以用薄层扫描仪直接在薄层板上测定。

5.1.5　醌类化合物含量的分析

醌类化合物是指分子内具有不饱和环二酮（醌式结构）或容易转变成此结构的天然有机化合物，主要有苯醌、萘醌、菲醌和蒽醌 4 种类型，以蒽醌类比较多见。其中，萘醌、菲醌类总成分定量分析常用重量法、分光光度法；萘醌、菲醌单体成分定量分析常用薄层色谱法、高效液相色谱法；蒽醌类成分的定量分析方法主要有比色法、薄层色谱法和高效液相色谱法。

1. 比色法

蒽醌类化合物结构中有带芳环的共轭体系及酚羟基、甲氧基等助色团时，通常在可见光区有最大吸收，可选择适当的波长测定吸光度来计算含量。若分子结构中没有助色团，可将蒽醌与碱液、乙酸镁试液反应生成红色，于 500～550nm 处进行比色测定。

2. 薄层色谱法

薄层色谱法具有同时分离和测定的优点，若选择合适的层析条件，可将样品中的醌类成分分成单一组分后分别测定，因此主要用于分离测定单体醌类成分的含量。

3. 高效液相色谱法

虽然醌类成分的定量分析方法有很多，但大都显得繁琐、费时，尤其是样品的制备、分离更加复杂、费时。薄层色谱法虽能分离单一成分，但分离度欠佳，实际色谱过程需要展开数次才能测定，比较适用于蒽醌苷元的分离。气相色谱法则需要先将蒽醌制成相应的衍生物，操作步骤繁琐。而高效液相色谱法则能克服上述缺点，并获得令人满意的结果。

高效液相色谱法色谱条件通常选择 C_{18} 柱、紫外检测器；流动相常用乙腈-水或甲醇-水，并调整 pH 偏酸性以避免酸性基团的解离。

5.1.6　萜类化合物含量的分析

萜类是指由异戊二烯聚合而成的一系列化合物及其衍生物。含有 1 个异戊二烯单位的萜类称为半萜，含有 2 个异戊二烯单位的萜类称为单萜，含有 4 个异戊二烯单位的萜类称为二萜。还有一类特殊的单萜，其母核都为环状，多具有半缩醛及环戊烷环的结构特点，称为环烯醚萜。其母环 2 位上有醚键，3 位上有烯键，C1 位可能连接有羟基、甲氧基或酮基，但 C1 位上的羟基不稳定，常以与糖结合成环烯醚萜苷类的形式存在。

1. 紫外-可见分光光度法

对于有紫外吸收的萜类化合物，可直接测定。环烯醚萜苷的 3 位上有双键，4 位上一般会有羧基或酯键，分子中有 α 、β 不饱和酸、酯的结构，在紫外光区有较强的特征吸收。没有紫外吸收的萜类，可加入适当的显色剂反应之后再进行测定。

2. 气相色谱法

低级萜类多为易挥发性成分，采用气相色谱法具有较高的分离效率和灵敏度。单萜类成分用极性固定相分离效果较好。倍半萜以及含氧的萜类衍生物（含醇、酮、酯及酚类成分等），也以极性固定相分离效果较好。对于仅含碳、氢元素的单萜和倍单萜类成分，基本上采用氢焰离子化检测器。此外，也可采用气相色谱-质谱、气相色谱-红外光谱联用进行分析。

3. *薄层色谱分析法*

薄层色谱法测定萜类含量，其优点在于设备简单、操作方便，但不如气相色谱法快速有效。吸附剂常用硅胶、氧化铝。展开剂可用正己烷、石油醚分离极性较弱成分，极性大的成分可加乙酸乙酯。显色剂包括 10%硫酸乙醇溶液、0.5%香草醛硫酸乙醇溶液、5%对二甲氨基苯甲醛乙醇溶液、5%茴香醛-浓硫酸试剂等。含量测定可用薄层扫描法和斑点面积法等。

4. *高效液相色谱法*

大多数三萜皂苷类成分没有明显的紫外吸收现象，或仅在 200nm 附近有末端吸收，采用高效液相色谱蒸发光散射检测器有较好的效果。有紫外吸收的环烯醚萜苷类成分，可选择紫外检测器，用反相高效液相色谱法测定含量。

5.1.7 皂苷类化合物含量的分析

皂苷（saponins）是广泛存在于植物界的一类特殊的苷类，其水溶液经振摇后可产生持久性的泡沫，因其类似肥皂而得名。皂苷由皂苷元、糖、糖醛酸或其他有机酸组成。根据苷元结构的不同，可分为甾体皂苷和三萜皂苷两大类。甾体皂苷的苷元基本骨架为含 27 个碳原子的螺旋甾烷或其异构体异螺旋甾烷，多以单糖链苷形式存在，极性较大。三萜皂苷由 6 个异戊二烯以头尾相接或尾尾相接而成。由于其分子结构中常连有羧基，故多为酸性皂苷。

1. *紫外-可见分光光度法*

皂苷类成分会与强氧化性的强酸试剂（如浓硫酸、高氯酸、乙酐-硫酸或硫酸-冰醋酸、芳香醛-硫酸等）发生氧化、脱水、脱羧、缩合等反应，生成具有多烯结构的缩合物而呈色，可在紫外-可见光区进行比色测定。这种测定方法一般用于测定样品中总皂苷或总皂苷元的含量。

2. *薄层色谱法*

皂苷大多无紫外吸收，可先经过薄层色谱分离，用适当的显色剂显色反应后再进行定量分析。这是皂苷类成分定性、定量分析的最常用方法。其中，吸附剂大多选用硅胶和氧化铝，有时为了分离的需要加入一定的硝酸银。显色剂常用三氯乙酸、氯磺酸-乙酸、浓硫酸（或 50%、20%硫酸）、三氯化锑、磷钼酸、浓硫酸-乙酸酐、碘蒸气等。极性较大的皂苷一般用分配薄层效果较好，而对于极性较小的皂苷元，用吸附薄层或分配薄层均可，具体方法包括薄层扫描法和薄层-比色法。

3. 高效液相色谱法

高效液相色谱法测定皂苷类成分的主要步骤在于测定波长与流动相的选择。常用的流动相有乙腈-水和甲醇-水系统。对于有较强紫外吸收的皂苷，可用紫外检测器检测。多数皂苷在紫外区无明显吸收，可采用蒸发光散射检测器（ELSD）进行检测，其优点在于灵敏度高、基线稳定、稳定性好和应用范围广泛，但需注意流动相中不挥发物质会对检测产生干扰。蒸发光散射检测器通常不允许使用含不挥发盐组分的流动相。

5.1.8　香豆素类化合物含量的分析

香豆素类（coumarins）成分是一类具有苯并α-吡喃酮母核的天然成分的总称，常以游离状态或与糖结合成苷的形式存在。由于其苯并α-吡喃酮共轭结构的存在，香豆素类化合物在紫外光区有较强的特征吸收，结构中的酚羟基、内酯键等均有特殊的显色反应。

1. 荧光分光光度法

香豆素类化合物在紫外光的照射下显蓝色荧光，荧光的颜色会因其环上所带取代基的不同及取代位置的不同而有很大不同。因此，可用荧光分光光度法进行定量分析，其优点在于灵敏度高、选择性高、方便快捷、重现性好、样品需要量少等。如果样品中存在过多的干扰成分，可先利用薄层色谱进行分离。

2. 紫外-可见分光光度法

香豆素类成分都具有紫外吸收，当样品较纯净时，可直接进行比色测定。也可通过显色反应显色后，在可见光区域进行比色。例如，异羟肟酸铁、4-氨基安替比林或氨基比林、三氯化铁、三氯化铁-铁氰化钾、磷钼酸、磷钨酸等，都可与香豆素类成分发生显色反应。当干扰成分较多时，可先用薄层色谱分离，在紫外灯下定位找出相关香豆素类成分，将其斑点完全刮下，用溶剂洗脱后加入显色剂显色、比色测定。

3. 薄层扫描法

薄层扫描法是香豆素类成分常用的测定方法之一，其优点是方法简便、准确。一般先将样品经薄层色谱分离后，再喷洒显色剂，显色后扫描。也可利用香豆素的荧光特性，在紫外灯下定位后直接扫描。

4. 高效液相色谱法

HPLC 测定香豆素类成分，固定相常用C_{18}，流动相选用不同比例的甲醇-水。对于极性小的香豆素类，可用正相色谱或反相色谱；对于香豆素苷类一般用反相色谱。检测器常选择紫外检测器。

5. 气相色谱法

对于一些具有挥发性且相对分子质量小的香豆素类成分，可利用气相色谱法进行含量测定，一般选用 SE-30 石英毛细管柱、FID 检测器。

5.2　生物活性的评价

生物活性的评价方法有很多，随着科技的不断发展，评价方法也在不断改进，各种新技术的出现极大地提高了研究的效率。生物活性的评价通常有体外实验、动物实验和人体实验三个阶段。体外实验一般用于生物活性的初步筛选，包括分子水平、细胞水平和组织器官水平等评价方法。然后通过动物实验和人体实验阶段，才可能真正应用到保健食品或者药品中。在动物实验和人体实验中，由于个体差异，为了获得准确、可靠的结果，在试验设计中必须遵循随机、对照、重复三个基本原则，严格控制各种影响因素，确保实验结果的准确性和客观性。

5.2.1　抗氧化活性的检测

除厌氧生物以外，所有的动植物都需要氧。氧不仅会影响细胞的分化和个体的发育，而且能促进生命的进化。同时，人体在氧的利用过程中，会因各种内因性或外因性原因，而产生各种活性氧和自由基（free radical），它们与机体的衰老和某些疾病的病理过程密切相关。

自由基是指能独立存在的、含有一个或一个以上不配对电子的任何原子或原子团。活性氧是指氧的某些代谢产物和一些反应的含氧产物，其化学性质比氧（基态氧）更为活泼，包括氧自由基和非自由基的含氧物。机体自由基的种类有很多，主要包括氧自由基（超氧阴离子、羟自由基、氢过氧基、烷氧基、烷过氧基）、非氧自由基（氢自由基、有机自由基）和氮自由基（氧化氮、二氧化氮）等。同时，机体内也有一个完整的抗氧化防御体系，通过体内各种抗氧化酶（如超氧化物歧化酶 SOD、谷胱甘肽过氧化物酶 GPx、过氧化氢酶 CAT 等）和非酶抗氧化剂（如抗坏血酸、维生素 E、辅酶 Q 等），分别在预防、阻断和修复等不同水平上进行防御。

正常情况下，机体内的自由基总是处于不断产生和消除的动态平衡中。但是，当自由基产生过多或清除过少时，便会造成对组织的伤害。人身体中各组织器官损伤、病变的其中一个重要原因就是各种氧自由基所引发的氧化作用。现已证实，氧化作用与动脉硬化、心脏病、肿瘤、肾病、肝病、糖尿病、白内障以及衰老等百余种疾病的发生和发展密切相关。因此，抗氧化活性成分的开发与应用成为食品、医药领域的一个研究热点。

对生物活性成分的抗氧化能力测定方法有很多，包括直接的、间接的以及简便的试剂盒检测方法等。这些方法的测定原理各不相同，都有各自的优缺点和局限性。因此，为得到确切、满意的评价结果，需要用多种方法进行测定。

1. 自由基清除能力的测定

通过直接测定抗氧化剂对反应体系所产生自由基的清除情况，了解其抗氧化的能力。对于发色性自由基（如 DPPH、ABTS/正肌铁红蛋白/H_2O_2、ABTS/ABAP、ABTS/过氧化物酶），可以直接通过分光光度法来测定。由于一些自由基可通过氧化反应使反应体系产生颜色变化，故通过测定抗氧化剂对反应体系吸光度的影响，就能知道自由基被清除的情况，如脱氧核糖-铁体系法测定羟自由基清除率实验。某些荧光试剂会被自由基氧化而消光，可通过测定其荧光的变化来了解自由基的清除率，如荧光素/AAPH 法、荧光素/辅酶（Ⅱ）法、β-藻红蛋白法等都是利用这个原理。

2. 脂质过氧化反应的测定

氧自由基可以攻击生物膜磷脂中的多不饱和脂肪酸而引发脂质过氧化，从而导致细胞损伤。同时在氧的参与下，脂质过氧化反应所产生的脂氢过氧化物易分解生成一系列复杂产物，其中某些分解产物还能引起细胞代谢和功能障碍。通过分析抗氧化剂影响脂质过氧化反应的情况，便能了解其抗氧化活性的大小。采用氧电极测定氧的消耗量或通过检测脂质过氧化反应产物（如醛、脂氢过氧化物、共轭二烯等）量的变化，都可以分析脂质过氧化反应的情况。

3. 细胞氧化损伤的检测

自由基可以攻击细胞组织中的脂质、蛋白质、糖类和 DNA 等物质，引起脂质和糖类的氧化、蛋白质的变性、酶的失活、DNA 结构的切断或碱基变化等，从而导致细胞膜、遗传因子等的损伤。以 AAPH、ABAP、AMVN 等自由基引发剂引发细胞氧化损伤，分析抗氧化剂对细胞的保护作用，了解其抗氧化能力。具体包括：通过 MTT 比色法检测细胞活力，通过二苯胺法、荧光分光光度法或 Comet 法分析 DNA 损伤断裂的情况，通过差示扫描量热法、X 射线衍射、电子自旋共振（ESR）、核磁共振及荧光偏振等方法从不同角度分析细胞膜流动性等。

4. 其他体外检测方法

铁过载能够增加活性氧的毒性，加速自由基反应，造成细胞氧化应激损伤。测定抗氧化剂螯合铁离子的能力，可从另一个方面反映其抗氧化活性。此外，还可测定抗氧化剂的还原能力，如 FRAP 法检测还原 Fe^{3+} 能力等。

5. 食品抗氧化功能的检测

根据卫生部《保健食品检验与评价技术规范》（2003）的规定，检验保健食品抗氧化功能需要进行动物实验和人体试食实验，检测项目包括过氧化脂质（丙二醛或脂褐质）含量和抗氧化酶（SOD、GPx）活性。过氧化脂质含量减少、抗氧化酶活性提高都能说明其具有抗氧化功能。

5.2.2　对微生物菌群的影响

生物活性成分对微生物菌群的影响，包括对有害菌的抑制作用和对有益菌的促进繁殖作用。根据不同的实验设计原理，分为稀释法、比浊法和琼脂扩散法。表5-1为上述三类方法的对比。琼脂扩散法包括垂直扩散法（直线扩散）和平面扩散法（点滴法、纸片法、管碟法）。其中，管碟法是《国际药典》中抗生素药品鉴定的经典方法，也是《中华人民共和国药典》记载的方法。其原理是，利用抗生素在摊布特定试验菌的固体培养基内呈球面形扩散，形成含有一定浓度抗生素球形区，抑制了试验菌的繁殖而呈现出透明的抑菌圈。

表5-1　稀释法、比浊法和琼脂扩散法的比较

实验方法	稀释法	比浊法	琼脂扩散法
实验依据	等量的试验菌菌液在不同浓度样品的液体培养基中的生长情况		不同浓度样品溶液在含有试验菌固体培养基中的扩散情况
评判标准	液体培养基中有无细菌的生长	光度法测定液体培养基的浊度	固体培养基表面抑菌圈的大小
目的	最低抑菌浓度（MIC）的测定	抑菌效力的测定	

根据卫生部《保健食品检验与评价技术规范》（2003）的规定，保健食品调节肠道菌群功能的检验，需要进行动物实验和人体试食实验，比较实验前后其粪便菌群的变化情况。具体检测方法是，取定量粪便以10倍系列稀释，选择合适的稀释度分别接种于各培养基上，然后以菌落形态、革兰氏染色镜检、生化反应等鉴定计数菌落，分别计算双歧杆菌、乳杆菌或其他益生菌以及肠球菌、肠杆菌、拟杆菌、产气荚膜梭菌等有害菌群的数量。

5.2.3　抗肿瘤活性的检测

检测抗肿瘤活性的最常用的一种方法便是体外细胞培养法，通过体外培养肿瘤细胞，来检测受试样品对肿瘤细胞的影响情况。采用的细胞通常用人体肿瘤细胞和动物肿瘤细胞，培养方法包括单层细胞培养、琼脂平板培养、细胞集落培养、组织块培养、器官培养和悬浮培养等，检测指标有细胞形态、分裂相计数、脱氢酶活性、细胞染色、呼吸测定、荧光显微镜下染色反应、核酸蛋白质等生化测定以及同位素技术等。体外抗肿瘤活性实验一般选用人癌细胞株，按常规细胞培养法进行培养，通过四氮唑蓝还原法（MTT法）、磺酰罗丹明B染色法或集落形成法等来进行检测。

移植性肿瘤整体动物实验法是评价一个化合物是否具有有效的抗肿瘤活性的最主要方法之一。把人的肿瘤细胞移植到合适的宿主体内，建立一个移植宿主的体内模型，通过该模型对受试样品的抗肿瘤效果进行观察。具体评判指标包括肿瘤的质量、体积或直径以及动物的存活时间等。

5.2.4　降血糖活性的检测

《保健食品检验与评价技术规范》（2003）规定，保健食品辅助降血糖功能的检验包括动物实验和人体试食实验。以四氧嘧啶（或链脲霉素）诱导建立高血糖动物模型，进行降空腹血糖实验和糖耐量实验。人体试食实验以Ⅰ型糖尿病病人为对象，检测受试样品对志愿者空腹血糖、餐后2h血糖和尿糖的影响，以及临床症状的变化情况。

可以从细胞水平和分子水平上对化合物的降血糖活性进行检测和筛选。细胞水平降血糖活性成分检测方法包括脂肪细胞、骨骼肌细胞-葡萄糖消耗及葡萄糖转运实验，HepG2 细胞-葡萄糖消耗实验，胰岛β细胞-促胰岛素分泌实验等。分子水平降血糖活性成分检测方法包括α-糖苷酶抑制活性、蛋白酪氨酸磷酸酶-1B（PTP-1B）抑制活性、二肽基肽酶Ⅳ（DPPⅣ）抑制活性以及醛糖还原酶抑制活性的测定等。

5.2.5　降血脂活性的检测

保健食品辅助降血脂功能的检验包括动物实验和人体试食实验。以高脂饲料饲喂大鼠建立脂代谢紊乱模型，检测受试样品对实验动物的血清总胆固醇（TC）、甘油三酯（TG）、高密度脂蛋白胆固醇（HDL-C）水平的影响。人体实验以单纯高血脂患者为实验对象，采用自身和组间两种对照设计，检测血清 TC、TG 和 HDL-C 的变化情况。

此外，降血脂活性的筛选和评价指标还包括载脂蛋白（apolipoprotein，APO）含量、低密度脂蛋白受体活性、脂质过氧化物 LPO 含量以及血液黏度等。

5.2.6　降血压活性的检测

保健食品辅助降血压功能的检验包括动物实验和人体试食实验。以受试样品给予遗传型高血压动物或通过实验方法造成的高血压动物模型，检测血压、心率等指标的变化情况，评价受试样品的降血压作用。人体试食实验以原发性高血压患者为受试对象，采用自身和组间两种对照设计，检测受试样品对志愿者舒张压和收缩压的影响情况。

实验性高血压模型有很多种，包括遗传性高血压模型、神经源性高血压模型、肾动脉狭窄性高血压模型、易卒中型肾血管性高血压模型、妊高症模型等。降血压活性的筛选和评价指标还包括血浆降钙素基因相关肽（CGRP）含量、内皮素（ET）含量、心钠素（ANP）含量、血管紧张素Ⅱ含量、醛固醇含量、β-肾上腺素能受体含量以及丝裂原活化蛋白激酶活性等。

5.2.7　其他生物活性的检测

除上述保健功能之外，卫生部《保健食品检验与评价技术规范》（2003）还规定了其他22项保健功能的检验、评价方法，包括增强免疫力功能、辅助改善记忆功能、缓解视疲劳功能、促进排铅功能、清咽功能、改善睡眠功能、促进泌乳功能、缓解体力疲劳功能、提高缺氧耐受力功能、对辐射危害有辅助保护功能、减肥功能、改善生长发育功能、增加骨密度功能、改善营养性贫血功能、对化学性肝损伤有辅助保护功能、祛痤疮功能、祛黄褐斑功能、改善皮肤水分功能、改善皮肤油分功能、促进消化功能、通便功能以及对胃黏膜损伤有辅助保护功能等，经动物实验和人体试食实验证实有效之后，方可认为具有该项保健功能。

第三篇　基础性实验

第6章　食品中的水及矿物质

实验一　食品中水分含量的测定

水是食品的主要组成成分，食品中水的含量、分布和状态对食品的结构、外观、质地、风味和新鲜程度产生极大的影响。食品中的水分是引起食品化学性和微生物性变质的重要原因之一，因而直接关系到食品的储藏特性。

食品中的水不是单独存在的，它会与食品中的其他成分发生化学或物理作用，因而改变水的性质。由于存在形式不同时，水的性质差异很大，区别它们是十分必要的。按照食品中的水与其他成分之间相互作用的强弱，可将食品中的水分成结合水和自由水。结合水又称束缚水或固定水，是指存在于食品的溶质或其他非水组分附近的、与溶质分子之间通过化学键力结合的水。食品中大多数结合水是由食品中的水分与食品中的蛋白质、淀粉、果胶等物质的羧基、羰基、氨基、亚氨基、羟基、巯基等亲水性基团或水中的无机离子的键合或偶极作用产生的。自由水又称体相水，是指食品中与非水成分有较弱作用或基本没有作用的水。自由水可分为三类：被组织中的显微和亚显微结构与膜所阻留的水，不能自由流动，称为滞化水；在生物组织的细胞间隙和制成食品的结构组织中存在一种由毛细管力所系留的水，称为毛细管水，在生物体中又称细胞间水；动物的血浆、淋巴和尿液、植物的导管和细胞内液泡中的水，因为都可以自由流动，称为自由流动水。

食品的水分含量的测定分为直接测定法和间接测定法两大类。

直接测定法包括烘干法、减压干燥法、化学干燥法、共沸蒸馏法、卡尔·费歇尔法等。这些方法一般是采用提取或其他物理化学方法去掉样品中的水分，再用称量等方法定量。这类方法精确度高、重复性好，但耗费时间较多，且主要靠人工操作。卡尔·费歇尔法则是通过化学方法检测水分，主要用于微量水分的直接测定。

间接测定法并不将样品中的水分除去，而是采用湿固体的参数来代替，这些参数与样品中的水量有直接的关系，可以设计各种仪器测量这些参数。间接法所得结果的精确度一般比直接法低，而且需要校正，但间接法速度快，可以自动连续测量，可用于食品工业生产过程中水分含量的自动控制。常见的间接测定法有电导率法、介电容量法、微波吸收法等多种。

本实验将主要介绍直接干燥法、减压干燥法、共沸蒸馏法等直接测定方法。

I 水分含量测定方法一　直接干燥法

一、实验目的

了解并掌握直接干燥法测定水分含量的原理和方法。

二、实验原理

食品中的水分一般是指在100℃左右直接干燥的情况下所失去物质的总量。直接干燥法适用于在95～105℃下，食品中除水以外的其他物质不挥发或挥发甚微的食品。

三、实验试剂与仪器

1）试剂

6mol/L盐酸：量取100mL盐酸，加水稀释至200mL。

6mol/L氢氧化钠溶液：称取24g氢氧化钠，加水溶解并稀释至100mL。

海沙：用水洗去泥土的海沙或河沙，先用6mol/L盐酸煮沸0.5h，用水洗至中性，再用6mol/L氢氧化钠溶液煮沸0.5h，用水洗至中性，经105℃干燥备用。

2）仪器

铝制或玻璃制扁形称量瓶（内径60～70mm，高35mm以下）、电热恒温干燥箱。

四、实验步骤

1. 固体试样水分测定

取洁净的铝制或玻璃制扁形称量瓶，置于95～105℃干燥箱中，瓶盖斜支于瓶边，加热0.5～1.0h，取出盖好，置干燥器内冷却0.5h，称量，如此反复干燥至恒量。称取2.00～10.00g切碎或磨细的试样，放入此称量瓶中，试样厚度约为5mm。加盖，精密称量后，置95～105℃干燥箱中，瓶盖斜支于瓶边，干燥2～4h后，放入干燥器内冷却0.5h后称量。然后再放入95～105℃干燥箱中干燥1h左右，取出，放入干燥器内冷却0.5h后再称量。如此反复操作，直至前后两次质量差不超过2mg，即为恒量。

2. 半固体或液体试样水分测定

取洁净的蒸发皿，内加10.0g海沙及一根小玻璃棒，置于95～105℃干燥箱中，干燥0.5～1.0h后取出，置干燥器内冷却0.5h后称量，并重复干燥至恒量。然后精密称取5～10g试样，置于干燥至恒量的蒸发皿中，用小玻璃棒搅匀，放在沸水浴上蒸干，并随时搅拌，擦去皿底的水滴，置95～105℃干燥箱中干燥4h后取出，放入干燥器内冷却0.5h后称量。以下按固体试样方法操作。

五、计算

$$w=\frac{m_1-m_2}{m_1-m_3}\times 100\%$$

式中：w 为试样中水分的含量；m_1 为称量瓶（或蒸发皿加海沙、玻璃棒）和试样的质量，g；m_2 为称量瓶（或蒸发皿加海沙、玻璃棒）和试样干燥后的质量，g；m_3 为称量瓶（或蒸发皿加海沙、玻璃棒）的质量，g。

计算结果保留 3 位有效数字。

六、注意事项

（1）对于油脂或高脂肪样品，由于脂肪的氧化，可能后一次的质量反而增加，应以前一次质量计算。

（2）易分解或焦化的样品，可适当降低温度或缩短干燥时间。

（3）精密度：在重复性条件下获得的两次独立测定结果的绝对差值不得超过算术平均值的 5%。

Ⅱ 水分含量测定方法二　减压干燥法

一、实验目的

了解并掌握减压干燥法测定水分含量的原理和方法。

二、实验原理

食品中的水分一般是指在一定温度及减压的情况下失去物质的总量，适用于含糖、味精等易分解的食品。

三、实验仪器

铝制或玻璃制扁形称量瓶：内径 60～70mm，高 35mm 以下；真空干燥箱。

四、实验步骤

1. 试样的制备

粉末和结晶试样直接称取；硬糖果经研钵粉碎；软糖用刀片切碎，混匀备用。

2. 测定

准确称取 2～10g 试样，加入已干燥至恒量的称量瓶，放入真空干燥箱内，将干燥箱连接的真空泵开启，抽出干燥箱内空气至所需压力（一般为 40～53kPa），并同时加热至所需温度[(60±5)℃]。关闭真空泵上的活塞，停止抽气，使干燥箱内保持一定的温度和压力，经 4h 后，打开干燥箱放空活塞，使空气经干燥装置缓缓通入干燥箱内，待压力恢复正常后打开。取出称量瓶，放入干燥器内冷却 0.5h 后称量，并重复以上操作至恒量。

五、计算

计算式同直接干燥法。计算结果保留 3 位有效数字。

说明：精密度计算要求在重复性条件下获得的两次独立测定结果的绝对差值不得超过算术平均值的 5%。

Ⅲ 水分含量测定方法三　共沸蒸馏法

一、实验目的

了解并掌握共沸蒸馏法测定水分含量的原理和方法。

二、实验原理

将一定质量的食品与甲苯或二甲苯混合，加热使食品中的水分与有机溶剂共沸蒸出，收集蒸出液于接收管内，此时水分与有机溶剂分层，根据水体积可计算其在食品中的含量。该法适用于含较多其他挥发性物质的食品，如油脂、香辛料等。

三、实验试剂与仪器

1）试剂

取甲苯或二甲苯，先以水饱和后，分去水层，进行蒸馏，收集馏出液备用。

2）仪器

水分测定器、水分接收管（容量 5mL，最小刻度 0.1mL，容量误差小于 0.1mL）。

四、实验步骤

准确称取适量试样（含水 2～5mL），放入 250mL 锥形瓶中，加入新蒸馏的甲苯（或二甲苯）75mL，连接冷凝管与水分接收管，从冷凝管顶端注入甲苯，装满水分接收管。加热慢慢蒸馏，使每秒得到 2 滴馏出液，待大部分水分蒸出后，加速蒸馏至每秒得到约 4 滴馏出液。当接收管的水分体积不再增加时，说明水分已全部蒸出。此后，从冷凝管顶端小心加入适量甲苯冲洗冷凝管壁。如冷凝管壁附有水滴，可用附有小橡皮头的铜丝擦下，再蒸馏片刻至接收管上部及冷凝管壁无水滴附着，水平观察接收管水分的液面保持 10min 不变时为蒸馏终点，读取接收管水层的体积。

五、计算

$$\chi = \frac{V}{m} \times 100$$

式中：χ 为试样中水分的含量，mL/100g（或按 20℃时水的密度 0.99820g/mL 计算质量）；V 为接收管内水的体积，mL；m 为试样的质量，g。

计算结果保留 3 位有效数字。

说明：精密度计算要求在重复性条件下获得的两次独立测定结果的绝对差值不得超过算术平均值的 5%。

实验二　水分活度的测定

食品工业中对于水分活度的测定方法很多，如扩散法、蒸汽压力法、电湿度计法、溶剂萃取法、近似计算法和水分活度测定法等。测定食品水分活度的国家标准 GB/T 23490—2009 中，规定了康威皿扩散法和水分活度仪扩散法，其中康威皿扩散法为仲裁法，该标准适用于预包装谷物制品类、肉制品类、水产制品类、蜂产品类、薯类制品类、水果制品类、蔬菜制品类、乳粉、固体饮料的食品水分活度的测定，不适用于冷冻和含挥发性成分的食品。

I 水分活度测定方法一　康威皿扩散法

一、实验原理

试样在康威（Conway）微量扩散皿的密封和恒温条件下，分别在水分活度（a_w）较高和较低的标准饱和溶液中扩散平衡后，根据样品质量增加（在 a_w 较高的标准溶液中平衡）和减少（在 a_w 较低的标准溶液中平衡）的量，以质量的增减为纵坐标，各个标准试剂的水分活度值为横坐标，计算试样的水分活度值。

该法适用于中等及高水分活度（$a_w > 0.5$）的样品，是一种快速、方便、应用广泛的测定食品水分活度值的分析方法。

二、实验试剂与仪器

1）试剂

凡士林，各种标准饱和盐溶液（a_w 值见表 6-1）。

表 6-1　标准饱和盐溶液的 a_w 值（25℃）

试剂名称	a_w	100mL 水中的溶解度/g	试剂名称	a_w	100mL 水中的溶解度/g
氯化锂	0.110	102.5	硝酸钠	0.737	96.0
乙酸镁	0.224	44.8	氯化钠	0.752	36.3
氯化镁	0.330	230.8	溴化钾	0.807	70.6
碳酸钾	0.427	122.7	氯化钾	0.842	37.0
硝酸锂	0.476	154.1	氯化钡	0.901	74.2
硝酸镁	0.528	182.8	硝酸钾	0.924	45.8
溴化钠	0.577	133.6	硫酸钾	0.969	13.0
氯化锶	0.708	166.7	重铬酸钾	0.986	18.2

试样：饼干、苹果等。

2）仪器

分析天平（精度为 0.0001g）、恒温箱、康威微量扩散皿（外径 78mm）、坐标纸、玻璃皿（直径 25～28mm、深度 7mm）。

三、实验步骤

（1）从表 6-1 中至少选取 3 种标准饱和盐溶液，分别在 3 个康威皿的外室预先放入上述标准饱和盐溶液 5.0mL（标准饱和盐溶液的水分活度值处在试样的高、中、低端）。

（2）在预先准确称量过的玻璃皿中，准确称取 1.0000g 均匀切碎样品，记下玻璃皿和试样的总质量，迅速放入康威皿的内室中。在扩散皿磨口边缘均匀地涂上一层凡士林，加盖密封。

（3）在（25±0.5）℃的恒温箱中静置（2±0.5）h，取出其中的玻璃皿及试样，迅速准确称量，并求出样品的质量。再次平衡 30min 后，称量，至恒量为止。分别计算试样在不同标准饱和盐溶液中的质量增减数。

四、结果计算

以各种标准饱和盐溶液在 25℃时的 a_w 值为横坐标，以每克试样增减的质量（mg）为纵坐标，在坐标纸上作图，将各点连接成一条直线，这条线与横坐标的交点即为所测试样的水分活度值。

五、注意事项

（1）取样时应该迅速，各份试样称量应在同一条件下进行。

（2）康威皿应该具有良好的密封性。

（3）试样的大小、形状对测定结果影响不大。

（4）大多数样品在 2h 后可测得 a_w，但有的样品如米饭类、油脂类、油浸烟熏类则需 4d 左右才能测定。为此，需加入样品量 0.2%的山梨酸作防腐剂，并以其水溶液作空白。

Ⅱ水分活度测定方法二　水分活度仪法

一、实验原理

水分活度仪法是在一定温度下，利用测定仪上的传感器装置——湿敏元件，根据食品中水的蒸汽压力的变化，从仪器的表头上读出指示的水分活度。在测定试样前需校正水分活度测定仪。

常见的水分活度测定仪大都是以此为原理研制的，其主要差异仅是相对湿度传感器的类型不同，如 Rotronic 采用的是湿敏电容、Novasina 采用的是湿敏电阻，而 Aqualab 采用的则是冷镜露点法。

二、实验试剂与仪器

1）试剂

氯化钡饱和溶液。

试样：面包、饼干、肉、鱼、果蔬块等。

2）仪器

水分活度测定仪、研钵、恒温箱等。

三、实验步骤

1. 仪器校正

用小镊子将两张滤纸浸在 $BaCl_2$ 饱和溶液中，待滤纸被均匀浸湿后，轻轻地把它放在仪器的样品盒内，然后将具有传感器装置的表头放在样品盒上，小心拧紧，移至20℃恒温箱中维持恒温3h后，再拧动表头上的校正螺丝使 a_w 值为0.900。重复上述过程再校正一次。

2. 样品测定

取经20℃恒温后的试样1～2g，置于仪器样品盒内，保持表面平整而不高于盒内垫圈底部。然后将具有传感器装置的表头置于样品盒上（切勿使表头沾上样品）轻轻地拧紧，保持恒温放置2h以后，不断从仪器表头上观察仪器指针的变化状况，待指针恒定不变时，所指示数值即为此温度下试样的 a_w 值。

如果实验条件不在20℃恒温测定，可根据表6-2所列的 a_w 校正值将其校正为20℃时的数值。

表6-2　a_w 值的温度校正表

温度/℃	校正值	温度/℃	校正值
15	−0.010	21	+0.002
16	−0.008	22	+0.004
17	−0.006	23	+0.006
18	−0.004	24	+0.008
19	−0.002	25	+0.010

四、注意事项

（1）取样时，对于果蔬类样品应迅速捣碎或按比例取汤汁与固形物，肉和鱼等样品需适当切细。

（2）测定前用氯化钡饱和溶液校正仪器。

（3）所用的玻璃器皿应该清洁干燥，否则会影响测量结果。

（4）测量表头为贵重的精密器件，在测定时必须轻拿轻放，切勿使表头直接接触样品和水；若不小心接触了液体，需蒸发干燥并进行校准后才能使用。

五、思考题

（1）阐述测定水分活度的原理及方法。

（2）简述水分活度与食品储藏稳定性的关系。

实验三　食品中灰分的测定

一、实验目的

了解食品中灰分的测定原理，掌握食品中灰分测定的方法。

二、实验原理

把一定量的样品炭化后放入高温炉内灼烧，有机物质被氧化分解成二氧化碳、氮的氧化物及水等形式逸出，剩下的残留物即为灰分，称量残留物的质量即得总灰分的含量。

三、实验试剂与仪器

1）试剂

8%四水乙酸镁溶液：称取 8g 四水乙酸镁[$Mg(Ac)_2 \cdot 4H_2O$]，溶于 92g 水中混匀。

24%四水乙酸镁溶液：称取 24g 四水乙酸镁，溶于 76g 水中混匀。

1∶5 盐酸溶液：1 体积浓盐酸与 5 体积水混匀。

2）仪器

高温电炉、坩埚、坩埚钳、干燥器（内盛有干燥剂）、分析天平、组织捣碎机等。

四、实验步骤

1. 瓷坩埚的准备

将坩埚用盐酸（1∶5）煮 1～2h，洗净晾干，用 $FeCl_3$ 与蓝墨水混合液在坩埚外壁及盖上写上编号，置于高温炉中灼烧 0.5～1.0h，再置于干燥器中冷却至室温，称量，反复操作，直至恒量（两次称量质量差不超 0.5mg）。

2. 样品处理

固体样品：取有代表性的样品至少 200g，用研钵研细，混合均匀，置于玻璃容器内；不易捣碎、研细的样品，用切碎机切成细粒，混合均匀，置于玻璃容器内。

粉状样品：取有代表性的样品至少 200g（如粉粒较大，也应用研钵研细），混合均匀，置于玻璃容器内。

糊状样品：取有代表性的样品至少 200g，混合均匀，置于玻璃容器内。

固液体样品：按固、液体比例，取有代表性的样品至少 200g，用组织捣碎机捣碎，混合均匀，置于玻璃容器内。

肉制品：取已去除不可食部分、具有代表性的样品至少 200g，用绞肉机至少绞两次，混合均匀，置于玻璃容器内。

取样量：一般以灼烧后得到的灰分量为 10～100mg 为宜。通常奶粉、麦乳精、大豆粉、鱼类等取 1～2g；谷物及其制品、肉及其制品、牛乳等取 3～5g；蔬菜及其制品、砂糖、淀粉、蜂蜜、奶油等取 5～10g；水果及其制品取 20g；油脂取 50g。

几种常见样品的处理：①果汁、牛乳等液体试样一般在水浴锅上蒸干后再进行炭化；②果蔬、动物组织等含水分较多的试样，一般先制各成均匀试样，置烘箱中干燥后再进行炭化；③谷物、豆类等水分含量少，可直接炭化；④富含脂肪的样品需先提取脂肪，再将残留物炭化。

3. 炭化

炭化处理可防止灰化时温度升高使水分急剧蒸发而导致试样飞溅，也可防止糖类、蛋白质等在高温下的发泡现象。若不经炭化而直接灰化，碳粒易被包住，使灰化不完全。炭化一般在电炉或煤气灯上进行，半盖坩埚盖，直至无黑烟产生。对于易膨胀的试样（如含糖多的食品）可先在试样上加数滴辛醇或植物油，再进行炭化。

4. 灰化

将炭化后的坩埚慢慢移入高温炉（500～550℃）中，盖斜倚在坩埚上，灼烧至白色或灰白色无碳粒为止，一般需 2～5h，取出冷却至 200℃左右后，移入干燥器中冷却至室温，准确称量，再灼烧、冷却、称量，直至恒量。

五、计算

$$\text{灰分含量} = \frac{m_3 - m_1}{m_2 - m_1} \times 100\%$$

式中：m_1 为空坩埚质量，g；m_2 为样品加空坩埚质量，g；m_3 为残灰加空坩埚质量，g。

六、说明

（1）样品炭化时要注意防止大量泡沫溢出坩埚。

（2）把坩埚放入或取出高温炉时，要在炉口停留片刻，防止因温度剧变而使坩埚破裂。

（3）注意在移入干燥器前，最好将坩埚温度降至 200℃以下，取坩埚时要缓缓让空气流入，防止形成真空对残灰产生影响。

（4）灰化后残渣可作钙、磷、铁等成分的分析。

（5）计算结果时，灰分大于 10%的样品精确至小数点后第 1 位；灰分 1%～10%

的样品精确至小数点后第 2 位；灰分小于 1%的样品精确至小数点后第 3 位。

（6）不同含磷量食品灰分的测定。

（a）含磷量较低的谷物食品、果蔬制品、淀粉及淀粉制品、茶叶、发酵制品、调味品。

将盛有试样的坩埚放在电热板上缓慢加热，待水分蒸干后置于电炉或煤气灯火焰上炭化至无烟。移入高温电炉中，升温至（550±25）℃，灼烧 4h。

待炉温降至 200℃时取出坩埚。置干燥器中冷却至室温，迅速称量。再将坩埚移入高温电炉中按上述温度灼烧 1h，冷却，称量。重复灼烧 1h，直至恒量（连续两次质量差不超过 0.002g）。

若残渣中有明显炭粒时，向坩埚内滴入少许蒸馏水润湿残渣，使结块松散。蒸干水分后再进行灰化，直至灰分中无炭粒。

（b）含磷量较高的豆类及制品、肉禽制品、蛋制品、水产品、乳及乳制品。

称取试样后，加入 1.00mL 24%四水乙酸镁溶液或 3.00mL 18%四水乙酸镁溶液，使试料完全润湿。放置 10min 后，在电热板上缓慢加热，将水分完全蒸干。以下步骤按（a）操作。

量取 3 份与上述相同浓度和体积的四水乙酸镁溶液，做 3 次试剂空白实验。当 3 次实验结果的标准偏差小于 0.003g 时，取算术平均值。若标准偏差超过 0.003g 时，应重新做空白实验。

（c）计算。

食品中灰分含量以质量分数表示，按下式计算：

$$w_1 = \frac{m_2 - m_1}{m} \times 100\%$$

$$w_2 = \frac{(m_2 - m_1) - m_0}{m} \times 100\%$$

式中：w_1（测定时未加四水乙酸镁溶液）为含磷较低的食品中灰分的质量分数，%；w_2（测定时加入四水乙酸镁溶液）为含磷较高的食品中灰分的质量分教，%；m_0 为空白值，即氧化镁（四水乙酸镁溶液灼烧后生成物）的质量，g；m 为测定用试样质量，g；m_1 为坩埚的质量，g；m_2 为坩埚与试样灼烧后的质量，g。

实验四　钙含量的测定

钙是人体含量最多的无机元素，正常成人体内含钙总量约为 1200g，相当于体重的 2.0%，其中约 99%集中在骨骼和牙齿中。钙的吸收率取决于维生素 D 的摄入量及受太阳紫外线的照射量，同时受膳食中钙含量及年龄的影响。人群中钙的缺乏比较普遍，长期缺乏钙和维生素 D 可导致儿童生长发育缓慢，骨软化、骨骼变形，严重缺乏者可导致佝偻病；中老年人易患骨质疏松症；钙的缺乏者易患龋齿，影响牙齿质量。过量钙的摄入可能增加肾结石的危险性。

钙含量的测定常用高锰酸钾滴定法、乙二胺四乙酸（EDTA）滴定法和原子吸收分光光度法。

I 钙含量测定方法一　高锰酸钾滴定法

一、实验原理

样品经灰化后，用盐酸溶解，加草酸铵溶液生成草酸钙沉淀。沉淀经洗涤后，溶解于稀硫酸中，游离出的草酸用高锰酸钾标准溶液滴定，则 $C_2O_4^{2-}$ 被氧化为 CO_2，而 Mn^{7+} 还原为 Mn^{2+}。因生成的草酸和硫酸钙的物质的量相等，从而可计算出钙的含量，反应式如下：

$$CaCl_2+(NH_4)_2C_2O_4 \longrightarrow CaC_2O_4+2NH_4Cl$$

$$CaC_2O_4+H_2SO_4 \longrightarrow CaSO_4+H_2C_2O_4$$

$$2KMnO_4+5H_2C_2O_4+3H_2SO_4 \longrightarrow 2MnSO_4+K_2SO_4+10CO_2+8H_2O$$

当溶液中存在 $C_2O_4^{2-}$ 时，加入高锰酸钾，发生氧化还原反应，红色立即消失，而当 $C_2O_4^{2-}$ 完全被氧化后，高锰酸钾的颜色不再消失，呈现微红色，即为滴定终点，可以精确测定钙含量。

二、实验试剂与仪器

1）试剂

盐酸溶液（1∶4）、硫酸溶液（1∶5）、硫酸溶液（1∶24）、甲基红指示剂（0.1%甲基红乙醇溶液）、4%草酸铵[$(NH_4)_2C_2O_4$]溶液、尿素、氢氧化铵溶液（1∶49）、0.02mol/L 高锰酸钾标准溶液、乙酸溶液（1∶4）。

2）仪器

高温电炉、坩埚、坩埚钳、干燥器（内有干燥剂）、分析天平、凯氏烧瓶、组织捣碎机等。

三、实验步骤

1. 样品处理

含钙量低的样品宜用干法灰化，含钙量高的样品宜用湿法消化。

（1）干法灰化。取 3～5g 固体样品或 5～10g 液体样品，精确称量，放到经过高温灼烧并已干燥的瓷坩埚内，然后放到高温炉中于 550℃灼烧 2～4h，冷却干燥，反复灼烧至恒量。加入盐酸（1∶4）5mL 置水浴锅上蒸干，再加入盐酸（1∶4）5mL 溶解并移入 25mL 容量瓶中，用热的去离子水反复洗涤灰化容器，洗液并入容量瓶中，冷却后用去离子水定容。

（2）湿法消化。称取样品 2～5g 于凯氏烧瓶中，加入 10mL 浓硫酸，置电炉上低温加热至黑色黏稠状，继续升温，滴加高氯酸 2mL，若溶液不透明，再加

1～2mL 高氯酸，直至溶液澄清透明。再加热 20min，冷却后加入 10mL 水稀释，移入 50mL 容量瓶中，以少量水多次洗涤凯氏烧瓶，洗液并入容量瓶中，冷却定容。

2. 测定

准确吸取样液 5mL（含钙 1～10mg），移入 15mL 离心管中，加入甲基红指示剂 1 滴、4%草酸铵溶液 2mL、乙酸溶液（1∶4）0.5mL，摇匀后用 1∶49 氢氧化铵溶液调节至微蓝色，再用乙酸溶液（1∶4）调至微红色。静置 2h，使沉淀完全析出，离心 15min 去上清液，倾斜离心管并用滤纸吸干管内溶液，向离心管中加入少量 1∶49 氢氧化铵，用手指弹动离心管，使沉淀松动，再加入约 10mL 1∶49 氢氧化铵，离心 20min 去上清液，向沉淀中加入 2mL 2mol/L 硫酸，摇匀，置于 70～80℃水浴中加热，使沉淀全部溶解，用 0.02mol/L 高锰酸钾标准溶液滴定至微黄色且 30s 不褪色为终点，记录高锰酸钾标准溶液消耗量。

四、计算

$$x = \frac{5c \times V \times V_2 \times 40.08}{2m \times V_1 \times 10^{-3}}$$

式中：x 为样品中钙含量，mg/kg；c 为高锰酸钾标准溶液浓度，mol/L；V 为高锰酸钾标准溶液耗用体积，mL；V_1 为用于测定的样液体积，mL；V_2 为样液定容总体积，mL；m 为样品质量，g；40.08为钙的摩尔质量，g/mol。

五、说明

（1）草酸铵应在溶液呈酸性时加入，再加入氢氧化铵。若先加入氢氧化铵再加草酸铵，则样液中的钙会与样品中的磷酸结合成磷酸钙沉淀，使结果不准确。

（2）用高锰酸钾滴定时，要不断摇动，并保持滴定在 70～80℃温度下进行。

Ⅱ钙含量测定方法二 EDTA 滴定法

一、实验原理

EDTA 是一种氨羧配位剂，在不同的 pH 下可与多种金属离子形成稳定的配合物（图 6-1），Ca^{2+}与 EDTA 能定量地形成金属配合物，其稳定性较钙与指示剂所形成的配合物强。在 pH 12～14 范围内，可用 EDTA 的盐溶液直接滴定溶液中的 Ca^{2+}。终点指示剂为钙指示剂（NN），钙指示剂在 pH＞11 时为纯蓝色，当钙指示剂与钙结合时形成酒红色的 NN-Ca^{2+}（图 6-2）。滴定过程中，EDTA 首先与游离态的 Ca^{2+} 结合，当游离态 Ca^{2+}的消耗完毕时，EDTA 就夺取与钙指示剂配位的钙离子，使溶液由酒红色变为游离钙指示剂的纯蓝色（终点）。根据 EDTA 配位剂用量，可计算钙的含量。

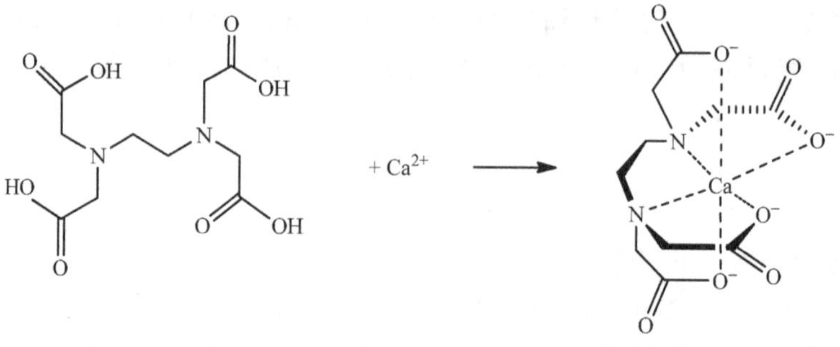

EDTA　　EDTA与钙形成的配合物

图 6-1　EDTA 与钙离子的螯合作用

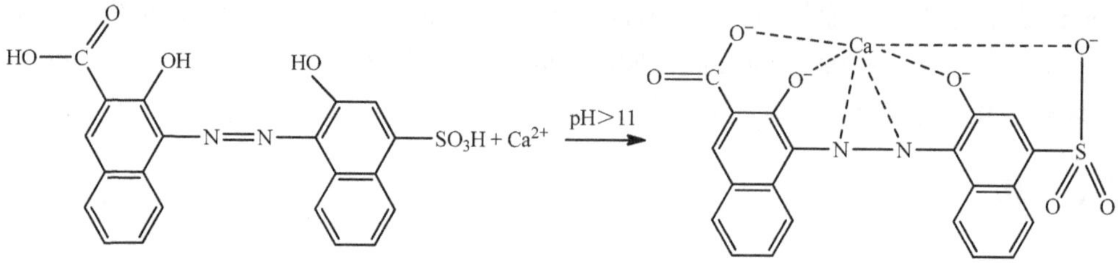

钙指示剂(蓝色)　　钙指示剂与钙形成的配合物(酒红色)

图 6-2　钙指示剂与钙离子的螯合作用

二、实验试剂与仪器

1）试剂

1.25mol/L 氢氧化钾溶液：精确称取 70.13g 氢氧化钾，用水稀释至 1000mL。

10g/L 氰化钠溶液：称取 1.00g 氰化钠，用水稀释至 100mL。

0.05mol/L 柠檬酸钠溶液：称取 14.7g 柠檬酸钠（$Na_3C_6H_5O_7 \cdot 2H_2O$），用水稀释至 1000mL。

混合酸消化液：硝酸∶高氯酸=4∶1。

EDTA 溶液：准确称取 4.50g EDTA 用水稀释至 1000mL，储存于聚乙烯瓶中，4℃保存，使用时稀释 10 倍即可。

0.1mg/mL 钙标准溶液：准确称取 0.1248g 碳酸钙（纯度大于 99.99%，105～110℃烘干 2h），加 20mL 水及 3mL 0.5mol/L 盐酸溶解，移入 500mL 容量瓶中，加水稀释至刻度，储存于聚乙烯瓶中，4℃保存。

钙指示剂：称取 0.10g 钙指示剂（$C_{21}O_7N_2SH_{14}$），用水稀释至 100mL，溶解后即可使用。储存于冰箱中可保存一个半月。

20g/L 氧化镧溶液：称取 23.45g 氧化镧（纯度大于 99.99%），先用少量水润湿，再加 75mL 盐酸，移入 1000mL 容量瓶，加去离子水稀释至刻度。

试样：面粉、各种蔬菜等。

2）仪器

消化瓶（250mL）、微量滴定管、碱式滴定管、刻度吸管、电炉。

注意：所有玻璃仪器均以硫酸-重铬酸钾洗液浸泡数小时，再用洗衣粉洗刷，后用水反复冲洗，最后用去离子水冲洗后晒干或烘干，方可使用。

三、实验步骤

1. 试样处理

（1）试样制备。鲜样（如蔬菜、水果、鲜鱼、鲜肉等）：先用自来水冲洗干净后，再用去离子水充分洗净。干粉类试样（如面粉、奶粉等）：取样后立即装容器密封保存，防止空气中的灰尘和水分污染。

（2）试样消化。精确称取均匀干试样 0.5～1.5g（湿样 2.0～4.0g，饮料等液体试样 5.0～10.0g）于 250mL 消化管中，加混合酸消化液 20～30mL，置电炉上加热消化。如未消化好而酸液过少时，再补加几毫升混合酸消化液，继续加热消化，直至无色透明。加几毫升水，加热以除去多余的硝酸。待消化管中液体接近 2～3mL 时，取下冷却。用 20g/L 氧化镧溶液洗，并转移到 10mL 刻度试管中，定容至刻度。

取与消化试样相同量的混合酸消化液，按上述操作做试剂空白实验测定。

2. 试样测定

1）标定 EDTA 浓度

吸取 0.5mL 钙标准溶液，加 1 滴氰化钠溶液和 0.1mL 柠檬酸钠溶液，用滴定管加 1.5mL 1.25mol/L 氢氧化钾溶液，加 3 滴钙红指示剂，以 EDTA 滴定，至指示剂由紫红色变蓝为止，记录 EDTA 消耗的体积（V），根据滴定结果按下式计算出每毫升 EDTA 相当于钙的质量（mg），即滴定度（T）

$$T=\frac{0.1\times 0.5}{V}$$

式中：T 为 EDTA 滴定度[每毫升 EDTA 相当于钙的质量（mg）]，mg/mL；V 为消耗 EDTA 标准溶液的体积，mL。

2）试样及空白滴定

分别吸取 0.1～0.5mL（根据钙的含量而定）试样消化液及空白于试管中，加 1 滴氰化钠溶液和 0.1mL 柠檬酸钠溶液，用滴定管加 1.5mL 1.25mol/L 氢氧化钾溶液，加 3 滴钙指示剂，立即以稀释 10 倍的 EDTA 溶液滴定，至指示剂由紫红色变蓝色为止。

四、计算

试样中钙含量计算：

$$X=\frac{T\times (V_1-V_0)\times f\times 100}{m}$$

式中：X 为试样中钙含量，mg/100g；T 为 EDTA 滴定度，mg/mL；V_1 为滴定试样

时所用 EDTA 量，mL；V_0 为滴定空白时所用 EDTA 量，mL；f 为试样稀释倍数；m 为试样质量，g。

计算结果表示到小数点后两位。在重复性条件下获得的两次独立测定结果的绝对差值不得超过算术平均值的 10%。

五、注意事项

（1）用盐酸溶解碳酸钙时，要用表面皿盖好烧杯后再加盐酸，以防喷溅。

（2）氰化钠是剧毒物质，必须在碱性条件下使用，以防止在酸性条件下生成 HCN 逸出。测定完的废液要加氢氧化钠和硫酸亚铁处理，使其生成亚铁氰化钠后才能倒掉。

（3）加入指示剂后应立即滴定，放置过久会导致终点不明显。

Ⅲ 钙含量测定方法三　原子吸收分光光度法

一、实验原理

当有辐射通过自由原子蒸气，且入射辐射的频率等于原子中的电子由基态跃迁到较高能态（一般情况下都是第一激发态）所需要的能量频率时，原子就从辐射场中吸收能量，产生共振吸收，电子由基态跃迁到激发态，同时伴随着原子吸收光谱的产生。钙原子测定吸收波长为 422.7nm。含钙试样经湿消化后，加入原子吸收分光光度计中，经火焰原子化后，吸收 422.7nm 的共振线，其吸收量与钙的含量成正比，与标准系列比较可进行定量。

二、实验试剂与仪器

1）试剂

浓盐酸、浓硝酸、高氯酸、混合酸消化液（硝酸：高氯酸=4：1）。

0.5mol/L 硝酸溶液：量取 32mL 硝酸，加去离子水并定容至 1000mL。

20g/L 氧化镧溶液：称取 23.45g 氧化镧（纯度大于 99.99%），先用少量水湿润，再加 75mL 盐酸于 1000mL 容量瓶中，加去离子水定容至刻度。

钙标准储备溶液：准确称取 1.2486g 碳酸钙（纯度大于 99.99%），加 50mL 去离子水，加盐酸溶解，移入 1000mL 容量瓶中，加 20g/L 氧化镧溶液稀释至刻度。储存于聚乙烯瓶内，4℃保存。此溶液每毫升相当于 500mg 钙。

钙标准使用液：钙标准使用液的配制见表 6-3。钙标准使用液配制后，储存于聚乙烯瓶内，4℃保存。

表 6-3　钙标准使用液配制

元素	标准储备液浓度/（μg/mL）	吸收储备标准溶液量/mL	稀释体积/mL	标准使用液浓度/（μg/mL）	稀释溶液
钙	500	5.0	100	25	20g/L 氧化镧溶液

试样：面粉、菠菜等。

2）仪器

容量瓶、原子吸收分光光度计。所用玻璃仪器均用硫酸-重铬酸钾洗液浸泡数小时，再用洗衣粉充分洗刷，然后用水反复冲洗，最后用去离子水冲洗并晒干或烘干，方可使用。

三、实验步骤

1. 试样处理

试样处理方法同 EDTA 滴定法。

2. 试样测定

将钙标准使用液分别配制不同浓度系列的标准稀释液见表 6-4，测定操作参数见表 6-5。

表 6-4　不同浓度系列标准稀释液的配制方法

元素	使用液浓度/（μg/mL）	吸取使用液量/mL	稀释体积/mL	标准系列浓度/（μg/mL）	稀释溶液
钙	25	1	50	0.5	20g/L 氧化镧溶液
		2		1.0	
		3		1.5	
		4		2.0	
		5		3.0	

表 6-5　测定操作参数

元素	波长/nm	光源	火焰	标准系列浓度/（μg/mL）	稀释溶液
钙	422.7	可见光	空气-乙炔	0.5～3.0	20g/L 氧化镧溶液

其他实验条件：仪器狭缝、空气及乙炔的流量、灯头高度、元素灯电流等均按仪器使用说明调至最佳状态。

将消化好的试样、试剂空白液和钙元素的标准浓度系列溶液分别倒入火焰进行测定。

四、计算

试样中钙的含量按下式计算：

$$X=\frac{(c_1-c_0)\times V\times f\times 100}{m\times 1000}$$

式中：X 为试样中钙元素的含量，mg/100g；c_1 为测定用试样液中钙元素的浓度，mg/mL；c_0 为测定用空白液中钙元素的浓度，mg/mL；V 为试样定容体积，mL；f 为稀释倍数；m 为试样质量，g。

计算结果表示到小数点后两位。在重复性条件下获得的两次独立测定结果的绝对差值不得超过算术平均值的 10%。

五、注意事项

（1）原子吸收分光光度法测定低含量钙制品效果较好，检出限为 0.1mg，线性范围为 0.5～2.5mg。

（2）试样制备过程中应特别注意，防止各种污染。所用设备如电磨、绞肉机、匀浆器、打碎机等必须是不锈钢制品。所用容器必须使用玻璃或聚乙烯制品，做钙测定的试样不得用石磨研碎。

（3）ClO_4^- 的存在会使钙解离原子比降低，导致吸光度下降，因此，湿法消化使用的高氯酸要尽可能排净。

六、思考题

（1）原子吸收法测定钙含量时，消化液中加入氧化镧溶液的作用是什么？为什么不用水？消化液为什么不用硝酸-硫酸混合液？

（2）EDTA 滴定法测定钙含量的实验过程中，加入氰化钠的作用是什么？

（3）其他测定食品中钙离子的方法还有哪些？

实验五　铁含量的测定

铁是最广泛存在于自然界的金属之一，也是人体不可缺少的微量元素，它是血红蛋白和肌球蛋白的组成成分，参与血液中氧气和二氧化碳的运输，缺铁会引起缺铁性贫血。铁也作为酶的成分参与各种代谢，所以铁是人体内不可缺少的重要元素之一，人体每日均需摄入一定量的铁。然而二价铁很容易氧化成三价，食品在储存过程中也常常由于污染了大量的铁而产生金属味，导致色泽加深和食品中维生素分解等，所以食品中铁的测定不但具有营养学意义，还可以鉴别食品的铁质污染。铁的测定常用邻二氮菲比色法、硫氰酸盐比色法，操作简便、准确。若采用原子吸收分光光度法则更为快速、灵敏。

I 铁含量测定方法一　邻二氮菲比色法

一、实验原理

在 pH=3～9 的溶液中，1, 10-邻二氮菲（1, 10-phenanthroline）能与二价铁离子生成稳定的橙红色配合物，在 510nm 处有最大吸收峰，与铁的含量成正比，故可用比色法测定。反应通常在 pH 5 左右的微酸条件下进行。样品制备液中的铁常以三价离子存在，可用盐酸羟胺将其还原成二价离子，反应式如下：

$$4Fe^{3+} + 2NH_2OH \cdot HCl \longrightarrow 4Fe^{2+} + 6H^+ + N_2O + H_2O + 2Cl^-$$

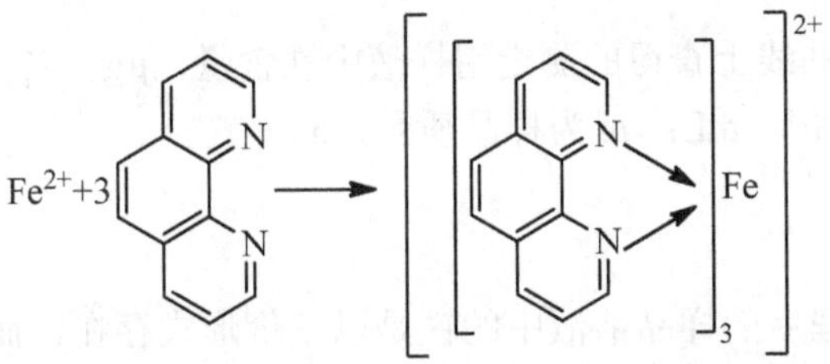

Fe^{2+}+3 N N → [[N N → Fe]$_3$]$^{2+}$

该法速度快，选择性高，干扰少，显色稳定，灵敏度和精确度都较高。

二、实验试剂与仪器

1）试剂

10%盐酸羟胺溶液、浓硫酸、1mol/L 盐酸溶液、1∶1 盐酸溶液、2%高锰酸钾溶液、10%乙酸钠溶液、$FeSO_4 \cdot 7H_2O$。

（1）1.2g/L 邻二氮菲水溶液（新鲜配制）：称取 0.12g 邻二氮菲置于烧杯中，加入 60mL 水，加热至 80℃使之溶解，再移入 100mL 容量瓶中，加水至刻度，冷却定容，摇匀。

（2）铁标准溶液：准确称取纯铁 0.1000g，溶于 10mL 10%硫酸中，加热至完全溶解，冷却后移入 100mL 容量瓶中，加水至刻度，摇匀备用。此溶液每毫升含铁 1mg，使用时用水配制成每毫升相当于 2μg 铁的标准溶液。

2）仪器

分光光度计等。

三、实验步骤

（1）样品处理。准确称取样品 10.0g，干法灰化后，加入 2mL 盐酸，在水浴锅上蒸干，再加入 5mL 蒸馏水，加热煮沸后移入 100mL 容量瓶中，冷却，用水定容后摇匀。

（2）标准曲线绘制。准确吸取上述铁标准溶液（可根据样品含铁量高低来确定）0.0mL、1.0mL、2.0mL、3.0mL、4.0mL、5.0mL，分别置于 50mL 容量瓶中，加入 1mol/L 盐酸溶液 1mL、10%盐酸羟胺 1mL、1.2g/L 邻二氮菲 1mL，然后加入 10%乙酸钠 5mL，用水稀释至刻度，摇匀，以不加铁的试剂空白溶液作对照，在 510nm 波长处，用 1cm 比色皿测吸光度，绘制标准曲线。

（3）样品测定。准确吸取样液 5～10mL（视含铁量高低而定）于 50mL 容量瓶中，以下操作同标准曲线的绘制，测定吸光度，在标准曲线上查出相对应的铁含量（g）。

四、计算

$$铁含量(\mu g/100g)=\frac{m_1\times V_2}{m\times V_1}\times 100$$

式中：m_1为从标准曲线上查得的测定用样液中铁含量，μg；V_1为测定用样液体积，mL；V_2为样液总体积，mL；m为样品质量，g。

五、注意事项

（1）经消化处理后的样品溶液中的铁是以三价形式存在，而二价铁与邻二氮菲的定量配位更为完全，所以应在酸性溶液中加入盐酸羟胺将三价铁还原为二价铁，然后用 500g/L 乙酸钠溶液调节至 pH 3～5 后，再测定。

（2）绘制标准曲线和吸取样液时要根据样品含铁量高低来确定，最好做预备实验。

（3）强氧化剂、氰化物、亚硝酸盐、焦磷酸盐、偏聚磷酸盐及某些重金属离子会干扰测定。经过加酸煮沸可将氰化物及亚硝酸盐除去，并使焦磷酸盐、偏聚磷酸盐转化为正磷酸盐以减轻干扰。加入盐酸羟胺则可消除强氧化剂的影响。邻二氮菲能与某些金属离子形成有色配合物而干扰测定，但在乙酸-乙酸铵的缓冲溶液中，不大于铁含量 10 倍的铜、锌、钴、铬及小于 2mg/L 的镍，不干扰测定。当含量再高时，可加入过量显色剂予以消除。汞、镉、银等能与邻二氮菲形成沉淀，含量低时，可加入过量邻二氮菲消除；含量高时，可将沉淀过滤除去。水样有底色，可用不加邻二氮菲的试液作参比，对水样的底色进行校正。

Ⅱ铁含量测定方法二　硫氰酸盐比色法

一、实验原理

在酸性溶液中，铁离子与硫氰酸盐（常用硫氰酸钾）作用，生成砖红色的硫氰酸铁配合物，其颜色的深浅与铁离子含量成正比，可以比色定量。这种方法简单，灵敏度高，反应式为

$$Fe_2(SO_4)_3+6KCNS \longrightarrow 2Fe(CNS)_3+3K_2SO_4$$

二、实验试剂与仪器

1）试剂

浓硫酸（分析纯）、20%硫氰酸钾溶液、2%过硫酸钾溶液（$K_2S_2O_7$）、2%高锰酸钾溶液。

铁标准溶液：称取 0.0498g 硫酸亚铁（$FeSO_4\cdot 7H_2O$），溶于 100mL 水中，加浓硫酸 5mL，微热，溶解后随即用 2%高锰酸钾溶液滴定至最后一滴红色不褪色为止。用水稀释至 1000mL，摇匀。

2）仪器

分光光度计等。

三、实验步骤

1. 样品处理

采用干法处理。称取搅拌均匀的样品 20.2g 于瓷坩埚中，在微火上炭化后，移入 500℃高温电炉中灰化成白色灰烬。难灰化的样品可加入 10%硝酸镁溶液 2mL 作助灰剂。亦可在冷却后于瓷坩埚中加浓硝酸数滴使残渣润湿，蒸干后再进行灼烧。灼烧后的灰分用盐酸（1∶1）2mL、水 5mL 加热煮沸，冷却后移入 100mL 容量瓶中，并用水稀释至刻度。必要时进行过滤。

2. 标准曲线绘制

准确吸取铁标准溶液 0.0mL、1.0mL、2.0mL、3.0mL、4.0mL、5.0mL，分别置于 25mL 容量瓶中，各加入 5mL 水、0.5mL 浓硫酸、0.2mL 2%过硫酸钾、2mL 20%硫氰酸钾，混匀后稀释至刻度，用 1cm 比色皿在 485nm 处以试剂空白作为对照，测定吸光度。以铁含量（μg）为横坐标，以吸光度为纵坐标，绘制标准曲线。

3. 样品测定

准确吸取样品溶液 5～10mL，置于 25mL 容量瓶或比色管中，加水 5mL、浓硫酸 0.5mL，以下操作同标准曲线的绘制。根据测得的吸光度，从标准曲线上查得相对应的铁含量。

四、计算

$$铁含量(\mu g/100g)=\frac{m_1\times V_2}{m\times V_1}\times 100$$

式中：m_1 为从标准曲线上查得的相当于铁的标准量，μg；V_1 为测定用样液体积，mL；V_2 为样液总体积，mL；m 为测定时样品溶液相当于样品的质量，g。

五、注意事项

（1）测定用蒸馏水一定要用无铁蒸馏水。

（2）样品灰化时注意安全，并且灰化要彻底。

Ⅲ 铁含量测定方法三　原子吸收分光光度法

一、实验原理

含铁试样经湿消化后，加入原子吸收分光光度计中，经火焰原子化后，吸收

248.3nm 的共振线，其吸收量与铁的含量成正比，与标准系列比较进行定量。

二、实验试剂与仪器

1）试剂

浓盐酸、浓硝酸、高氯酸、混合酸消化液（硝酸∶高氯酸=4∶1）。

0.5mol/L 硝酸溶液：量取 32mL 硝酸，加去离子水并稀释至 1000mL。

1mg/mL 铁标准溶液：准确称取金属铁（纯度大于 99.99%）1.0000g 或含 1.0000g 纯金属铁相对应的氧化物。加入硝酸溶解并移入 1000mL 容量瓶中，加 0.5mol/L 的硝酸溶液并稀释至刻度。储存于聚乙烯瓶内，4℃保存。

铁标准使用液的配制见表 6-6。铁标准使用液配制后，储存于聚乙烯瓶内，4℃保存。

表 6-6　铁标准使用液配制

元素	标准储备液浓度/（mg/mL）	吸取标准储备溶液量/mL	稀释体积/mL	标准使用液浓度/（mg/mL）	稀释溶液
铁	1	10	100	100	0.5mol/L 硝酸溶液

试样：蔬菜、水果、面粉等。

2）仪器

容量瓶、移液管、原子吸收分光光度计。

所用玻璃仪器均用硫酸-重铬酸钾洗液浸泡数小时，再用洗衣粉充分洗刷，然后用水反复冲洗，最后用去离子水冲洗并晒干或烘干，方可使用。

三、实验步骤

1. 试样处理

（1）试样制备。鲜样（如蔬菜、水果、鲜鱼、鲜肉等）：先用自来水冲洗干净后，再用去离子水充分洗净。干粉类试样（如面粉、奶粉等）：取样后立即装容器密封保存，防止空气中的灰尘和水分污染。

（2）试样消化。精确称取均匀干试样 0.5～1.5g（湿样 2.0～4.0g，饮料等液体试样 5.0～10.0g）于 250mL 消化瓶中，加混合酸消化液 20～30mL，置于电炉上加热消化。如未消化好而酸液过少时，再补加几毫升混合酸消化液，继续加热消化，直至无色透明。加几毫升水，加热以除去多余的硝酸。待消化管中液体接近 2～3mL 时，取下冷却。用去离子水洗并转移到 10mL 刻度试管中，加水定容至刻度。

取与消化试样相同量的混合酸消化液，按上述操作做试剂空白实验测定。

2. 试样测定

将铁标准使用液分别配制不同浓度系列的标准稀释液（表 6-7），测定操作参数见表 6-8。

表 6-7　不同浓度系列标准稀释液的配制方法

元素	使用液浓度/（mg/mL）	吸取使用液量/mL	稀释体积/mL	标准系列浓度/（mg/mL）	稀释溶液
铁	100	0.5	100	0.5	0.5mol/L 硝酸溶液
		1		1.0	
		2		2.0	
		3		3.0	
		4		4.0	

表 6-8　测定操作参数

元素	波长/nm	光源	火焰	标准系列浓度/（μg/mL）	稀释溶液
铁	248.3	紫外光	空气-乙炔	0.5～4.0	0.5mol/L 硝酸溶液

其他实验条件：仪器狭缝、空气及乙炔的流量、灯头高度、元素灯电流等均按仪器的使用说明调至最佳状态。

将消化好的试样、试剂空白液和铁元素的标准浓度系列溶液分别倒入火焰进行测定。

四、计算

$$X=\frac{(c_1-c_0)\times V\times f\times 100}{m\times 1000}$$

式中：X 为试样中铁元素的含量，mg/100g；c_1 为测定用试样液中铁元素的浓度，mg/mL；c_0 为测定用空白液中铁元素的浓度，mg/mL；V 为试样定容体积，mL；f 为稀释倍数；m 为试样质量，g。

计算结果表示到小数点后两位。在重复性条件下获得的两次独立测定结果的绝对差值不得超过算术平均值的 10%。

五、注意事项

（1）原子吸收分光光度法检出限为 0.2mg。

（2）试样制备过程中应特别注意防止各种污染。所用设备如电磨、绞肉机、匀浆器、打碎机等必须是不锈钢制品。所用容器必须使用玻璃或聚乙烯制品。

（3）ClO_4^- 的存在会使铁解离原子比降低，导致吸光度下降，因此，湿法消化使用的高氯酸要尽可能排净。

六、思考题

（1）原子吸收法中，消化液为什么不用硝酸-硫酸混合液？

（2）实验中盐酸羟胺、乙酸钠的作用各是什么？

（3）制作标准曲线和进行其他条件实验时，加入试剂的顺序能否任意改变？为什么？

实验六　磷含量的测定

磷是食物中最重要的无机盐类之一。作为人体必需营养素，磷在人体内参与最重要的生命活动过程。除了构成骨骼、牙齿之外，磷也参与糖、脂肪、蛋白质的代谢。几乎所有食品中都含有磷。食品中磷含量测定一般采用钼蓝比色法。

一、实验原理

样品经灰化后，在酸性溶液中，磷酸盐与钼酸铵作用生成淡蓝色的磷钼酸铵，遇氯化亚锡或抗坏血酸等还原剂，产生亮蓝色配合物——钼蓝。利用蓝色比色测定，即可测出样品中磷的含量，反应式如下：

$$24(NH_4)_2MoO_4+2H_3PO_4+21H_2SO_4 \longrightarrow 2[(NH_4)_3PO_4\cdot 12MoO_3]+21(NH_4)_2SO_4+24H_2O$$

$$(NH_4)_3PO_4\cdot 12MoO_3+SnCl_2+5HCl \longrightarrow 3NH_4Cl+SnCl_4+2H_2O+(Mo_2O_5\cdot 4MoO_3)_2\cdot HPO_4$$

（钼蓝）

二、实验试剂与仪器

1）试剂

钼酸铵溶液：称取 30g 钼酸铵[$(NH_4)_6\cdot Mo_7O_{24}\cdot 4H_2O$]溶于 300mL 水中，另取浓硫酸 75mL，慢慢加到 100mL 水中，冷却后加水至 200mL，然后加到 300mL 钼酸铵溶液中。

氯化亚锡溶液：称取 1.25g 氯化亚锡（$SnCl_2\cdot H_2O$）溶于 50mL 甘油中，置水浴上加热使之溶解，冷却后储于棕色瓶中备用。

磷酸盐标准溶液：准确称取 0.0439g 分析纯磷酸二氢钾（KH_2PO_4），加水溶解，定容于 100mL 容量瓶中（每毫升中含 10μg 磷）。

2）仪器

分光光度计、容量瓶（500mL）、烧杯、移液管、量筒等。

三、实验步骤

1. 样品处理

干法灰化和湿法灰化。

2. 标准曲线的绘制

精确吸取上述磷酸盐标准溶液 0.0mL、0.2mL、0.4mL、0.6mL、0.8mL、1.0mL，分别置于 50mL 容量瓶中，各加入 20mL 蒸馏水、2mL 钼酸铵溶液、0.25mL 氯化亚锡溶液，用水稀释至刻度，混匀，放置 20min 后，在 690nm 处测定吸光度。以吸光度为纵坐标，磷含量（μg）为横坐标绘制标准曲线。

3. 样品测定

吸取样液 5～10mL，用上述标准曲线法测得吸光度，在标准曲线上查出磷含量，然后计算。

四、计算

$$磷含量(mg/kg)=\frac{V}{m}\times\frac{m_1}{V_1}$$

式中：V 为样品稀释总体积，mL；V_1 为测定时所取样液体积，mL；m_1 为在标准曲线中查得的测定用样液中的磷量，μg；m 为样品质量，g。

五、注意事项

（1）称取磷酸二氢钾的精密度要高，以保证含磷量的准确性。

（2）制作标准曲线时吸取溶液一定要精确，混匀后测定，保证各点分布在一条直线上。

（3）在重复性条件下获得的两次独立测定结果的绝对差值不得超过算术平均值的 5%。

实验七　碘含量的测定

碘是人体必需的营养素。它是合成甲状腺激素的主要成分，该激素在促进人体的生长发育、维持机体正常的生理功能等方面起重要作用。缺碘会引起甲状腺肿大和地方性克汀病，但碘过量又可引起甲状腺功能降低。因此，对食品中碘含量的测定在营养学上具有重要意义。食品中碘的测定方法有三氯甲烷萃取比色法、溴水氧化法、硫酸铈接触法、溴氧化碘滴定法，其中最常用的是三氯甲烷萃取比色法、溴水氧化法。

I 碘含量测定方法一　三氯甲烷萃取比色法

一、实验原理

样品在碱性条件下灰化，碘被有机物还原成碘离子，碘离子与碱金属离子结合成碘化物，该化合物不会因高温灰化而使碘升华。碘化物在酸性条件下被重铬酸钾氧化析出游离碘，碘溶于三氯甲烷后呈粉红色，根据颜色的深浅比色测定碘的含量。反应式如下：

$$Cr_2O_7^{2-} + 6I^- + 14H^+ \longrightarrow 2Cr^{3+} + 3I_2 + 7H_2O$$

二、实验试剂与仪器

1）试剂

10mol/L 氢氧化钾溶液、0.02mol/L 重铬酸钾溶液、浓硫酸、三氯甲烷。

碘标准溶液：称取 0.1308g 105℃下烘干 1h 的碘化钾于烧杯中，加少量水溶解，移入 1000mL 容量瓶中，加水定容至刻度。此溶液含碘量为 100μg/mL，使用时稀释成 10μg/mL。

2）仪器

分光光度计、烘箱、烧杯、容量瓶等。

三、实验步骤

1. 样品处理

一般将样品调成匀浆状，称取 2～4g 于坩埚中，加入 10mol/L 氢氧化钾溶液 5mL，先在烘箱中烘干后，移入高温炉中于 600℃灰化成白色灰烬。取出冷却后加水 10mL，加热溶解，并过滤到 50mL 容量瓶中，再用 30mL 热水分次洗涤并过滤于 50mL 容量瓶中，用水定容至刻度。

2. 标准曲线绘制

准确吸取 10μg/mL 碘标准溶液 0.0mL、2.0mL、4.0mL、6.0mL、8.0mL、10.0mL，分别置于 125mL 分液漏斗中，加水至 40mL，再加入 2.0mL 浓硫酸和 0.02mol/L 重铬酸钾溶液 15mL，摇匀后静置 30min，加入三氯甲烷 10mL，振摇 1min，静置分层后通过棉花栓将三氯甲烷层过滤至 1cm 比色皿中，用分光光度计于 510nm 波长处测定吸光度，并绘制标准曲线。

3. 样品测定

根据样品含碘量的高低，吸取一定量样液置于 125mL 分液漏斗中，以下步骤按标准曲线制作进行，测定样液吸光度，在标准曲线上查出相应的碘含量（μg）。

四、计算

$$碘含量(\mu g/100g) = \frac{m_1 \times V_0}{m \times V} \times 100$$

式中：m_1 为在标准曲线上查得的测定用样液中的碘量，μg；V 为测定时吸取样液的体积，mL；V_0 为样液总体积，mL；m 为样品质量，g。

五、注意事项

（1）样品灰化后一定要以热水分数次洗涤并过滤，以避免碘的损失。

（2）吸取样液量要合适，保证其吸光度尽量在标准曲线内。

（3）配制碘标准溶液时要确保碘化钾中水分彻底脱除，并精确称量。

Ⅱ碘含量测定方法二　溴水氧化法

一、实验原理

食品中的碘大多以碘化物形式存在，碘化物在酸性溶液中加入过量溴水被氧化成碘酸，再加入甲酸钠除去过量的溴，溶液加热至 100℃时除去甲酸，最终加入碘化钾释放出样品溶液中的碘，用分光光度计测定其吸光度，在标准曲线上查得相应的碘量。反应式如下：

$$KI+3Br_2+3H_2O \longrightarrow KIO_3+6HBr$$

$$KIO_3+5KI+2H_3PO_4 \longrightarrow 3I_2+3H_2O+2K_3PO_4$$

二、实验试剂与仪器

1）试剂

饱和溴水、1∶2 磷酸溶液、20%甲酸钠溶液。

碘化钾标准溶液：精确称取 0.1303g 碘化钾，用水定容至 1000mL，摇匀。此溶液每毫升含碘 100μg，再稀释 10 倍，此溶液每毫升相当于 10μg 碘。

2）仪器

烧杯、电炉、分光光度计、烘箱、容量瓶等。

三、实验步骤

1. 样品处理

一般将样品调成匀浆状，称取 2～4g 于坩埚中，加入 10mol/L 氢氧化钾溶液 5mL，先在烘箱中烘干后，移入高温炉中于 600℃灰化成白色灰烬。取出冷却后加水 10mL，加热溶解，并过滤到 50mL 容量瓶中，再用 30mL 热水分次洗涤并过滤于 50mL 容量瓶中，用水定容至刻度。

2. 标准曲线的绘制

准确吸取 10μg/mL 碘标准溶液 0.0mL、1.0mL、2.0mL、3.0mL、4.0mL、5.0mL（含碘分别为 0μg、10μg、20μg、30μg、40μg、50μg），分别移入小烧杯中，以下按照样品测定方法进行，测得各溶液的吸光度，绘制标准曲线。

3. 样品测定

吸取一定量样品溶液（视样品中碘含量而定），置于小烧杯中，加入 5mL 水，加入 5 滴 1∶2 磷酸溶液酸化，滴加饱和溴水使溶液呈稳定的淡黄色，加热至刚沸腾时取下，立刻加入两滴 20%甲酸钠溶液，使溶液中的黄色褪去，再加热挥发掉过量的甲酸，刚沸腾时取下（不宜加热时间过长，以防止碘酸分解），冷却，移入 25mL 比色管中，洗净烧杯，并用水稀释至 10mL，准确加入 1mL 10g/L 碘化钾溶液及 1mL 5g/L 淀粉溶液，混匀，放置 5min 后在波长 710nm 处测吸光度，从标准曲线中查出碘含量。

四、计算

$$\text{碘含量(mg / kg)} = \frac{m_1 \times V_0}{m \times V}$$

式中：m_1 为在标准曲线中查得的测定用样液中的碘量，μg；V 为测定时吸取样液的体积，mL；V_0 为样液总体积，mL；m 为样品质量，g。

五、注意事项

（1）实验中注意控制加热时间。

（2）磷酸可以排除铁离子干扰。

第7章 糖　　类

实验八　总糖和还原糖含量的测定——3, 5-二硝基水杨酸比色法

一、实验目的

掌握3, 5-二硝基水杨酸比色法测定糖的原理和方法；熟练掌握分光光度计的使用和操作方法。

二、实验原理

还原糖的测定是糖定量测定的基本方法，还原糖是指含有自由醛基或酮基的糖类。单糖都是还原糖，寡糖有一部分为还原糖，多糖都是非还原糖。利用不同糖类在水中溶解性不同可以把它们分开，并且可以用酸水解法使寡糖和多糖彻底水解成具有还原性的单糖，再进行测定，这样就可以分别求样品中总糖和还原糖的量。

本实验利用3, 5-二硝基水杨酸与还原糖共热后被还原成棕红色的氨基化合物，在一定浓度范围内，还原糖的量和棕红色物质颜色的深浅程度成一定比例关系，可以用分光光度计进行测定。

三、实验试剂与仪器

1）试剂

6mol/L NaOH溶液、6mol/L HCl溶液、酚酞指示剂。

3, 5-二硝基水杨酸试剂（DNS）：量取6.3g DNS和262mL 2mol/L NaOH溶液，加到500mL含有182g酒石酸钾钠的热水溶液中，再加5g结晶酚和5g亚硫酸钠，搅拌溶解，冷却后加水定容到1000mL，储于棕色瓶中。

1000μg/mL葡萄糖标准溶液：准确称取干燥恒量的葡萄糖1g，加少许蒸馏水溶解后再加3mL 12mol/L盐酸溶液（防止微生物生长），以蒸馏水定容至1000mL。

试样：土豆粉。

2）仪器

试管、试管架、试管夹、吸量管（1mL，5mL，10mL）、水浴锅、容量瓶（100mL）、玻璃漏斗（6cm）、量筒（10mL，100mL）、分光光度计、锥形瓶（250mL）、台秤（0.01g）。

四、实验步骤

1. 标准曲线的制作

取试管 6 支，按表 7-1 中顺序加入各种试剂，得到浓度为 200～1000μg/mL 的标准葡萄糖溶液。

表 7-1　标准曲线的制作

管号	1000μg/mL 葡萄糖标准溶液	H_2O/mL	葡萄糖最终浓度/（μg/mL）
1	0	0.5	0
2	0.1	0.4	200
3	0.2	0.3	400
4	0.3	0.2	600
5	0.4	0.1	800
6	0.5	0	1000

分别向各试管中加入 DNS 试剂 0.5mL，混合均匀，在沸水浴上加热 5min，取出后用冷水冷却，每管再加入 4mL 蒸馏水稀释，最后用空白管（1 号管）溶液调零点，在分光光度计上以 540nm 波长比色测出吸光度（OD）。

以葡萄糖浓度（μg/mL）为横坐标，以吸光度为纵坐标，作出葡萄糖的标准曲线。

2. 土豆粉中还原糖和总糖的测定

（1）样品中还原糖的提取。称取土豆粉 0.50g 于锥形瓶中，先以少量水调成糊状，再加 50～60mL 水摇匀后，50℃保温 20min，使还原糖浸出，定容到 100mL 容量瓶，过滤取滤液测还原糖。

（2）样品中总糖的水解和提取。称取土豆粉 0.50g 于锥形瓶中，加入 6mol/L HCl 10mL、水 15mL，于沸水浴加热水解 30min，冷却后加入 6mol/L NaOH 调 pH 至中性，并定容至 100mL，过滤，取滤液 10mL，稀释至 100mL，待用。

（3）样品中含糖量的测定。取上述还原糖和总糖的提取液 0.5mL，加入 DNS 试剂 0.5mL，混匀后，其实验操作按以上“标准曲线的制作”步骤进行吸光度测定。根据样品所测得的吸光度，在标准曲线上查出还原糖浓度，并按下式计算出土豆粉中还原糖和总糖的含量。

$$还原糖含量=\frac{还原糖质量(mg)\times样品提取液体积(mL)}{样品质量(mg)\times0.5(mL)}\times100\%$$

$$总糖含量=\frac{水解后还原糖质量(mg)\times样品提取液体积(mL)\times0.9}{样品质量(mg)\times0.5(mL)}\times100\%$$

五、思考题

（1）DNS 方法测定原理是什么？

（2）总糖与还原糖的计算公式是如何推导出来的？

实验九　淀粉含量的测定

一、实验原理

试样经去除脂肪及可溶性糖类后，淀粉用淀粉酶水解成小分子糖，再用盐酸水解成单糖，最后按还原糖测定，并折算成淀粉含量。

二、实验试剂与仪器

1）试剂

碘（I_2）、碘化钾（KI）、无水乙醇（C_2H_5OH）、乙醚（$C_4H_{10}O$）、甲苯（C_7H_8）、三氯甲烷（$CHCl_3$）、盐酸（HCl）、氢氧化钠（NaOH）、硫酸铜（$CuSO_4 \cdot 5H_2O$）、酒石酸钾钠（$C_4H_4O_6KNa \cdot 4H_2O$）、亚铁氰化钾[$K_4Fe(CN)_6 \cdot 3H_2O$]、葡萄糖（$C_6H_{12}O_6$）、石油醚（C_nH_{2n+2}）（沸程为 60～90℃）、淀粉酶（酶活性≥1.6U/mg）、亚甲基蓝（$C_{16}H_{18}ClN_3S \cdot 3H_2O$）指示剂，试剂均为分析纯。

甲基红（$C_{15}H_{15}N_3O_2$）指示剂（2g/L）：称取甲基红 0.20g，用少量乙醇溶解后，定容至 100mL。

氢氧化钠溶液（200g/L）：称取 20.00g 氢氧化钠，加水溶解并定容至 100mL。

碱性酒石酸铜甲液：称取 15.00g 硫酸铜及 0.050g 亚甲基蓝，溶于水并定容至 1000mL。

碱性酒石酸铜乙液：称取 50.00g 酒石酸钾钠、75.00g 氢氧化钠，溶于水中，再加入 4g 亚铁氰化钾，完全溶解后，用水定容至 1000mL，储存于橡胶塞玻璃瓶内。

葡萄糖标准溶液：准确称取 1.0000g 经过 98～100℃干燥 2h 的葡萄糖，加水溶解后加入 5mL 盐酸，并以水定容至 1000mL。此溶液每毫升相当于 1.0mg 葡萄糖。

淀粉酶溶液（5g/L）：称取淀粉酶 0.5g，加水溶解，定容至 100mL，现用现配；或者加入数滴甲苯或三氯甲烷防止长霉，储存于 4℃冰箱中。

碘溶液：称取 3.6g 碘化钾溶于 20mL 水中，加入 1.3g 碘，溶解后加水定容至 100mL。

85%乙醇：量取 85mL 无水乙醇，加水定容至 100mL，混匀。

试样：小麦、玉米等。

2）仪器

水浴锅、滴定管等。

三、实验步骤

1. 试样处理

（1）易于粉碎的试样。磨碎过 40 目筛，称取 2～5g（精确至 0.001g）。置于放有折叠滤纸的漏斗内，先用 50mL 石油醚或乙醚分 5 次洗除脂肪，再用约 150mL 乙醇（85%）洗去可溶性糖类，滤干乙醇，将残留物移入 250mL 烧杯内，并用 50mL 水洗滤纸，洗液并入烧杯内，将烧杯置沸水浴上加热 15min，使淀粉糊化，放冷至 60℃以下，加 20mL 淀粉酶溶液在 55～60℃保温 1h，并不时搅拌。然后取一滴此液加一滴碘溶液，应不呈现蓝色，若显蓝色再加热糊化并加 20mL 淀粉酶溶液，继续保温，直至加碘不显蓝色为止。加热至沸，冷却后移入 250mL 容量瓶中，并加水至刻度，混匀，过滤，弃去初滤液。取 50mL 滤液，置于 250mL 锥形瓶中，加 5mL 盐酸（1∶1），而后装上回流冷凝器，在沸水浴中回流 1h，冷却后加两滴甲基红指示液，用氢氧化钠溶液（200g/L）中和至中性，溶液转入 100mL 容量瓶中，洗涤锥形瓶，洗液并入 100mL 容量瓶中，加水至刻度，混匀备用。

（2）其他样品。加适量水在组织捣碎机中捣成匀浆（蔬菜、水果需先洗净、晾干，取可食部分），称取原样质量为 2.5～5g（精确至 0.001g）的匀浆，以下操作同上。

2. 测定

（1）标定碱性酒石酸铜溶液。吸取 5.0mL 碱性酒石酸铜甲液及 5.0mL 碱性酒石酸铜乙液，置于 150mL 锥形瓶中，加水 10mL，加入玻璃珠两粒，从滴定管加约 9mL 葡萄糖，控制在 2min 内加热至沸，趁沸以每秒一滴的速度继续滴加葡萄糖，直至溶液蓝色刚好褪去为终点，记录消耗葡萄糖标准溶液的总体积，同时做三份平行，取其平均值，计算每 10mL（甲液、乙液各 5mL）碱性酒石酸铜溶液相当于葡萄糖的质量。

注意：也可按上述方法标定 4～20mL 碱性酒石酸铜溶液（甲液、乙液各半）来适应试样中还原糖的浓度变化。

（2）试样溶液预测。吸取 5.0mL 碱性酒石酸铜甲液及 5.0mL 碱性酒石酸铜乙液，置于 150mL 锥形瓶中，加水 10mL，加入玻璃珠两粒，控制在 2min 内加热至沸，保持沸腾以先快后慢的速度从滴定管中滴加试样溶液，并保持溶液沸腾状态，待溶液颜色变浅时，以每秒一滴的速度滴定，直至溶液蓝色刚好褪去为终点，记录样液消耗体积。当样液中还原糖浓度过高时，应适当稀释后再进行正式测定，使每次滴定消耗样液的体积控制在与标定碱性酒石酸铜溶液时所消耗的还原糖标准溶液的体积相近，在 10mL 左右。

（3）试样溶液测定。吸取 5.0mL 碱性酒石酸铜甲液及 5.0mL 碱性酒石酸铜乙液，置于 150mL 锥形瓶中，加水 10mL，加入玻璃珠两粒，从滴定管滴加比预测体积少 1mL 的试样溶液至锥形瓶中，使在 2min 内加热至沸，保持沸腾。以每秒一滴的速度滴定，直至溶液蓝色刚好褪去为终点，记录样液消耗体积，同法平行操作三份，得出平均消耗体积。

同时量取 50mL 水及与试样处理时相同量的淀粉酶溶液，按同一方法做空白试验。

四、计算

试样中还原糖的含量按下式计算：

$$X = \frac{A}{m \times \frac{V}{250} \times 1000} \times 100$$

式中：X 为试样中还原糖的含量（以葡萄糖计），g/100g；A 为碱性酒石酸铜溶液（甲液、乙液各半）相当于葡萄糖的质量，mg；m 为试样质量，g；V 为测定时平均消耗试样溶液体积，mL；250 为样品溶液的总体积，mL。

试样中淀粉的含量按下式计算：

$$X = \frac{(A_1 - A_2) \times 0.9}{m \times \frac{50}{250} \times \frac{V}{100} \times 1000} \times 100$$

式中：X 为试样中淀粉的含量（以葡萄糖计），g/100g；A_1 为测定用试样中葡萄糖的质量，mg；A_2 为空白溶液中葡萄糖的质量，mg；0.9 表示以葡萄糖换算成淀粉的换算系数；m 为称取试样质量，g；V 为测定用试样处理液的体积，mL。

计算结果保留小数点后一位。

五、思考题

（1）影响淀粉含量测定的因素有哪些？

（2）测定淀粉含量的方法及原理有哪些？

实验十　果胶含量的测定

果胶是一种植物胶，是天然高分子化合物，具有良好的胶凝化和乳化稳定作用，已广泛用于食品、医药、日化及纺织行业。果胶在化学分类上应属于碳水化合物的衍生物，多数人认为果胶是一种主要由半乳糖醛酸和鼠李糖等聚合而成的杂多糖。果胶的基本组成单元是D-吡喃半乳糖醛酸，并以 α-1, 4-糖苷键连接起来形成多聚半乳糖醛酸，相对分子质量为 50000～300000。

果胶物质通常以部分甲基化形式存在，根据其结构和性质的差异，可分为原果胶、果胶酯酸和果胶酸。原果胶是指果胶物质相互间或它与半纤维素及钙盐间以机械方式或化学方式相结合，形成一种不溶于水的物质。它在酶作用下或在水或酸性溶液中加热时，转变为果胶酯酸。果胶酯酸是指被甲酯酯化了的多聚半乳糖醛酸，当酯化程度为 100%时，甲氧基（CH_3O—）含量为 16.32%，称完全甲基化了的果胶酯酸；甲氧基含量大于 7%的称为高甲氧基果胶；甲氧基含量小于 7%的称为低甲氧基果胶（又称低酯果胶）。果胶酯酸与糖、酸在适当条件下能形成凝胶，是良好的稳定剂。果胶酸是甲氧基含量少于 1%的果胶，它的基本结构为聚半乳糖醛酸，其游离羧基能与金属离子形成正盐或酸式盐。

果胶的测定方法有重量法、果胶酸钙法和咔唑反应比色法等。果胶酸钙法适合比较纯的果胶物质的测定，对有色样品则不易确定终点。

Ⅰ果胶含量测定方法一　重量法

一、实验原理

用沉淀剂使果胶物质沉淀析出，分别用乙醇、乙醚处理沉淀以去除可溶性糖类、脂肪、色素等干扰物，所得残渣再用酸或水提取总果胶或水溶性果胶。果胶经皂化、酸化、钙化后生成果胶酸钙沉淀物，干燥至恒量。

果胶沉淀剂依果胶酯化程度不同分为两类。果胶酯化程度在 20%～50%时，可用电解质沉淀剂，如氯化钠、氯化钙等。果胶酯化程度大于 50%，则用有机溶剂为沉淀剂，如乙醇、丙酮等，且随酯化程度的升高，醇的浓度也相应加大。

二、实验试剂与仪器

1）试剂

0.05mol/L 盐酸溶液、0.1mol/L 氢氧化钠溶液、0.5mol/L 氢氧化钠溶液、1mol/L 氯化钙溶液、1mol/L 乙酸溶液、苯酚-硫酸溶液（5%苯酚水溶液：硫酸=1：5）、10%硝酸银溶液。

2）仪器

恒温水浴锅、研钵等。

三、操作步骤

1. 样品处理

新鲜样品：切薄片或尽量磨碎，称取试样 30～50g，置于放有适量无水乙醇的 500mL 锥形瓶中，装上回流冷凝器，在沸水浴中沸腾回流 15min，冷却后，用布氏漏斗过滤。残渣置于研钵中，边磨边滴加 70%热乙醇，冷却后过滤，反复操作至用苯酚-硫酸检验不呈糖类反应为止。残渣用无水乙醇洗涤脱水，再用乙醚洗涤，除去脂类及色素，风干除去乙醚。

干燥的样品：磨细后过 60 目筛。称取 5.00～10.00g 样品于烧杯中，加入 70%热乙醇溶液，搅拌提取糖类、过滤，反复操作至用苯酚-硫酸检验不呈糖类反应为止。残渣用无水乙醇洗涤脱水，再用乙醚洗涤，除去脂类及色素，风干除去乙醚。

2. 果胶提取

原果胶的提取：用 150mL 加热至沸的 0.05mol/L 盐酸溶液将上述漏斗中的残渣移入 250mL 锥形瓶，装上回流冷凝器，于沸水浴中回流 1h，冷却后移入 250mL 容量瓶，用水洗涤锥形瓶，洗液并入容量瓶，加甲基红指示剂 2 滴，用 0.5mol/L 氢氧化钠中和，加水定容，摇匀后过滤，弃去初滤液，收集滤液即得原果胶提取液。

水溶性果胶的提取：用 150mL 水将上述漏斗中的残渣移入 250mL 烧杯中，加热至沸，并保持沸腾 1h，随时补足蒸发损失的水分。冷却后移入250mL 容量瓶中，用水洗涤烧杯，洗液并入容量瓶，加水定容，摇匀后过滤，弃去初滤液，收集滤液即得水溶性果胶提取液。

3. 果胶测定

取 25mL 提取液（约能生成果胶酸钙 25mg）于 500mL 烧杯中，加 3～5 滴酚酞指示剂，加入 0.1mol/L 氢氧化钠 100mL 进行皂化，充分搅拌，放置 0.5h。加入 1mol/L 乙酸溶液 50mL，静置 5min 后，边搅拌边缓慢加入 1mol/L 氯化钙溶液 25mL，充分搅拌后，放置陈化 1h。加热煮沸 5min，趁热用烘干至恒量的滤纸过滤，用热水洗涤至无氯离子为止（用 10%硝酸银溶液检验）。滤渣连同滤纸一起放入称量瓶中，置于 105℃烘箱中干燥至恒量。

四、计算

$$x = \frac{0.9233(m_1 - m_2)}{\frac{m}{V} \times V_1} \times 100\%$$

式中：x 为果胶酸含量，%；m_1 为果胶酸钙和滤纸的质量，g；m_2 为滤纸的质量，g；V_1 为测定时取用提取液的体积，mL；V 为果胶提取液的总体积，mL；m 为样品质量，g；0.9233 为由果胶酸钙换算成果胶酸的系数，果胶酸钙的实验式为 $C_{17}H_{22}O_{16}Ca$，其中钙含量约为 7.67%，果胶酸含量为 92.33%。

五、注意事项

本法分析结果准确可靠，但操作繁琐费时，果胶酸钙中易夹杂其他胶态物质，使本法选择性较差。

Ⅱ果胶含量测定方法二 咔唑反应比色法

一、实验原理

果胶水解后的产物半乳糖醛酸在强酸环境中与咔唑试剂发生缩合反应，生成紫红色化合物，其呈色强度与半乳糖醛酸的含量成正比，由此可进行比色定量测定果胶。

二、实验试剂与仪器

1）试剂

分析纯无水乙醇或 95%乙醇、优级纯浓硫酸。

精制乙醇：取无水乙醇或 95%乙醇 1000mL，加入锌粉 4g，硫酸（1∶1）4mL，置于恒温水浴中回流 10h，用全玻璃仪器蒸馏，馏出液每 1000mL 加锌粉和氢氧化钾各 4g，并进行重蒸馏。

0.15%咔唑乙醇溶液：称取咔唑 0.150g，溶于精制乙醇并定容至 100mL。

半乳糖醛酸标准溶液：准确称取 α-D-水解半乳糖醛酸 100mg，用水溶解并定容到 100mL，混匀后制得半乳糖醛酸浓度为 1g/L 的原液。移取该原液 0.00mL、1.00mL、2.00mL、3.00mL、4.00mL、5.00mL、6.00mL、7.00mL，分别注入 100mL 容量瓶，加水稀释定容，得质量浓度为 0.00mg/L、10.00mg/L、20.00mg/L、30.00mg/L、40.00mg/L、50.00mg/L、60.00mg/L、70.00mg/L 的半乳糖醛酸标准溶液。

2）仪器

恒温水浴锅、分光光度计等。

三、实验步骤

1. 样品处理

同重量法。

2. 果胶的提取

同重量法。

3. 标准曲线的制作

取 25mm×200mm 试管 8 支，编号为 0～7 号，各加入 12mL 浓硫酸，置冰水浴中冷却后，分别取上述各种质量浓度的半乳糖醛酸标准溶液 2mL，缓慢加入各试管中，充分混匀后，再置冰水浴中冷却，然后置沸水浴中加热 10min，迅速冷却至室温，各加入 1mL 0.15%咔唑试剂，摇匀，于室温下静置 30min，用 0 号管的溶液调仪器零点，在 530nm 波长处测定各管溶液的吸光度 A，以 A 为横坐标，以半乳糖醛酸的质量浓度为纵坐标，绘制标准曲线。

4. 测定

取一定量的果胶提取过滤液，用水稀释定容至适当浓度（含半乳糖醛酸 10～70mg/L）。移取 12mL 用冰水冷却的浓硫酸加入试管中，然后加入 2mL 样品稀释液，充分混合后，置于冰水浴中冷却。取出后在沸水浴中加热 10min，冷却至室温，加入 1mL 0.15%咔唑试剂，摇匀，于室温下静置 30min，用空白试剂调零，在 530nm 波长下测定吸光度 A，与标准曲线对照，求出样品果胶含量。

四、计算

$$x=\frac{\rho}{\frac{m}{V_1}\times\frac{V_2}{V_3}\times10^6}\times100\%$$

式中：x为样品中果胶物质含量（以半乳糖醛酸计），%；ρ为从标准曲线上查得的样品稀释液中半乳糖醛酸的量，mg/L；m为样品质量，g；V_1为样品处理液的总体积，mL；V_2为测定时吸取的样品处理液体积，mL；V_3为样品的稀释液定容体积，mL。

五、注意事项

（1）糖分的存在对本法比色反应影响较大，使结果偏高，故样品中的糖分应预先除尽。

（2）硫酸浓度对显色有影响，操作时必须保持硫酸浓度一致。

实验十一　总糖含量的测定——蒽酮比色法

一、实验目的

掌握蒽酮比色法测定总糖含量的原理和方法。

二、实验原理

糖类在浓H_2SO_4作用下脱水生成羟甲基呋喃甲醛，再与蒽酮缩合，配合物呈蓝绿色，其颜色的深浅与可溶性糖含量在一定范围内成正比，因此可利用蒽酮法比色定量。单糖、双糖、糊精、淀粉等均与蒽酮反应，因此，如测定结果中不可包括糊精、淀粉等糖类时，需将其除去后测定。

三、实验试剂与仪器

1）试剂

葡萄糖标准溶液：精确称取已经干燥至恒量的葡萄糖1.0000g，用蒸馏水定容至1000mL；取10mL上述溶液于100mL容量瓶中并用蒸馏水定容，浓度为0.1mg/mL，备用。

72% H_2SO_4溶液：向28mL水中缓缓加入72mL浓H_2SO_4。

蒽酮试剂：称取蒽酮0.1g、硫脲1.0g，溶于100mL 72% H_2SO_4溶液，储存于棕色瓶中，于0～4℃条件下存放，限当日配制使用。

2）仪器

分光光度计、水浴锅等。

四、实验步骤

1. 样品处理

称取0.100g待测样品并定容至1000mL（糖含量40～100μg/mL），备用。

注意：如样品中色素、蛋白质含量较高时，为避免干扰测定结果，可先用沉淀剂乙酸钡除去干扰物；如测定结果中不可包括糊精、淀粉等糖类时，应用80%乙醇溶液作提取剂，以避免其溶出。此外，纤维素一定程度上也会与蒽酮发生反应，因此样品中避免含有纤维素。

2. 测定

于 8 支具塞比色管中分别加入葡萄糖标准溶液 0.0mL（空白）、0.2mL、0.4mL、0.6mL、0.8mL、1.0mL、1.2mL 及待测样品液 1.0mL，并分别加水至 2mL。分别沿管壁缓缓加入蒽酮试剂 10mL 后摇匀，于沸水浴中加热 10min 后，用冷水迅速冷却至室温，然后放置于暗处 10min。以空白管溶液为参比，在 620nm 波长下测定吸光度，绘制标准曲线，并根据标准曲线查出样品的含糖量。

五、计算

每 100g 样品中总糖含量按下式计算：

$$X = \frac{C}{M} \times 100$$

式中：X 为每百克样品总糖含量（以葡萄糖计），mg；C 为标准曲线中查得的样品糖含量，mg；M 为测定时比色管中加入的样品质量，g。

六、思考题

（1）配制蒽酮试剂时加入硫脲的作用是什么？

（2）应用蒽酮比色法测得的糖包括哪些类型？

实验十二　焦糖的制备及其性质

一、实验目的

通过实验了解非酶褐变反应中的羰氨反应和焦糖化反应的作用机制，以及焦糖的性质和用途。

二、实验原理

焦糖为一种浓红褐色的胶体物质，溶于水，水溶液呈红褐色，透明，无浑浊或沉淀，具有特殊的焦糖风味，产品有液体和固体两种，是食品工业上用量最大、最广泛的食品着色剂之一，常用于调味品、罐头、糖果饼干及饮料等的着色。焦糖色又称酱色。生产酱色的主要原料为淀粉糖、蔗糖、葡萄糖、糖蜜等。

焦糖反应主要有两个途径：一是羰氨反应，又称美拉德反应（Maillard reaction），是指糖（含羰基化合物）与氮（含氨基）化合物共热所引起的反应。反应中褐变产色机理主要是羰氨缩合反应，分子重排、降解、脱水，反应体系中的中间产物发生醇醛缩合，生成的红褐色素随机缩合，最终形成结构复杂的高分子类黑色素三个阶段。二是焦糖化反应，是指糖类在没有含氨基化合物存在的情况下，加热至熔点以上，生成深红褐色色素物质的反应。在此反应中，糖类物质经一系列脱水、降解、分子重排及环构化作用、分子间缩聚等，最后生成相对分子质量大的深红褐色物质。

食品加工与储存过程中，常发生由于美拉德反应所形成的色泽，如酿造酱油生产过程色泽的形成，长时储存的酿造甜糯米酒、肉干、鱼干、脱水蔬菜色泽的褐变等。

焦糖色率用 EBC 单位表示。根据欧洲啤酒酿造协会（Europe Brewery Convention）规定：用 0.1%焦糖色（标准色），使用 1cm 比色皿，用可见分光光度计于 610nm 处的吸光度为 0.076 时，相当于 20000EBC 单位。

焦糖具有等电点，其等电点随不同的制备条件而不同，当把焦糖添加到不同性质的食品时，介质的酸碱度不同导致液体出现絮凝、浑浊等现象。本实验通过把焦糖添加到不同性质的介质溶液中，比较色率的检测结果，了解焦糖的性质。

三、实验试剂与仪器

1）试剂

蔗糖、葡萄糖、80%乙醇、5%甘氨酸（称取 10g 甘氨酸，加水溶解至 100mL）、12%乙酸溶液。

2）仪器

可见分光光度计等。

四、实验步骤

1. 焦糖制备

（1）称取蔗糖 20.0g 放入瓷蒸发皿中，加水 1mL，使用 500W 电炉加垫石棉网，搅拌下缓慢加热糖液至 170℃左右关闭电炉，利用电炉的余热使物料温度继续上升，在 190～195℃温度下保温 10min（若温度下降则重新开启电炉），观察糖液颜色的变化。然后在加热的条件下，把约 30mL 的热水分多次慢慢加入焦糖液中，不断搅拌使之溶解（加水速度不宜过快，以免焦糖液结成硬块），冷却，加水定容至 200mL，可制得含 10%的焦糖稀释液，过滤，编号为Ⅰ号。

（2）称取葡萄糖 20.0g 放入瓷蒸发皿中，加水 2mL，搅拌下缓慢加热糖液至 125℃左右关闭电炉，待糖液温度上升至 140℃时，小心加入 1mL 5%甘氨酸溶液，然后继续搅拌加热至 155℃时，关闭电炉。借助电炉在 155～165℃条件下保温 10min。按上述方法加热溶解，加水定容至 200mL，可制得含 10%的焦糖稀释液，过滤，编号为Ⅱ号。

2. 焦糖色率测定

（1）用吸管分别吸取Ⅰ、Ⅱ号 1.0mL，分别移入 100mL 容量瓶，加水稀释至刻度，配成 0.1%样品稀释液，编号为Ⅲ、Ⅳ号。

（2）用分光光度计，以蒸馏水调零，用 1cm 比色皿分别测定 610nm 波长处吸光度。

（3）结果计算

$$X = \frac{A_{610nm} \times 20000}{0.076}$$

式中：X 为焦糖色率（EBC 单位）；A_{610nm} 为波长 610nm 时测定样品的吸光度；0.076 为 0.1%焦糖标准色在波长 610nm 的吸光度。

（4）实验结果记录见表 7-2。

表 7-2　实验结果记录

样品	A_{610nm}	EBC 单位
Ⅲ号		
Ⅳ号		

3. 不同条件下焦糖的色率比较实验

（1）吸取上述制备的Ⅰ、Ⅱ号焦糖色稀释液 10mL，分别定容至 100mL，配成 1%焦糖液Ⅴ号、Ⅵ号。

（2）取 8 根试管，按表 7-3 编号加入试剂。

表 7-3　焦糖色率测定

管号	1%焦糖Ⅴ/mL	1%焦糖Ⅵ/mL	水/mL	30% NaCl/mL	12% 乙酸/mL	80% 乙醇/mL	A_{610nm}
1	10		10				
2	10			10			
3	10				10		
4	10					10	
5		10	10				
6		10		10			
7		10			10		
8		10				10	

（3）把表 7-3 配制好的溶液以蒸馏水调零，在 610nm 波长条件下测定其吸光度，比较不同介质条件下焦糖色的增色效果。

五、思考题

（1）什么是酶促褐变和非酶促褐变？

（2）比较非酶促褐变过程中，焦糖化反应与美拉德反应形成色素的异同点。

（3）焦糖色作为食品添加剂可能用于哪方面食品中？

（4）举例说明食品加工过程中哪些工艺或措施是为了防止发生非酶促褐变。

第8章 脂 类

实验十三 粗脂肪的提取和定量测定

一、实验目的

掌握索氏抽提法的基本原理、基本操作。

二、实验原理

索氏抽提法分为油重法和残余法，本实验采用残余法，即用低沸点有机溶剂（乙醚或石油醚）回流抽提，除去样品中的粗脂肪，以样品与残渣质量之差，计算粗脂肪含量。由于有机溶剂的抽提物中除脂肪外，还或多或少有游离脂肪酸、甾醇、磷脂、蜡及色素等类脂物质，因此抽提法测定的结果只能是粗脂肪。

三、实验试剂与仪器

1）试剂

无水乙醚或低沸点石油醚（分析纯）。

试样：油料作物种子。

2）仪器

索氏脂肪抽提器或YG-Ⅱ型油分测定器、干燥器（直径15～18cm，装有变色硅胶）、不锈钢镊子（长20cm）、培养皿、分析天平（感量0.001g）、称量瓶、恒温水浴锅、烘箱、样品筛（60目）。

四、实验步骤

（1）将滤纸切成8cm×8cm正方形，叠成一边不封口的纸包，用硬铅笔编写顺序号，按顺序排列在培养皿中。将盛有滤纸包的培养皿移入（105±2）℃烘箱中干燥2h，取出放入干燥器中，冷却至室温。按顺序将各滤纸包放入同一称量瓶中称量（a），称量时室内相对湿度必须低于70%。

（2）包装和干燥。在上述已称量的滤纸包中装入3g左右研细的样品，封好包口，放入（105±2）℃烘箱中干燥3h，移至干燥器中冷却至室温，按顺序号依次放入称量瓶中称量（b）。

（3）抽提。如图8-1所示，将装有样品的滤纸包用长镊子放入提取管底部，注入一次虹量1.6～1.7倍的无水乙醚，使样品包完全浸没在乙醚中。连接好抽

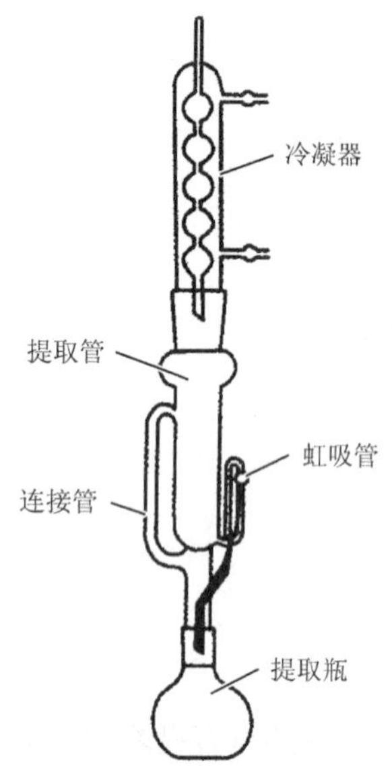

图 8-1 索氏抽提装置

提器各部分，接通冷凝水流，在恒温水浴中进行抽提。调节水温在 70～80℃，使冷凝下滴出的乙醚呈连珠状（120～150 滴/min 或每小时回流 7 次以上），抽提至抽取管内的乙醚用滤纸点滴检查无油迹为止（需 6～12h）。抽提完毕后，用长镊子取出滤纸包，在通风处使乙醚挥发（抽提室温以 12～25℃为宜）。提取瓶中的乙醚另行回收。

（4）称量。等乙醚挥发之后，将滤纸包置于(105±2)℃烘箱中干燥 2h，然后放入干燥器中冷却至室温，按顺序将各包放在称量瓶中称量。重复干燥、冷却，称至恒量。

五、计算

$$粗脂肪含量=\frac{b-c}{b-a}\times 100\%$$

式中，a 为称量瓶加滤纸包质量，g；b 为称量瓶加滤纸包和烘干样品质量，g；c 为称量瓶加滤纸包和抽提后烘干残渣质量，g。

六、注意事项

（1）测定用样品、抽提器、抽提用有机溶剂都需要进行脱水处理。这是因为：①抽提体系中如有水，会使样品中的水溶性物质溶出，导致测量结果偏高；②抽提体系中如有水，则抽提溶剂易被水饱和（尤其是乙醚，可饱和约 2%的水），从而影响抽提效率；③样品如有水，抽提溶剂不易渗入细胞组织内部，结果不易将脂肪抽提干净。

（2）试样粗细度要适宜。试样粉末过粗，脂肪不易抽提干净；试样粉末过细，则有可能透过滤纸孔隙随回流溶剂流失，影响测定结果。

（3）索氏抽提法测定脂肪最大的不足是耗时过长。如能将样品先回流一两次，然后浸泡在溶剂中过夜，次日再继续抽提，则可明显缩短抽提时间。

（4）必须十分注意乙醚的安全使用。抽提室内严禁有明火存在或用明火加热。乙醚中不得含有过氧化物，抽提室内保持良好的通风，以防燃爆。乙醚中过氧化物的检测方法：取适量乙醚，加入碘化钾溶液，用力摇动，放置 1min，若出现黄色则表明存在过氧化物，应进行处理后方可使用。处理的方法：将乙醚放入分液漏斗，先以 1/5 乙醚量的稀 KOH 溶液洗涤两三次，以除去乙醇；然后用盐酸酸化，加入 1/5 乙醚量的 $FeSO_4$ 或 Na_2SO_3 溶液，振摇、静置分层后，弃去下层水溶液，以除去过氧化物；最后用水洗至中性，用无水 $CaCl_2$ 或无水 Na_2SO_4 脱水，并进行重蒸馏。

七、思考题

（1）索氏抽提法测定粗脂肪的含量有什么优点？

（2）简述油重法和残余法的原理。

实验十四 碘值的测定

一、实验目的

掌握测定碘值的原理及操作方法；了解测定碘值的意义。

二、实验原理

脂肪中的不饱和脂肪酸碳链上有不饱和键，可以吸收卤素（Cl_2、Br_2 或 I_2），不饱和键数目越多，吸收的卤素也越多。每 100g 脂肪在一定条件下所吸收的碘的质量（g）称为该脂肪的碘值。碘值越高，不饱和脂肪酸的含量越高。因此对于一个油脂产品，其碘值是处在一定范围内的。

油脂工业中生产的油酸是橡胶合成工业的原料，亚油酸是医药上治疗高血压药物的重要原材料，它们都是不饱和脂肪酸，而另一类产品如硬脂酸是饱和脂肪酸。如果产品中掺有一些其他脂肪酸杂质，其碘值会发生改变，因此碘值可用来表示产品的纯度，同时推算油、脂的定量组成。在生产中常需测定碘值，如判断产品分离去杂（指不饱和脂肪酸杂质）的程度等。

本实验用硫代硫酸钠滴定过量的溴化碘与碘化钾反应放出的碘，以求出与脂肪生成的碘量。

$$IBr + KI \longrightarrow KBr + I_2$$

$$I_2 + 2Na_2S_2O_3 \longrightarrow 2NaI + Na_2S_4O_6$$

样品最适量、碘值和作用时间具有一定的关系，见表 8-1 和表 8-2。

表 8-1 样品的最适量和碘值的关系

碘值	样品最适量/g	作用时间/h	碘值	样品最适量/g	作用时间/h
30 以下	约 1.0	0.5	100～140	0.2～0.3	1.0
30～60	0.5～0.6	0.5	140～160	0.15～0.26	1.0
60～100	0.3～0.4	0.5	160～210	0.13～0.15	1.0

表 8-2 几种油脂的碘值

名称	碘值	名称	碘值
亚麻籽油	175～210	花生油	85～100
鱼肝油	154～170	猪油	48～64
棉籽油	104～116	牛油	25～41

三、实验试剂与仪器

1）试剂

纯四氯化碳、1%淀粉溶液（溶于饱和氯化钠溶液中）、10%碘化钾溶液。

Hanus 溶液：取 12.2g 碘，放入 1500mL 锥形瓶内，缓慢加入 1000mL 冰醋酸（99.5%），边加边摇，同时略加温热，使碘溶解。冷却后，加溴约 3mL。

注意：所用冰醋酸不应含有还原性物质。取 2mL 冰醋酸，加少许重铬酸钾及硫酸，若呈绿色，则证明有还原性物质存在。

0.1mol/L $Na_2S_2O_3$ 标准溶液：将结晶硫代硫酸钠 50g 放在经煮沸后冷却的蒸馏水中（无 CO_2 存在），添加硼砂 7.6g 或氢氧化钠 1.6g（硫代硫酸钠溶液在 pH 9～10 最稳定），稀释到 2000mL 后，用标准 0.05mol/L KIO_3 溶液按下法标定。

准确量取 0.05mol/L KIO_3 溶液 20mL、10%碘化钾溶液 10mL 和 0.5mol/L H_2SO_4 20mL，混合均匀。以 1%淀粉溶液作指示剂，用硫代硫酸钠溶液进行标定。按下列反应式计算硫代硫酸钠溶液的浓度。

$$3H_2SO_4+5KI+KIO_3 \longrightarrow 3K_2SO_4+3H_2O+3I_2$$

$$I_2+2Na_2S_2O_3 \longrightarrow 2NaI+Na_2S_4O_6$$

试样：花生油或植物油。

2）仪器

碘值滴定瓶（250～300mL，或用具塞锥形瓶代替）、量筒（10mL、50mL）、样品管（直径约 0.5cm，长 2.5cm）、滴定管（50mL）、分析天平或扭力天平。

四、实验步骤

用玻璃小管（约 0.5cm×2.5cm）准确称量 0.3～0.4g 花生油 2 份。将样品和小管一起放入两个干燥的碘值滴定瓶内，切勿使油粘在瓶颈或壁上。各加四氯化碳 10mL，轻轻摇动，使油全部溶解。用滴定管仔细地向每个碘值滴定瓶内准确加入 Hanus 溶液 25mL，勿使溶液接触瓶颈。塞好玻璃塞，在玻璃塞与瓶口之间加数滴 10%碘化钾溶液封闭缝隙，以防止碘升华溢出造成测定误差。然后，在 20～30℃暗处放置 30min。根据经验，测定碘值在 110 以下的油脂时需放置 30min，碘值高于此值则需放置 1h；放置温度应保持在 20℃以上，若温度过低，放置时间应增至 2h。放置期间应不时摇动。卤素的加成反应是可逆反应，只有在卤素绝对过量时，该反应才能进行完全。因此，油吸收的碘量不应超过 Hanus 溶液所含碘量的一半。若瓶内混合液的颜色很浅，表示油用量过多，应再称取较少量的油，重做。

放置 30min 后，即刻打开玻璃塞，使塞旁碘化钾溶液流入瓶内，切勿丢失。用新配制的 10%碘化钾 10mL 和蒸馏水 50mL 把玻璃塞上和瓶颈上的液体冲入瓶内，混匀。用 0.1mol/L $Na_2S_2O_3$ 溶液迅速滴定至瓶内溶液呈浅黄色。加入 1%淀粉约 1mL，继续滴定。接近终点时，用力振荡，使碘由四氯化碳全部进入水溶液内。再滴至蓝色消失为止，即达到滴定终点。

用力振荡是滴定成败的关键之一，否则容易滴过头或不足。如果振荡不够，四氯化碳层呈现紫色或红色，此时需继续用力振荡使碘全部进入水层。

滴定完毕放置一些时间后，滴定液应返回蓝色，否则就表示滴定过量。

另做两份空白对照，除不加油样品外，其余操作同上。滴定后，将废液倒入废液瓶，以便回收四氯化碳。

注意：实验中使用的仪器，包括碘值滴定瓶、量筒、滴定管和称样品用的玻璃小管，必须是洁净、干燥的。

五、计算

碘值表示100g脂肪所能吸收的碘的质量，因此样品的碘值计算如下：

$$碘值=\frac{(V_1-V_2)\times T\times 10}{m}$$

式中：V_1为滴定空白用去的硫代硫酸钠溶液的平均体积，mL；V_2为滴定样品用去的硫代硫酸钠溶液的平均体积，mL；m为样品质量，g；T为与1mL 0.1mol/L $Na_2S_2O_3$溶液相当的碘的质量，g。

$$T=\frac{0.1\times 126.9}{1000}=0.01269(\text{g/mL})$$

测定脂肪酸和其他脂类物质的碘值时，操作方法完全相同。

六、思考题

（1）固体脂肪与液体油脂的碘值有何不同？反映了什么问题？

（2）1 分子甘油三硬脂酸酯、甘油三油酸酯及甘油三亚油酸酯各吸收几个碘原子？

（3）上述3种甘油酯的碘值是多少？（碘的相对原子质量为126.9，三种甘油酯的相对分子质量分别为891、885及879）

实验十五 油脂过氧化物值的测定

一、实验目的

了解油脂过氧化物值测定的实验原理，学习其测定方法。

二、实验原理

油脂中出现过氧化物是油脂酸败的产物之一，生成的过氧化物将继续分解产生低级的醛和羧酸，这些物质使脂肪产生令人不愉快的臭感和味感，继续食用可能对机体产生不良影响。因此，过氧化物值是反映油脂酸败程度的重要卫生指标之一。

油脂中所含的过氧化物与碘化钾作用，生成游离碘，以硫代硫酸钠标准溶液滴定游离的碘，根据滴定消耗硫代硫酸钠标准溶液的体积，定量计算油脂中过氧化物值的含量。

三、实验试剂与仪器

1）试剂

饱和碘化钾溶液：称取 14g 碘化钾，加 10mL 水溶液。必要时微热加速溶解，冷却后储存于棕色瓶中。

三氯甲烷-冰醋酸混合液：量取 40mL 三氯甲烷，加 60mL 冰醋酸，混匀。

0.002mol/L 硫代硫酸钠标准溶液（临用时用 0.1mol/L 硫代硫酸钠标准溶液稀释配制）。

1g/100mL 淀粉指示剂：将可溶性淀粉 1g 加 20mL 水调成浆状，倒入 80mL 沸水中，连续煮沸至溶液呈透明，冷却备用。

2）仪器

碘量瓶等。

四、实验步骤

准确称取 2～3g 混匀的测定油样，置于 250mL 碘量瓶中，加 30mL 三氯甲烷-冰醋酸混合液，使样品完全溶解，加入 0.1mL 饱和碘化钾溶液。紧密盖好瓶盖并轻轻振摇 30s，然后暗处放置 3min，取出加水 100mL，摇匀。立即用 0.002mol/L 硫代硫酸钠标准溶液滴定，至淡黄色时，加 1mL 淀粉指示剂。继续滴定至蓝色消失为终点。

取相同量三氯甲烷-冰醋酸溶液、碘化钾溶液、水，按同一方法做试剂空白实验。

五、计算

$$X = \frac{(V_1 - V_2) \times c \times 0.1269}{m} \times 100$$

式中：X 为样品过氧化值，g/100g；V_1 为样品消耗硫代硫酸钠标准溶液的体积，mL；V_2 为试剂空白消耗硫代硫酸钠标准溶液的体积，mL；c 为硫代硫酸钠标准溶液的物质的量浓度，mol/L；m 为样品质量，g；0.1269 为 1mL 1mol/L 硫代硫酸钠相当于碘的质量，g。

结果表述为算术平均值，保留两位有效数字。

六、注意事项

滴定终点出现回退现象，如果不是很快变蓝（5～10min），可以认为是空气中的氧化作用所造成，不影响结果；如果很快变蓝，说明硫代硫酸钠和碘的反应在滴定前进行得不完全，需继续补加硫代硫酸钠或重做实验。

实验十六　油脂酸价的测定

一、实验目的

了解油脂酸价测定的实验原理，学习油脂酸价测定的实验方法。

二、实验原理

脂肪在空气中暴露较久或长期储存于不适宜条件下时，部分脂肪被水解产生游离的脂肪酸及醛类，某些小分子的游离脂肪酸（如丁酸）及醛类都有酸臭味，这种现象称为油脂的酸败。油脂酸败的程度以游离脂肪酸的多少为指标，每克油脂消耗氢氧化钾的质量（mg）称为酸价。油脂工业常用酸价来表示油料作物及油脂的新鲜、优劣程度。

油脂中的游离脂肪酸与氢氧化钾发生中和反应，从氢氧化钾标准溶液消耗的量可计算出游离脂肪酸的含量。反应如下：

$$RCOOH+KOH \longrightarrow RCOOK+H_2O$$

三、实验试剂

（1）酚酞指示剂：1%乙醇溶液。

（2）乙醚-乙醇混合液：按乙醚、乙醇体积比 2∶1 混合。用 0.1mol/L KOH 溶液中和至对酚酞指示剂呈中性。

（3）0.1000mol/L 氢氧化钾标准溶液。

四、实验步骤

准确称取 3～5g 样品，置于锥形瓶中，加入 50mL 中性乙醚-乙醇混合液，振摇使油脂溶解，必要时可置热水中温热促其溶解。冷至室温，加入酚酞指示剂 2～3 滴，以 0.1000mol/L KOH 标准溶液滴定至初现微红色，且 30s 内不褪色为终点。

五、计算

$$X=\frac{V_1 \times c \times 56.11}{m}$$

式中：X 为样品的酸价；V_1 为样品消耗氢氧化钾标准溶液的体积，mL；c 为氢氧化钾标准溶液浓度，mol/L；m 为样品质量，g；56.11 为氢氧化钾的摩尔质量，g/L。

结果表述为算术平均值，保留两位有效数字。

实验十七　血清胆固醇的测定

一、实验目的

掌握磷硫铁法测定血清胆固醇的原理、方法及临床意义。

二、实验原理

血清中胆固醇含量可用磷硫铁法测定。血清经无水乙醇处理后，蛋白质沉淀，胆固醇及其酯则溶于其中。在乙醇提取液中，加磷硫铁试剂（浓硫酸和三价铁溶液），胆固醇及其酯与试剂形成比较稳定的紫红色化合物，呈色程度与胆固醇及其酯含量成正比，可用比色法（560nm）定量测定。

三、实验试剂与仪器

1）试剂

无水乙醇、浓硫酸（分析纯）。

10% $FeCl_3$溶液：称取10g $FeCl_3 \cdot 6H_2O$（分析纯）溶于85%～87%浓磷酸中，然后定容至100mL，存于棕色瓶中冷藏，保存期为1年。

磷硫铁试剂：加10% $FeCl_3$溶液1.5mL于100mL棕色容量瓶中，以浓硫酸（分析纯）定容至刻度。

胆固醇标准储液：准确称取胆固醇（化学纯，必要时须重结晶）80mg，溶于无水乙醇中，定容至100mL，于棕色瓶中低温保存。

胆固醇标准溶液：将上述储液用无水乙醇准确稀释10倍，此标准溶液含胆固醇0.08mg/mL。

试样：动物血清。

2）仪器

试管、容量瓶（100mL）、移液管（1mL 2支、2mL 4支，5mL 1支）、离心机、分光光度计、离心管。

四、实验步骤

1. 胆固醇的提取液

准确吸取0.2mL血清置于干燥离心管中，先加无水乙醇0.8mL，摇匀后，再加无水乙醇4.0mL（无水乙醇分两次加入，目的是使蛋白质以分散很细的沉淀颗粒析出），加盖，用力摇匀10min后，以3000r/min的转速离心5min。取上清液备用。

2. 比色测定

取4支干燥试管并编号，分别按表8-3添加试剂。

加入上述试剂后，各管立即振荡15～20次，室温冷却15min后，在分光光度计上于560nm处比色。

表 8-3　血清胆固醇测定（mL）

试剂	空白管	标准管	样品管Ⅰ	样品管Ⅱ
无水乙醇	2.0			
胆固醇标准液		2.0		
血清乙醇提取液			2.0	2.0
磷硫铁试剂	2.0	2.0	2.0	2.0

五、计算

$$\text{血清胆固醇(mg / 100mL)} = \frac{A_{560\text{nm}}(\text{样品液})}{A_{560\text{nm}}(\text{标准液})} \times 0.08 \times \frac{100}{0.04}$$

$$= \frac{A_{560\text{nm}}(\text{样品液})}{A_{560\text{nm}}(\text{标准液})} \times 200$$

临床意义：正常人血清胆固醇含量范围为 100～250mg/100mL。济南军区总医院提供的 320 人血清胆固醇均值为（177±35）mg/100mL。年轻的成年人若血清胆固醇等于或大于 300mg/100mL，就是冠心病严重的重要标志。其他疾病，如肾炎、糖尿病、黏液性水肿和黄瘤等血清胆固醇也呈高水平。

六、注意事项

（1）实验操作中涉及浓硫酸、浓磷酸，操作时必须十分小心。

（2）沿管壁缓慢加入磷硫铁试剂，如室温过低（15℃以下），可先将离心管上层清液置 37℃恒温水浴中片刻，然后加磷硫铁试剂显色。分成两层后，轻轻旋转试管，使其均匀混合。管口加盖，室温下放置。

（3）所用试管、比色杯均须干燥，如吸收水分，必将影响呈色反应。浓硫酸质量也很重要。

（4）呈色稳定仅约 1h。

（5）胆固醇含量过高时，应先将血清用生理盐水稀释后再测定，其结果乘以稀释倍数。

七、思考题

（1）正常人血浆和血清中含有很多不溶于水的酯类，为什么血清依然清澈透明？

（2）机体的胆固醇以哪几种形式存在？

第9章　蛋　白　质

实验十八　蛋白质的两性反应和等电点的测定

一、实验目的

了解蛋白质的两性解离性质；初步学会测定蛋白质等电点的方法。

二、实验原理

蛋白质由许多氨基酸组成，虽然绝大多数的氨基与羧基成肽键结合，但是总有一定数量自由的氨基与羧基，以及酚基等酸碱基团，因此蛋白质和氨基酸一样是两性电解质。调节溶液的酸碱度达到一定的氢离子浓度时，蛋白质分子所带的正电荷和负电荷相等，以兼性离子状态存在，在电场内该蛋白质分子既不向阴极移动，也不向阳极移动，这时溶液的 pH 称为该蛋白质的等电点（pI）。当溶液的 pH 低于蛋白质等电点时，即在 H^+较多的条件下，蛋白质分子带正电荷成为阳离子；当溶液的 pH 高于蛋白质等电点时，即在 OH^-较多的条件下，蛋白质分子带负电荷成为阴离子。在等电点时蛋白质溶解度最小，容易沉淀析出。

三、实验试剂与仪器

1）试剂

0.5%酪蛋白溶液、酪蛋白乙酸钠溶液、0.04%溴甲酚绿指示剂、0.02mol/L HCl 溶液、0.1mol/L 乙酸溶液、0.01mol/L 乙酸溶液、1mol/L 乙酸溶液、0.02mol/L NaOH 溶液。

2）仪器

试管及试管架、滴管、吸量管（1mL，5mL）。

四、实验步骤

1. 蛋白质的两性反应

（1）取 1 支试管，加 0.5%酪蛋白溶液 20 滴和 0.04%溴甲酚绿指示剂 5～7 滴，混匀。观察溶液呈现的颜色，并说明原因。

（2）用细滴管缓慢加入 0.02mol/L HCl 溶液，随滴随摇，直至有明显的大量沉淀发生，此时溶液的 pH 接近酪蛋白的等电点。观察溶液颜色的变化。

（3）继续滴入 0.02mol/L HCl 溶液，观察沉淀和溶液颜色的变化，并说明原因。

（4）再滴入 0.02mol/L NaOH 溶液进行中和，观察是否出现沉淀，解释其原因。继续滴入 0.02mol/L NaOH 溶液，为什么沉淀又会溶解？溶液的颜色如何变化？说明了什么问题？

2. 酪蛋白等电点的测定

（1）取 9 支粗细相近的干燥试管，编号后按表 9-1 的顺序准确地加入各种试剂，然后混合均匀。

（2）静置约 20min，观察每支试管内溶液的浑浊度，以–、+、++、+++、+++符号表示沉淀的多少。根据观察结果，指出哪一个 pH 是酪蛋白的等电点。

（3）该实验要求各种试剂的浓度和加入量必须相当准确。

表 9-1 酪蛋白等电点的测定

试管编号	1	2	3	4	5	6	7	8	9
蒸馏水/mL	2.4	3.2	—	2.0	3.0	3.5	1.5	2.75	3.38
1mol/L 乙酸溶液/mL	1.6	0.8	—	—	—	—	—	—	—
0.1mol/L 乙酸溶液/mL	—	—	4.0	2.0	1.0	0.5	—	—	—
0.01mol/L 乙酸溶液/mL	—	—	—	—	—	—	2.5	1.25	0.62
酪蛋白乙酸钠溶液/mL	1.0	1.0	1.0	1.0	1.0	1.0	1.0	1.0	1.0
溶液最终 pH	3.5	3.8	4.1	4.4	4.7	5.0	5.3	5.6	5.9
沉淀出现情况									

五、思考题

（1）在等电点时蛋白质的溶解度为什么最低？结合你的实验结果和蛋白质的胶体性质加以说明。

（2）在本实验中，酪蛋白处于等电点时则从溶液中沉淀析出，所以说凡是蛋白质在等电点时必然沉淀出来。上面这种结论对吗？为什么？举例说明。

实验十九 蛋白质沉淀反应

一、实验目的

掌握沉淀蛋白质的几种方法及实际意义；了解蛋白质变性与沉淀的关系。

二、实验原理

在水溶液中的蛋白质分子由于表面生成水化层和电荷层而成为稳定的亲水胶体颗粒，在一定理化因素影响下，蛋白质颗粒由于电荷层的失去及水化层的破坏而从溶液中沉淀析出。

蛋白质的沉淀可分为可逆沉淀反应与不可逆沉淀反应两类。

可逆沉淀反应：此时蛋白质分子的结构尚未发生显著变化，除去引起沉淀的因素后，蛋白质的沉淀仍能溶于原来的溶剂中，并保持其天然性质不变。

不可逆沉淀反应：蛋白质发生沉淀后，其分子内部结构特别是空间结构已受到破坏，失去生物学活性，除去导致沉淀的因素仍不能恢复原来的性质。

蛋白质变性后，有时由于维持溶液稳定的条件仍存在（如电荷），并不析出。因此，变性的蛋白质并不一定析出沉淀，而沉淀的蛋白质也不一定都已变性。

三、实验试剂与仪器

1）试剂

30g/L 硝酸银溶液、50g/L 三氯乙酸溶液、95%乙醇、硫酸铵结晶粉末、0.1mol/L 盐酸溶液、0.1mol/L 氢氧化钠溶液、0.05mol/L 碳酸钠溶液、0.1mol/L 乙酸溶液、甲基红溶液、20g/L 氯化钡溶液、0.2mol/L 乙酸-乙酸钠缓冲液（pH 4.7）。

蛋白质溶液：50g/L 卵清蛋白溶液或鸡蛋清的水溶液（新鲜鸡蛋清∶水=1∶9）。

饱和硫酸铵溶液：称取硫酸铵 220g，研磨为粉末状，加入蒸馏水 250mL，加热至绝大部分硫酸铵固体溶解为止，趁热过滤，置室温下平衡 1～2 天，有固体析出时即达 100%饱和度，用时取上层液体。

2）仪器

天平、试管及试管架、水浴锅、量筒、滴管、漏斗、玻璃棒、滤纸。

四、实验步骤

1. 蛋白质的盐析

加 50g/L 卵清蛋白溶液 5mL 于试管中，再加等量的饱和硫酸铵溶液，振荡试管使液体混匀，试管静置数分钟，观察沉淀的生成（此时应析出球蛋白的沉淀物）。取出少量含有沉淀的混悬液，加少量水，观察沉淀是否溶解并解释原因。将试管内的混合物过滤，向滤液中添加硫酸铵粉末到不再溶解为止，观察沉淀的生成（此时应析出清蛋白的沉淀物）。取出部分清蛋白沉淀，加少量蒸馏水，观察沉淀是否溶解并解释原因。

2. 重金属离子沉淀蛋白质

取 1 支试管，加入蛋白质溶液 2mL，再加入 30g/L 硝酸银溶液 1～2 滴，振荡试管使液体混匀，观察沉淀的生成。试管静置片刻，倾去上清液，向沉淀中加入少量的水，观察沉淀是否溶解并解释原因。

3. 有机酸沉淀蛋白质

取 1 支试管，加入蛋白质溶液 2mL，再加入 1mL 50g/L 三氯乙酸溶液，振荡试管使液体混匀，观察沉淀的生成。试管静置片刻，倾去上清液，向沉淀中加入少量的水，观察沉淀是否溶解并解释原因。

4. 有机溶剂沉淀蛋白质

取1支试管，加入蛋白质溶液2mL，再加入2mL 95%乙醇，振荡试管使液体混匀，观察沉淀的生成。

5. 乙醇引起的蛋白质变性与沉淀

取3支试管编号。依表9-2顺序加入试剂。

表9-2 蛋白质变性与沉淀

管号＼试剂/mL	50g/L卵清蛋白溶液	0.1mol/L氢氧化钠溶液	0.1mol/L盐酸溶液	pH 4.7乙酸盐缓冲液	95%乙醇
1	1	1			1
2	1		1		1
3	1			1	1

振荡试管使液体混匀，观察各管有何变化。放置片刻，向各管内加水8mL，然后在第1、2号试管中各加1滴甲基红，再分别用0.1mol/L乙酸溶液及0.05mol/L碳酸钠溶液中和，观察各管颜色变化和生成沉淀的情况。每管再加0.1mol/L盐酸溶液数滴，观察沉淀的溶解。解释各管发生的全部现象。

五、实验结果

根据实验中观察到的现象填写表9-3～表9-7。

表9-3 蛋白质的盐析

蛋白质		现象	解释现象
球蛋白	球蛋白沉淀		
	沉淀的溶解情况		
清蛋白	清蛋白沉淀		
	沉淀的溶解情况		

表9-4 重金属离子沉淀蛋白质

项目	现象	解释现象
蛋白质沉淀		
沉淀的溶解情况		

表9-5 有机酸沉淀蛋白质

项目	现象	解释现象
蛋白质沉淀		
沉淀的溶解情况		

表 9-6　有机溶剂沉淀蛋白质

项目	现象	解释现象
蛋白质的沉淀		

表 9-7　乙醇引起的变性和沉淀

管号	现象	解释现象
1		
2		
3		

六、注意事项

（1）蛋白质盐析实验中应先加蛋白质溶液，然后加饱和硫酸铵溶液。

（2）固体硫酸铵若加到饱和则有结晶析出，勿与蛋白质沉淀混淆。

七、思考题

（1）用有机酸和重金属盐沉淀蛋白质时，对溶液的 pH 都有何要求？在此条件下沉淀效果好，为什么？

（2）沉淀和变性有何异同？

实验二十　双缩脲法测定蛋白质的含量

一、实验目的

了解并掌握双缩脲法测定蛋白质的原理及方法。

二、实验原理

双缩脲是由两分子尿素缩合而成的化合物，在碱性溶液中双缩脲与硫酸铜反应生成紫红色配合物，此反应即为双缩脲反应（溶液颜色由黄→绿→紫）。

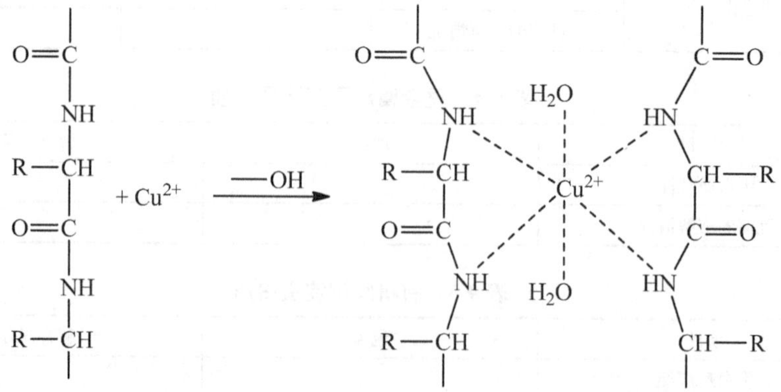

O═C
NH
R—CH
O═C
NH
R—CH
$+ Cu^{2+}$ —OH →
O═C　H_2O　C═O
NH　HN
R—CH　Cu^{2+}　CH—R
O═C　C═O
NH　H_2O　HN
R—CH　CH—R

多肽链(双缩脲类似物)

紫红色配合物

含有两个或两个以上肽键的化合物都具有双缩脲反应。蛋白质含有多个肽键，在碱性溶液中能与Cu^{2+}配合成紫红色配合物，其颜色深浅与蛋白质的浓度成正比，可以用比色法来测定。含有两个以上肽键的物质才有此反应，故氨基酸无此反应。

双缩脲法最常用于需要快速但不要求十分精确的测定。硫酸铵不干扰此呈色反应，但Cu^{2+}容易被还原，有时会出现红色沉淀。

三、实验试剂与仪器

1）试剂

动物血清（动物血清用水稀释10倍，置于冰箱保存备用）。

标准蛋白质溶液（5mg/mL）：准确称取已定氮的酪蛋白（干酪素或牛血清白蛋白），用0.05mol/L NaOH溶液配制，于0～4℃冰箱中存放备用。

双缩脲试剂：溶解1.5g $CuSO_4 \cdot 5H_2O$和6.0g酒石酸钾钠（$NaKC_4H_4O_6 \cdot 4H_2O$）于500mL蒸馏水中，在搅拌下加入300mL 10%的NaOH溶液，用水稀释到1000mL，储存于内壁涂以石蜡的瓶内。此试剂可长期保存。

2）仪器

分光光度计、电热恒温水浴锅、试管、吸量管。

四、实验步骤

1. 标准管法

（1）取3支试管按表9-8操作。

表9-8　标准管法

试管	空白管	标准管	测定管
血清加入量/mL	0	0	1.0
标准蛋白质溶液加入量/mL	0	1.0	0
蒸馏水加入量/mL	2.0	1.0	1.0
双缩脲试剂加入量/mL	4.0	4.0	4.0

摇匀，于37℃水浴20min后用分光光度计在540nm波长处比色，以空白管调零点，测得各管吸光度。

（2）血清中总蛋白质的含量（g/100mL）按下式计算：

$$\text{血清中总蛋白质的含量} = \frac{\text{测定管吸光度}}{\text{标准管吸光度}} \times 0.005 \times \frac{100}{0.1}$$

$$= \frac{\text{测定管吸光度}}{\text{标准管吸光度}} \times 5$$

2. 标准曲线法

（1）标准曲线的绘制。将7支干燥试管编号，按表9-9加入相应试剂。

表9-9 标准曲线法

编号	0	1	2	3	4	5	6
标准蛋白溶液加入量/mL	—	0.3	0.6	1.2	1.8	2.4	3.0
蒸馏水加入量/mL	3.0	2.7	2.4	1.8	1.2	0.6	—
蛋白质含量/（mg/mL）	0	0.5	1.0	2.0	3.0	4.0	5.0
A_{540}							

各管混匀后，分别加入双缩脲试剂3.0mL，充分混匀，于37℃水浴中加热30min，在540nm波长处比色（显色后30min内比色，30min后可能有雾状沉淀产生，各管由显色到比色的时间应尽可能一致），以0号管调零点测定各管吸光度，以吸光度为纵坐标，蛋白质含量为横坐标，绘制标准曲线。

（2）样品测定。取未知浓度的蛋白质溶液3.0mL于试管内，加入双缩脲试剂3.0mL充分混匀，在540nm波长处测吸光度，对照标准曲线，求得未知溶液的蛋白质浓度（含量），再根据稀释样品稀释倍数换算为g/100mL。

操作（1）、（2）同时进行。

五、思考题

（1）实验中加入硫酸铜及氢氧化钠的作用是什么？写出蛋白质与硫酸铜反应的反应式。

（2）能否用其他试剂如三氯乙酸作蛋白质的沉淀剂？为什么？

（3）做好此实验的关键是什么？

实验二十一 蛋白质浓度的测定

Ⅰ 蛋白质浓度测定方法一 紫外吸收法

一、实验目的

了解紫外吸收法测定蛋白质浓度的原理；熟悉紫外分光光度计的使用。

二、实验原理

蛋白质组成中常含有酪氨酸和色氨酸等芳香族氨基酸，在紫外光280nm波长处有最大吸收峰，一定浓度范围内其浓度与吸光度成正比，故可用紫外分光光度计通过比色测定蛋白质的含量。

由于核酸在280nm波长处也有光吸收，对蛋白质测定有一定的干扰作用。但核酸的最大吸收峰在260nm处，如同时测定260nm的光吸收，通过计算可以消除其对蛋白质测定的影响。因此，如果溶液中存在核酸，必须同时测定280nm及260nm的吸光度，方可通过计算测得溶液中的蛋白质浓度。

三、实验试剂与仪器

1）试剂

0.9% NaCl。

卵清蛋白标准液：约1g卵清蛋白溶于100mL 0.9% NaCl溶液，离心，取上清液，用凯氏定氮法测定其蛋白质含量。根据测定结果，用0.9% NaCl溶液稀释卵清蛋白溶液，使其蛋白质含量为2mg/mL。然后将此含2mg/mL蛋白质的溶液准确稀释1倍。

未知浓度蛋白质溶液：用酪蛋白配制，浓度控制在1.0～2.5mg/mL范围内。

2）仪器

UV-9100型紫外-可见分光光度计、容量瓶（50mL）、试管（1.5cm×15cm）、吸管（0.50mL、1.0mL、2.0mL、5.0mL）。

四、实验步骤

1. 直接测定法

在紫外分光光度计上，将未知的蛋白质溶液小心盛于石英比色皿中，以生理盐水为对照，测得280nm和260nm两种波长处的吸光度（A_{280nm}及A_{260nm}）。

将280nm及260nm波长处测得的吸光度按下列公式计算蛋白质浓度：

$$c = 1.45A_{280nm} - 0.74A_{260nm}$$

式中：c为蛋白质浓度，mg/mL；A_{280nm}为蛋白质溶液在280nm处测得的吸光度；A_{260nm}为蛋白质溶液在260nm处测得的吸光度。

本法对微量蛋白质的测定既快速又方便，它还适用于硫酸铵或其他盐类混杂的情况，这时用其他方法测定往往较困难。

为了简便，对于混合蛋白质溶液，可用A_{280nm}乘以0.75代表其中蛋白质的大致含量（mg/mL）。

2. 标准曲线法

1）标准曲线的绘制

取8支干净试管，编号，按表9-10加入试剂。

表 9-10 紫外吸收法测定蛋白质浓度

试剂 \ 管号	0	1	2	3	4	5	6	7
1mg/mL 卵清蛋白标准液/mL	0	0.5	1.0	1.5	2.0	2.5	3.0	4.0
蒸馏水/mL	4.0	3.5	3.0	2.5	2.0	1.5	1.0	0
蛋白质浓度/（mg/mL）	0	0.125	0.25	0.375	0.5	0.625	0.75	1.0
A_{280nm}								

加毕，混匀，用紫外分光光度计测 A_{280nm}，以吸光度为纵坐标，蛋白质浓度为横坐标作图。

2）样液测定

取未知浓度的蛋白质溶液 1.0mL，加蒸馏水 3.0mL，测 A_{280nm}，对照标准曲线求得蛋白质浓度。

Ⅱ蛋白质浓度测定方法二 考马斯亮蓝结合法

一、实验目的

学会用考马斯亮蓝结合法测定蛋白质浓度。

二、实验原理

考马斯亮蓝能与蛋白质的疏水微区相结合，这种结合具有高敏感性。考马斯亮蓝 G250 的磷酸溶液呈棕红色，最大吸收峰在 465nm。当它与蛋白质结合成复合物时呈蓝色，其最大吸收峰改变为 595nm，考马斯亮蓝 G250-蛋白质复合物的高消光效应导致了蛋白质定量测定的高敏感度。

在一定范围内，考马斯亮蓝 G250-蛋白质复合物呈色后，在 595nm 处，吸光度与蛋白质含量呈线性关系，故可以用于蛋白质浓度的测定。

三、实验试剂与仪器

1）试剂

0.9% NaCl 溶液。

标准蛋白液：牛血清白蛋白（0.1mg/mL）。准确称取牛血清白蛋白 0.2g，用 0.9% NaCl 溶液溶解并稀释至 2000mL。

染液：考马斯亮蓝 G250（0.01%）。称取 0.1g 考马斯亮蓝 G250 溶于 50mL 95%乙醇中，再加入 100mL 浓磷酸，然后加蒸馏水定容到 1000mL。

样品液：取牛血清白蛋白（0.1mg/mL）溶液，用 0.9% NaCl 稀释至一定浓度。

2）仪器

旋涡混合器、722 型（或 720 型）分光光度计、电子分析天平、试管（1.5cm×15cm）、吸管（0.10mL、0.50mL、1.0mL、2.0mL、5.0mL）、容量瓶（1000mL）、量筒（100mL）。

四、实验步骤

1. 标准曲线的绘制

取7支干净试管，按表9-11进行编号并加入试剂。

表9-11　考马斯亮蓝法测定蛋白质浓度

试剂＼管号	1（空白）	2	3	4	5	6	7
标准蛋白液/mL	—	0.1	0.2	0.3	0.4	0.6	0.8
0.9% NaCl/mL	1.0	0.9	0.8	0.7	0.6	0.4	0.2
考马斯亮蓝染液/mL	4.0	4.0	4.0	4.0	4.0	4.0	4.0
蛋白质浓度/（mg/mL）	0	10	20	30	40	60	80
A_{595nm}							

将管内溶液混匀，室温静置3min，以第1管为空白，于波长595nm处比色，读取吸光度，以吸光度为纵坐标，各标准液浓度（μg/mL）为横坐标作图得标准曲线。

2. 样液的测定

另取一支干净试管，加入样品液1.0mL及考马斯亮蓝染液4.0mL，混匀，室温静置3min，于波长595nm处比色，读取吸光度，由样品液的吸光度查标准曲线即可求出含量。

注意：样品蛋白质含量在10～100μg为宜。一些阳离子如K^+、Na^+、Mg^{2+}、乙醇等物质对测定无影响，而大量的去污剂如SDS等会严重干扰测定。

实验二十二　氨基酸纸层析法

一、实验目的

通过氨基酸的分离，学习纸层析法的基本原理及操作方法。

二、实验原理

纸层析法是用滤纸作为惰性支持物的分配层析法。层析溶剂由有机溶剂和水组成。

物质被分离后在纸层析图谱上的位置用比移值R_f表示（图9-1）：

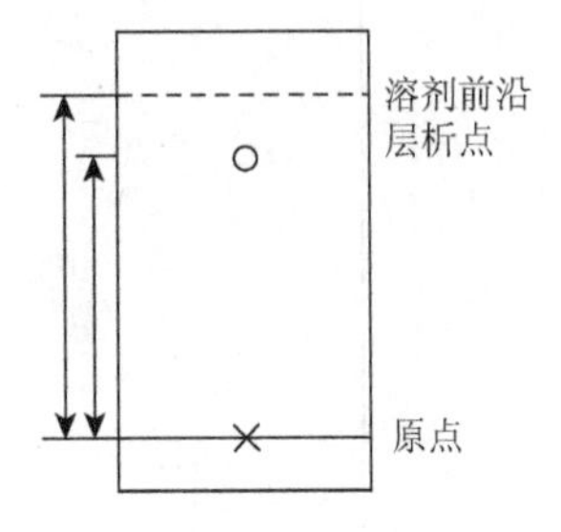

图9-1　层析滤纸分离物质示意图

$$R_f=\frac{\text{原点到层析点中心的距离}}{\text{原点到溶剂前沿的距离}}$$

在一定的条件下某种物质的R_f值是常数。

R_f 值的大小与物质的结构、性质、溶剂系统、层析滤纸的质量和层析温度等因素有关。本实验利用纸层析法分离氨基酸。

三、实验试剂与仪器

1）试剂

扩展剂：4 份水饱和的正丁醇和 1 份乙酸的混合物。将 20mL 正丁醇和 5mL 冰醋酸放入分液漏斗中，与 15mL 水混合，充分振荡，静置后分层，放出下层水层。取漏斗内的扩展剂约 5mL 置于小烧杯中作平衡溶剂，其余的倒入培养皿中备用。

氨基酸溶液：0.5%的赖氨酸、脯氨酸、缬氨酸、苯丙氨酸、亮氨酸溶液及它们的混合液（各组分浓度均为 0.5%）。

显色剂：0.1%水合茚三酮正丁醇溶液。

2）仪器

层析缸、毛细管、喷雾器、培养皿、层析滤纸（新华一号）、吹风机。

四、实验步骤

（1）将盛有平衡溶剂的小烧杯置于密闭的层析缸中。

（2）取层析滤纸（长 22cm、宽 14cm）一张。在纸的一端距边缘 2～3cm 处用铅笔划一条直线，在此直线上每间隔 2cm 作一记号，如图 9-2 所示。

（3）点样。用毛细管将各氨基酸样品分别点在这 6 个位置上，干后再点一次。每点在纸上扩散的直径最大不超过 3mm。

（4）扩展。用线将滤纸缝成筒状，纸的两边不能接触。将盛有约 20mL 扩展剂的培养皿迅速置于密闭的层析缸中，并将滤纸直立于培养皿中（点样的一端在下，扩展剂的液面需低于点样线 1cm）。待溶剂上升至 15～20cm 时即取出滤纸，用铅笔描出溶剂前沿界线，自然干燥或用吹风机热风吹干。

（5）显色。用喷雾器均匀喷上 0.1%茚三酮正丁醇溶液，然后置烘箱中烘烤 5min（100℃）或用热风吹干，即可显出各层析斑点（图 9-3）。

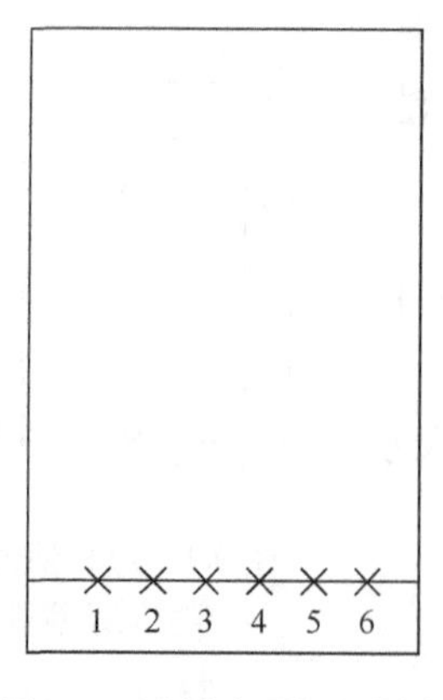

图 9-2　层析滤纸标记样式

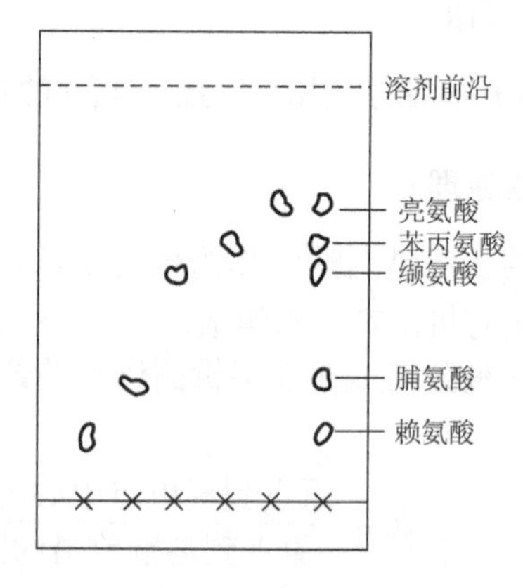

图 9-3　层析滤纸斑点样式

（6）计算各种氨基酸的 R_f 值。

五、思考题

（1）何谓纸层析法？
（2）何谓 R_f 值？影响 R_f 值的主要因素是什么？
（3）怎样制备扩展剂？
（4）层析缸中平衡溶剂的作用是什么？

实验二十三　蛋白质的盐析和透析

一、实验目的

掌握蛋白质盐析和透析的基本操作以及 $(NH_4)_2SO_4$ 盐析过程中的使用方法。

二、实验原理

1. 盐析

蛋白质是亲水胶体，借水化层和同性电荷维持胶态的稳定。向蛋白质溶液中加入某种碱金属或碱土金属的中性盐类，如 $(NH_4)_2SO_4$、Na_2SO_4、NaCl 或 $MgSO_4$ 等，则发生电荷中和现象（失去电荷），当这些盐类的浓度足够大时，蛋白质胶粒脱水而沉淀，此即盐析。

由盐析所得的蛋白质沉淀，若经透析或水稀释降低盐类浓度后，能再溶解并保持其原有分子结构，仍具有生物活性，因此，盐析是可逆性沉淀。各种蛋白质分子颗粒大小、亲水程度不同，盐析所需的盐浓度也不一样，因此调节蛋白质混合溶液中的中性盐浓度，可使各种蛋白质分段沉淀。例如，球蛋白在半饱和 $(NH_4)_2SO_4$ 溶液中析出，而白蛋白则需在饱和 $(NH_4)_2SO_4$ 溶液中才能沉淀。盐析是蛋白质分离纯化过程中的常用方法。

2. 透析

蛋白质的相对分子质量很大，颗粒的大小已达胶体颗粒范围（1～100nm），因此不能通过半透膜。

透析是选用适当孔径的半透膜，使小分子晶体物质透过此膜，而胶体颗粒则不能透过，这种用以分离胶体物质和小分子物质的方法称为透析，此技术常用于蛋白质的纯化。

三、实验试剂与仪器

1）试剂

饱和 $(NH_4)_2SO_4$ 溶液、$(NH_4)_2SO_4$ 粉末、0.9% NaCl、20% NaOH、0.1% $CuSO_4$。

奈氏试剂：将 10g 碘化汞和 7g 碘化钾溶于 10mL 水中，然后将混合液慢慢注入氢氧化钾溶液（24.4g 氢氧化钾溶于 70mL 水，冷却后转移至 100mL 容量瓶）中，边加边摇动。加水至容量瓶刻度，摇匀，放置 2 天后使用。试剂应保存在棕色玻璃瓶中，置暗处。

试样：动物血清、血浆或卵清。

2）仪器

离心机、离心管、透析袋等。

四、实验步骤

1. 盐析

于洁净离心管中加入血清或血浆 1mL，用滴管加 1mL 饱和$(NH_4)_2SO_4$，用小玻璃棒搅匀，此时球蛋白沉淀。放置 5min 后离心（3000r/min）10min，上清液用滴管移入另一离心管中，分次少量加入固体$(NH_4)_2SO_4$，用玻璃棒搅拌至有少量$(NH_4)_2SO_4$不再溶解为止。此时清蛋白在饱和$(NH_4)_2SO_4$溶液中析出，加 1% HCl 1～2 滴，混匀放置 5min 后，再离心 10min，用滴管吸出上清液至试管中，沉淀为清蛋白。

2. 透析

（1）取适宜长短的透析袋，用玻璃丝或白色丝线扎其一端，加少量水，检查是否漏水，然后将水倒去备用。

（2）取 3mL 水加至上述制备得到的清蛋白沉淀中，用玻璃棒搅拌（观察沉淀是否重新溶解），装入透析袋中，扎紧另一端，将透析袋放入装有 50mL 水的小烧杯中，使袋内外的液面处于同一水面上，透析 15min，此时可使盐类通过半透膜进入水中。

3. 检测

（1）取 2 支试管，一支加水 10 滴，另一支加袋外液 10 滴，两管各加奈氏试剂 2 滴，摇匀，有黄色或有黄褐色沉淀生成，表示有铵盐存在。

（2）取 3 支试管并编号，1 号管加饱和$(NH_4)_2SO_4$上清液 10 滴，2 号管加袋外液 10 滴，3 号管加袋内液 10 滴，然后各加 20% NaOH 10 滴，混匀，再分别逐滴加 0.1% $CuSO_4$ 3～5 滴，混匀，若有紫红色出现，表示有蛋白质存在（铵盐存在对双缩脲反应有一定的干扰，定量实验时必须除去铵盐）。

五、注意事项

蛋白质溶液用透析法去盐时，正负离子透过半透膜的速度不同。以$(NH_4)_2SO_4$为例，NH_4^+的透出较快，在透析过程中膜内SO_4^{2-}剩余而生成H_2SO_4，使膜内蛋白质溶液呈酸性，足以达到使蛋白质变性的酸度。因此，在用盐析法纯化蛋白质作透析去盐时，开始应使用 0.1mol/L NH_4OH 或缓冲液透析。

六、思考题

（1）盐析的操作要点及注意事项是什么？
（2）奈氏试剂在透析检测中有什么作用？

实验二十四 乙酸血清纤维素薄膜电泳分离血清蛋白

一、实验目的

学习乙酸纤维素薄膜电泳的操作，了解电泳技术的一般原理。

二、实验原理

乙酸纤维素薄膜电泳是用乙酸纤维素薄膜作为支持物的电泳方法。

乙酸纤维素薄膜由二乙酸纤维素制成，它具有均一的泡沫样结构，厚度仅120μm，有强渗透性，对分子移动无阻力，作为区带电泳的支持物进行蛋白电泳有简便、快速、样品用量少、应用范围广、分离清晰、没有吸附现象等优点。目前，已广泛用于血清蛋白、脂蛋白、血红蛋白、糖蛋白、同工酶的分离及免疫电泳中。

三、实验试剂与仪器

1）试剂

巴比妥缓冲液（pH 8.6，离子强度0.07）：巴比妥2.76g，巴比妥钠15.45g，加水至1000mL。

染色液：氨基黑10B 0.25g，甲醇50mL，冰醋酸10mL，水40mL（可重复使用）。

漂洗液：含甲醇或乙醇45mL，冰醋酸5mL，水50mL。

透明液：含无水乙醇7份，冰醋酸3份。

2）仪器

常压电泳仪、点样器（市售或自制）、培养皿（染色及漂洗用）、粗滤纸、玻璃板、镊子、白磁反应板。

3）材料

乙酸纤维素薄膜（2cm×8cm）。

四、实验步骤

1. 浸泡

用镊子取乙酸纤维素薄膜1张（识别出光泽面与无光泽面，并在角上用笔做记号）放在缓冲液中浸泡20min。

2. 点样

把膜条从缓冲液中取出，夹在两层粗滤纸内吸干多余的液体，然后平铺在玻璃板上（无光泽面朝上），将点样器先放置在白磁反应板上的血清中蘸一下，再在膜条一端 2～3cm 处轻轻地水平落下并随即提起，这样即在膜条上点上了细条状的血清样品（图 9-4）。

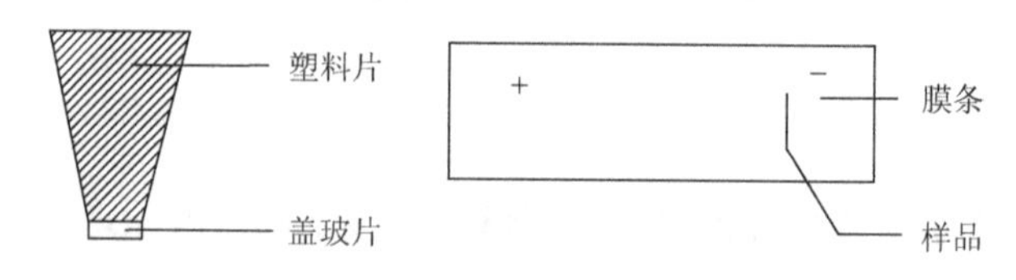

图 9-4　点样器和薄膜示意图

3. 电泳

保证电泳槽内的液面等高，将膜条平悬于电泳槽支架的滤纸桥上。先剪裁尺寸合适的滤纸条，取双层滤纸条附着在电泳槽的支架上，使它的一端与支架的前沿对齐，而另一端浸入电极槽的缓冲液内。用缓冲液将滤纸全部润湿并驱除气泡，使滤纸紧贴在支架上，即为滤纸桥（它是联系乙酸纤维素薄膜和两极缓冲液之间的“桥梁”）。膜条上点样的一端靠近负极，盖严电泳室。然后通电，调节电压到 160V，电流强度 0.4～0.7mA/cm 膜宽，电泳时间约为 25min，如图 9-5 所示。

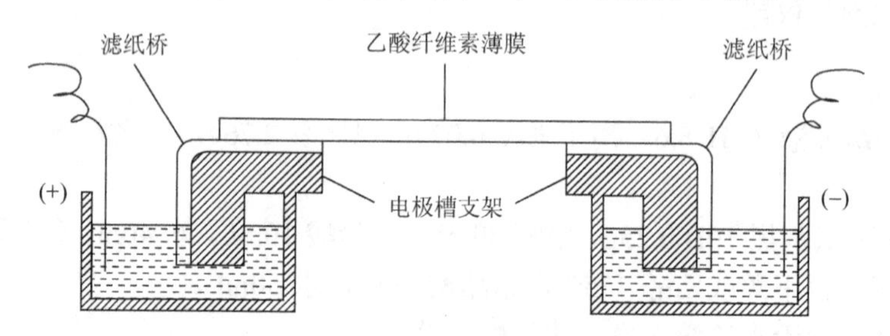

图 9-5　乙酸纤维素薄膜电泳装置示意图

4. 染色

电泳完毕后将膜条取下并放在染色液中浸泡 10min。

5. 漂洗

将膜条从染色液中取出后移至漂洗液中漂洗数次至无蛋白区底色脱净为止，可得色带清晰的电泳图谱（图 9-6）。

图 9-6 中从左到右依次为：血清清蛋白、α_1 球蛋白、α_2 球蛋白、β 球蛋白和 γ 球蛋白。定量测定时可将膜用滤纸压平吸干，按区带分段剪开，分别浸在浓度为 0.4mol/L 的氢氧化钠溶液中，并剪取相同大小的无色带膜条做空白对照，进行比色。

或者将干燥的电泳图谱膜条放入透明液中浸泡 2～3min 后取出，贴于洁净的玻璃板上，干后即为透明的薄膜图谱，可用光密度计直接测定。

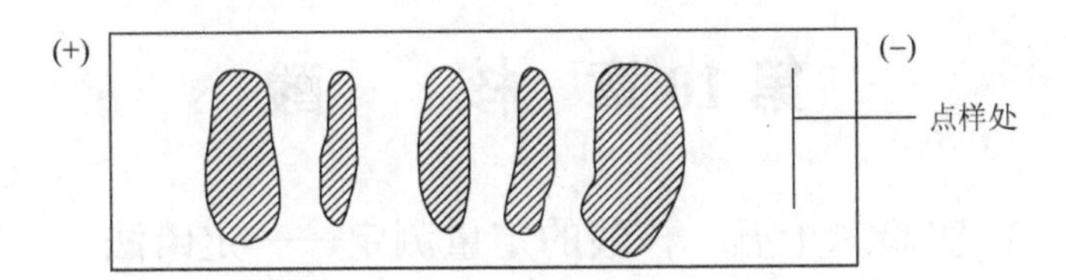

图 9-6 乙酸纤维素薄膜血清蛋白电泳图谱

五、思考题

（1）将乙酸纤维素薄膜用作电泳的支持物有何优点？

（2）比较乙酸纤维素薄膜电泳与纸电泳的异同点。

第10章 核　　酸

实验二十五　核酸的定量测定——定磷法

一、实验目的

了解定磷法测定核酸含量的原理；掌握定磷法测定核酸含量的基本操作。

二、实验原理

在酸性环境中，定磷试剂中的钼酸铵以钼酸形式与样品中的磷酸反应生成磷钼酸，当有还原剂存在时，磷钼酸立即转变为蓝色的还原产物——钼蓝。钼蓝最大的光吸收发生在 650～660nm 波长处。当使用抗坏血酸为还原剂时，测定的最适范围为 1～10μg 无机磷。测定样品核酸总磷量，需先将它用硫酸或过氯酸消化成无机磷再进行测定。总磷量减去未消化样品中测得的无机磷量，即得核酸含磷量，由此可以计算出核酸含量。

三、实验试剂与仪器

1）试剂

3mol/L H_2SO_4 溶液、10mol/L H_2SO_4 溶液、2.5%钼酸铵溶液、10%抗坏血酸溶液。

定磷试剂：蒸馏水∶3mol/L H_2SO_4∶2.5%钼铵∶10%抗坏血酸=2∶1∶1∶1。

标准无机磷储备液（含磷量 1mg/mL）：将磷酸二氢钾于 110℃烘至恒量（一般需 4h 以上），然后置于干燥器内冷却。用分析天平精确称取 1.0967g，定容至 250mL。此溶液为储备液，放入冰箱内保存，用时再稀释。

2）仪器

分析天平、容量瓶（50mL，100mL）、台式离心机、离心管、凯氏烧瓶（25mL）、温水浴锅、200℃烘箱、硬质玻璃试管、吸量管、分光光度计。

四、实验步骤

1. 标准曲线的绘制

吸取 0.5mL 标准无机磷储备液于 50mL 容量瓶中，用蒸馏水稀释至刻度，配制成含磷量 10μg/mL 的标准无机磷溶液。

取 6 支试管并编号，按表 10-1 内要求加入标准磷溶液、蒸馏水及定磷试剂。加毕摇匀，于 45℃水浴保温 15min，冷却，用 721 型分光光度计分别测定其吸光度（A_{660}）。

表 10-1　标准曲线的制作

编号	0	1	2	3	4	5
标准磷溶液/mL	0	0.2	0.4	0.6	0.8	1.0
蒸馏水/mL	3.0	2.8	2.6	2.4	2.2	2
定磷试剂/mL	3	3	3	3	3	3
A_{660}						

2. 总磷的测定

准确称取样品（如粗核酸）0.1g，用少量水溶解（如不溶，可滴加 5%氨水调至 pH 7.0），转移至 50mL 容量瓶中，加水至刻度。吸取上面的样品液 1.0mL，置于 50mL 凯氏烧瓶中，加入 2.5mL 10mol/L H_2SO_4，将凯氏烧瓶接在凯氏消化架上（或在通风橱内），在电炉上加热至溶液透明，表示消化完成。冷却，将消化液移入 100mL 容量瓶中，用少量蒸馏水洗涤凯氏烧瓶 2 次，洗涤液一并倒入容量瓶，再加水至刻度。

混匀后，吸取 3.0mL 置于试管中，加定磷试剂 3.0mL，摇匀，45℃保温 15min，冷却，测其 A_{660}（表 10-2）。

表 10-2　总磷与无机磷的测定

编号	0	总磷	无机磷
总磷样品液/mL	3（蒸馏水）	3	
无机磷样品液/mL			3
定磷试剂/mL	3	3	3
A_{660}			

3. 无机磷的测定

吸取样品液（2μg/mL）1.0mL，置于 100mL 容量瓶中，加水至刻度，摇匀后，吸取 3.0mL 置于试管中，加定磷试剂 3.0mL，45℃水浴保温 15min，冷却，测其吸光度（表 10-2）。

五、计算

$$\text{总磷}A_{660} - \text{无机磷}A_{660} = \text{有机磷}A_{660}$$

由标准曲线查得有机磷质量 X（单位：μg），按下式计算样品中的核酸百分含量。

$$w_{\text{核酸}} = \frac{\dfrac{X}{\text{测定时取样的体积(mL)}} \times \text{稀释倍数} \times 11}{\text{样品质量(μg)}} \times 100\%$$

六、思考题

（1）测定核酸含量的方法是什么？各自有何优缺点？

（2）除了样品溶液消化至透明表示消化完成外，还可以用哪种方法来分析判断？

实验二十六　植物组织中 DNA 的快速提取

一、实验目的

掌握从植物组织中快速提取 DNA 的方法。

二、实验原理

在生物体中，核酸常与蛋白质结合在一起，以核蛋白的形式存在。核酸分为核糖核酸（RNA）和脱氧核糖核酸（DNA）两大类。在植物细胞中，DNA 主要存在于细胞核中，RNA 主要存在于细胞质和核仁里。在制备核酸时，通过研磨破坏细胞壁和细胞膜，使核蛋白释放出来。然后，采用阴离子去垢剂 SDS 破坏细胞中 DNA 与蛋白质之间的静电引力或配位键，使 DNA 从脱氧核糖核蛋白中解离出来。进一步通过氯仿-异戊醇抽提除去蛋白质，采用 RNAase 水解去除 RNA，使得 DNA 被初步纯化。最后通过 95%的预冷乙醇从上清液中将 DNA 沉淀出来，获得纯度较高的植物组织 DNA。

三、实验试剂与仪器

1）试剂

95%乙醇、氯仿-异戊醇混合液（氯仿∶异戊醇=24∶1）。

提取液[0.45mol/L NaCl，0.045mol/L 柠檬酸三钠盐，0.1mol/L 四乙酸乙二胺（EDTA），1%十二烷基硫酸钠（SDS）]：称取 26.31g NaCl、13.23g 柠檬酸钠、37.20g EDTA、10g SDS，溶于 800mL 蒸馏水中，以 0.2mol/L NaOH 溶液调 pH 至 7.0，然后定容至 1000mL。

RNAase 溶液：用 0.14mol/L NaCl 溶液配制含 25mg/mL 的酶液，用 1mol/L HCl 溶液调整 pH 至 5.0。使用前在 80℃水浴中处理 5min（以破坏可能存在的 DNAase）。

pH 8.0 TE 缓冲溶液配制方法如下：

先配制 1mol/L tris-HCl（pH 8.0）缓冲液：称取 121.1g tris，溶于 800mL 蒸馏水中，搅拌条件下加入 42mL 浓 HCl，再用稀 HCl 准确调 pH 至 8.0，加入蒸馏水至总体积达 1L，分装，高压灭菌。

再配制 0.5mol/L EDTA（pH 8.0）溶液：称取 186.1g 二水乙二胺四乙酸二钠盐，加入 800mL 蒸馏水，于磁力搅拌器上搅拌，加入 NaOH 调 pH 至 8.0，再用蒸馏水定容至 1L。只有在 pH 接近 8.0 时，EDTA 才能完全溶解，调整 pH 可以用固体 NaOH。

用1mL的1mol/L tris-HCl（pH 8.0）缓冲液与0.2mL的0.5mol/L EDTA（pH 8.0）溶液混合后，用蒸馏水定容至100mL而成pH 8.0 TE缓冲溶液。

2）仪器

天平、剪刀、研钵、量筒（1000mL，100mL）、离心机、离心管（50mL）、刻度试管、水浴锅、冰箱、温度计、移液器（1000μL）、Tip头（1000μL）。

四、实验步骤

（1）称取植物幼嫩组织10g，剪碎，放在研钵内，加少量液氮，然后加入10mL提取缓冲液，迅速研磨，使其成为浆状物。

（2）将匀浆液转入25mL刻度试管中，加入等体积的氯仿-异戊醇混合液，盖上塞子，上下翻转混匀，将混合液转入离心管，静置片刻以脱除组织蛋白质，然后以5000r/min离心10min。

（3）小心吸取上层清液至刻度试管中，弃去中间层的细胞碎片、变性蛋白质层及下层的氯仿。

（4）将试管置于72℃水浴保温3min（不要超过4min），以灭活组织内的DNA酶，然后迅速取出试管放在冰水浴中冷却至室温。

（5）再次加入等体积的氯仿-异戊醇混合液，并在带塞的锥形瓶中摇晃20s。将混合液转入离心管，静置片刻后，以5000r/min离心10min。

（6）小心吸取上层清液至刻度试管中，加入2倍体积的95%预冷乙醇，盖上塞子，混匀，置于−20℃冰箱放置15min左右。然后，将混合液转入离心管，以5000r/min离心10min。弃去上清液，此沉淀为DNA的粗制品。

（7）将所得DNA的粗制品溶解于5mL蒸馏水溶液中，将混合溶液转入刻度试管，加入预先处理过的RNA酶溶液使其终浓度为50～70mg/mL，并在37℃下保温30min以除去RNA。

（8）重复步骤（5），以除去残留蛋白质及所加的RNA酶。

（9）重复步骤（6），此沉淀即为初步纯化的DNA。将DNA溶解于适量TE溶液，于−20℃储存，备用。

五、思考题

（1）如果要提取基因组大片段的DNA分子，操作中应注意什么？

（2）如何获得纯度较高的DNA分子？

实验二十七 酵母RNA的提取——浓盐法

一、实验目的

学习和掌握从酵母中提取RNA的原理和方法，以加深对核酸性质的认识。

二、实验原理

酵母含 2.67%～10.0% RNA，DNA 很少（0.03%～0.516%），而且菌体容易收集，RNA 也容易分离，因此选用酵母为实验材料。

在加热条件下，利用较高的盐浓度改变细胞膜透性，使 RNA 蛋白释放出来，用离心的方法将菌体除去。根据核酸在等电点时溶解度最小的性质，调节 pH 至 2.0 左右，使 RNA 沉淀出来，加入乙醇洗涤除去可溶性脂类，提高纯度。

在 RNA 提取过程中避免在 20～70℃温度范围内停留时间过长，因为这是磷酸单酯酶和磷酸二酯酶作用的温度范围，会使 RNA 降解，从而降低提取率。

三、实验试剂与器材

1）试剂

NaCl、6mol/L HCl 溶液、95%乙醇。

2）仪器

量筒（50mL）、锥形瓶（100mL）、烧杯（500mL、100mL）、布氏漏斗、吸滤瓶、电子天平、表面皿、分光光度计、离心机、电热恒温水浴锅。

四、实验步骤

1. 提取

称取干酵母粉 2.5g，倒入 100mL 锥形瓶中，加 NaCl 2.5g 和蒸馏水 25mL，搅拌均匀，置于沸水浴中提取 30min。在此过程中配置相同浓度的 NaCl 溶液，沸水浴结束后分 2 次洗涤锥形瓶。

2. 分离

将上述提取液用自来水冷却后装入离心管内，以 4000r/min 离心 10min，使提取液与菌体残渣等分离。

3. 沉淀 RNA

将离心得到的上清液倾入 100mL 烧杯内，并置入放有冰块的 500mL 烧杯中冷却，待冷至 10℃以下时，用 6mol/L HCl 调节 pH 至 2.0 左右（注意严格控制 pH）。调好后继续于冰水中静置 10min，使沉淀充分，颗粒变大。

4. 洗涤和抽滤

上述悬液以 4000r/min 离心 10min，得到 RNA 沉淀。将沉淀物用 95%乙醇 10mL 充分搅拌洗涤，然后在布氏漏斗上抽滤，再用 95%乙醇 10mL 淋洗 1 次。

5. 干燥

从布氏漏斗上取下沉淀物，放在表面皿上铺成薄层，置于80℃烘箱内干燥。将干燥后的RNA制品称量（差量法），存放于干燥器内。

五、计算

1. 含量测定

将干燥后的RNA产品配制成浓度为20μg/mL的溶液，在分光光度计上测定其260nm处的吸光度，按下式计算RNA含量：

$$\text{RNA含量}=\frac{A_{260}}{0.024\times L}\times\frac{\text{RNA溶液总体积(mL)}}{\text{RNA称取量(μg)}}\times 100\%$$

式中：A_{260}为260nm处的吸光度；L为比色杯光径，cm；0.024为1mL溶液中含1μg RNA的吸光度。

2. 计算提取率

$$\text{RNA提取率}=\frac{\text{RNA含量(\%)}\times\text{RNA制品质量(g)}}{\text{酵母质量(g)}}\times 100\%$$

六、思考题

（1）沉淀RNA之前为什么要冷却上清液至10℃以下？
（2）为什么要将pH调至2.0左右？

实验二十八 离子交换柱层析分离核苷酸

一、实验目的

掌握离子交换层析法分离混合核苷酸的方法；了解离子交换柱层析的工作原理及操作技术。

二、实验原理

各种核苷酸分子结构不同，在同一pH时与离子交换树脂的亲和力有差异，因此可依亲和力从小到大的顺序被洗脱液洗脱下来，达到分离的效果。

在离子交换柱层析中，分配系数或平衡常数（K_d）是一个重要的参数

$$K_d=\frac{c_s}{c_m}$$

式中：c_s为某物质在固定相（交换剂）上的物质的量浓度；c_m为该物质在流动相中的物质的量浓度。

可以看出，与交换剂的亲和力越大，c_s越大，K_d值也越大。各种物质K_d值差异的大小决定了分离的效果。差异越大，分离效果越好。影响K_d值的因素很多，如被分离物带电荷多少、空间结构因素、离子交换剂的非极性亲和力大小、温度高低等。

混合核苷酸可以用阳离子或阴离子交换树脂进行分离。本实验采用聚苯乙烯-二乙烯苯、三甲胺季铵碱型粉末阴离子树脂（201×8）分离 4 种核苷酸。通过测定核苷酸的紫外吸收光谱吸光度比值 A_{250}/A_{260}、A_{280}/A_{260}、A_{290}/A_{260}，对照标准比值（表 10-3），可以确定其为何种核苷酸，同时可计算出 RNA 中各核苷酸的含量。

表 10-3　4 种核苷酸的部分常数

核苷酸	相对分子质量	异构体	摩尔吸光系数（$\varepsilon_{260}\times10^{-3}\mu L$）		紫外吸收光谱性质 吸光度					
					A_{250}/A_{260}		A_{280}/A_{260}		A_{290}/A_{260}	
			pH 2	pH 7	pH 2	pH 7	pH 2	pH 7	pH 2	pH 7
AMP	347.2	2′	14.5	15.3	0.85	0.8	0.23	0.15	0.038	0.009
		3′	14.5	15.3	0.85	0.8	0.23	0.15	0.038	0.009
		5′	14.5	15.3	0.85	0.8	0.22	0.15	0.03	0.009
GMP	363.2	2′	12.3	12.0	0.90	1.15	0.68	0.68	0.48	0.285
		3′	12.3	12.0	0.90	1.15	0.68	0.68	0.48	0.285
		5′	11.6	11.7	1.22	1.15	0.68	0.68	0.40	0.28
CMP	323.2	2′	6.9	7.75	0.48	0.86	1.83	0.86	1.22	0.26
		3′	6.6	7.6	0.46	0.84	2.00	0.93	1.45	0.30
		5′	6.3	7.4	0.46	0.84	2.10	0.99	1.55	0.30
UMP	324.2	2′	9.9	9.9	0.79	0.85	0.30	0.25	0.03	0.02
		3′	9.9	9.9	0.74	0.83	0.33	0.25	0.03	0.02
		5′	9.9	9.9	0.74	0.73	0.38	0.40	0.03	0.03

三、实验试剂与仪器

1）试剂

酵母 RNA、1mol/L 甲酸溶液、0.02mol/L 甲酸溶液、0.15mol/L 甲酸溶液、1mol/L 甲酸钠溶液、0.3mol/L KOH 溶液、2mol/L 高氯酸、0.5mol/L NaOH 溶液、2mol/L NaOH 溶液、1mol/L HCl 溶液、0.01mol/L 甲酸-0.05mol/L 甲酸钠溶液（pH=4.44）、0.1mol/L 甲酸-0.1mol/L 甲酸钠溶液（pH=3.74）。

强碱型阴离子交换树脂 201×8，聚苯乙烯-二乙烯苯，三甲胺季铵碱，全交换量大于 3mmol/g 干树脂，粉末型 100～200 目。

2）仪器

层析柱、电磁搅拌器、部分收集器、紫外分光光度计、旋涡混合器、紫外分光光度计、台式离心机、恒温水浴锅。

四、实验步骤

1. RNA 的水解

称取 20mg 酵母 RNA，溶于 2mL 0.3mol/L KOH 溶液中，于 37℃水浴中保温水解 20h。然后用 2mol/L 高氯酸调至 pH 2 以下，再以 4000r/min 离心 15min，取上清液，用 2mol/L NaOH 调至 pH 8～9，作样品液备用。

2. 离子交换层析柱的装柱方法

离子交换层析柱可使用内径约 1cm、长 20cm 的层析柱，柱下端橡皮塞中央插入一玻璃滴管以收集流出液，橡皮塞上盖以尼龙网和薄绢以防离子交换树脂流出。层析柱固定在铁架台上，调成垂直。

将经过处理的离子交换树脂一次加入柱内，使树脂自由沉降至柱底，用一小片圆滤纸盖在树脂面上。缓缓放出液体使液面降到滤纸片下树脂面上（使树脂最后沉降的高度为 7～8cm）。注意：在装柱和之后使用层析柱的过程中，切勿干柱，树脂不能分层，树脂面要低于液面，以防气泡进入树脂内部影响分离效果。

3. 加样

将 RNA 水解液沿柱壁小心加到树脂表面，使样品液面下降至滤纸片内时，用 50mL 蒸馏水洗柱，以除去不被阴离子交换树脂吸附的碱基、核苷等杂质。

4. 核苷酸混合物的洗脱

用蒸馏水洗至流出液在 260nm 波长处的吸光度值低于 0.020 时，再依次用下列洗脱液进行梯度洗脱：500mL 0.20mol/L 甲酸溶液，500mL 0.15mol/L 甲酸溶液，500mL 0.01mol/L 甲酸-0.05mol/L 甲酸钠溶液，500mL 0.1mol/L 甲酸-0.1mol/L 甲酸钠溶液。控制流速为 0.8～1.0mL/min，用部分收集器收集洗脱液，每管收集 8mL。

5. 分析检测

以相应的洗脱剂作为空白对照，用紫外分光光度计测定各管洗脱收集液在 260nm 处的吸光度值，以洗脱液体积（或管数）为横坐标，吸光度值为纵坐标，得到 RNA 水解产物曲线图。

测定各收集部分核苷酸在不同波长时的吸光度的比值（A_{250}/A_{260}、A_{280}/A_{260}、

A_{290}/A_{260}），根据其比值，对照标准比值（表 10-3）以及洗脱时的相对位置，即可确定其为何种核苷酸。由洗脱液的体积和它们的吸光度值，可计算 RNA 中各种核苷酸的含量（依据表 10-3 中摩尔吸光系数计算）。

五、注意事项

样品不宜过浓，洗脱的流速不宜过快，洗脱液的 pH 要严格控制。否则造成吸附不完全，洗脱峰平坦而使各核苷酸分离不清。

六、思考题

（1）何为梯度洗脱？有何特点？

（2）为什么混合核苷酸会从树脂上逐个洗脱下来？

实验二十九　DNA 的琼脂糖凝胶电泳

一、实验目的

学习并掌握琼脂糖凝胶电泳的原理和基本操作，通过 DNA 琼脂糖凝胶电泳可知 DNA 的纯度、含量和相对分子质量。

二、实验原理

琼脂糖凝胶电泳是分子生物学中最常用的鉴定 DNA 的方法，它简便易行，只需少量 DNA。DNA 分子在琼脂糖凝胶中泳动是电荷效应和分子筛效应所致，前者由分子所带电荷量的多少而定，后者则主要与分子大小及构象有关。DNA 分子在高于其等电点的 pH 溶液中带负电荷，在电场中向正极移动。由于糖-磷酸骨架在结构上的重复性，相同数量的双链 DNA 几乎具有等量的净电荷，因此它们能以同样的速率向正极移动。在一定的电场强度下，DNA 分子的泳动速率取决于 DNA 分子的大小和构象。具有不同相对分子质量的 DNA 片段泳动速率不同，DNA 分子的迁移速率与其相对分子质量的对数成反比。另外，DNA 分子的构象也可影响其迁移速率，同样相对分子质量的 DNA，超螺旋共价闭环质粒 DNA（covalently closed circular DNA，cccDNA）迁移速率最快，线状 DNA（linear DNA）次之，开环 DNA（open circular DNA，cDNA）最慢。

观察琼脂糖凝胶中 DNA 的最简便方法是利用荧光染料溴化乙啶（EB）染色，EB 分子是一种扁平分子，在紫外灯照射下可发出红色荧光。当 DNA 在琼脂糖凝胶中电泳时，加入的 EB 就可以嵌入 DNA 双链的碱基之间，形成一种荧光配合物，使发射的荧光增强几十倍。而荧光的强度正比于 DNA 的含量，如将已知浓度的标准样品作电泳对照，就可估计出待测样品的浓度。琼脂糖凝胶分离 DNA 的范围较广，用各种浓度的琼脂糖凝胶可以分离长度为 200bp～50kb 的 DNA，见表 10-4。

表 10-4 琼脂糖凝胶分离 DNA 的范围

琼脂糖的含量/%	分离线状 DNA 分子的有效范围/kb	琼脂糖的含量/%	分离线状 DNA 分子的有效范围/kb
0.3	5～6	1.2	0.4～6
0.6	1～20	1.5	0.2～4
0.7	0.8～10	2.0	0.1～3
0.9	0.5～7		

综上所述，通过 DNA 琼脂糖凝胶电泳可知 DNA 的纯度、含量和相对分子质量。

三、实验试剂与仪器

1）试剂

DNA 样品（2.5mg DNA 溶于 100mL 5×TBE）、DNA 相对分子质量标准样品（marker）、琼脂糖。

5×TBE：将 54g tris、27.5g 硼酸、4.65g $Na_2Y \cdot H_2O$ 溶于蒸馏水，定容至 100mL，调 pH 至 8.3，用水稀释 10 倍。

溴酚蓝指示剂：将 50mg 溴酚蓝溶于 100mL 50%甘油中。

溴化乙啶（EB）：取 EB 10mg，加水 2mL 制成 5mg/mL 水溶液。

凝胶加样缓冲液（0.05%溴酚蓝-50%甘油溶液）：先配制 0.1%溴酚蓝水溶液，然后取 1 份 0.1%溴酚蓝溶液与等体积的甘油混合即成。

2）仪器

Eppendorf 管、一次性手套、移液器、锥形瓶、烧杯、量筒、滴管、微波炉（电热恒温水浴锅）、稳压电泳仪、紫外检测仪、水平式电泳槽、水平仪、摄影设备。

四、实验步骤

1. 琼脂糖凝胶的制备

（1）洗净有机玻璃制胶内槽，两端用胶带封严，置水平位置备用。

（2）根据制胶槽大小，称取一定量的琼脂糖，放入锥形瓶中，按 1%的浓度加入 0.5×TBE 缓冲液，在锥形瓶上倒扣 1 个小烧杯，置微波炉或水浴中加热至完全溶解，取出摇匀，冷却至约 60℃时，加入 EB 液，使 EB 终浓度为 0.5μg/mL（操作时戴手套）。

2. 凝胶板的制备

（1）将冷却至约 60℃的琼脂糖凝胶缓慢倒入制胶模槽，厚度一般为 3～5mm，放好梳子，排除梳齿间或梳齿下的气泡（一般轻轻抖动梳子即可）。

（2）室温下放置 30～40min，使琼脂糖完全凝固，小心取出梳子，撤除胶槽两端胶带，将胶槽置于电泳槽中，加入 0.5×TBE 缓冲液，使液面高于胶面约 1mm。注意：电泳槽中缓冲液和配制凝胶的缓冲液应完全一致，最好为同一次配制的溶液。

3. 加样

取样品液和标准样品 DNA 各 40μL，分别加入 10μL 溴酚蓝指示剂，混匀后，用微量加样器（移液枪或注射器）将样品加入点样孔中，枪头不可碰孔壁。0.5cm×0.5cm×0.15cm 的标准孔最大上样容积为 37.5μL，单一分子 DNA 每孔可加 DNA 100～500ng，每孔可加 DNA 的混合物 20～30μg，测相对分子质量时，两侧均应加标准样品 DNA，盐分过高的样品需脱盐。

4. 电泳

接通电泳槽和电泳仪，注意 DNA 向正极移动，加样端要接负极。DNA 的迁移速率与电压成正比，电压选择 1～5V。当溴酚蓝染料移动到距凝胶前沿约 1cm 处时，停止电泳。

5. 观察

在 254nm 波长紫外灯下（戴上防护眼镜）观察电泳结果，并可将凝胶置于紫外透射仪的玻璃板上，打开紫外灯，用配有近摄接圈和红色滤片的照相机，采用全色胶卷，在 50～60cm 距离、5.6 光圈下，根据条带深浅曝光 10～20s。也可用凝胶自动成像仪处理结果。

五、注意事项

（1）EB 为强致癌剂，使用时一定要戴手套。

（2）加在凝胶中的 EB 电泳时向负极移动，使 DNA 迁移率下降约 15%，对带型有一定的影响。因此，在凝胶中可不加 EB，等电泳结束后，将凝胶置于 0.5μg/mL 的 EB 中染色 30min。

（3）如操作熟练，可将 EB 预先加入琼脂糖中，使其浓度达到 0.5μg/mL，电泳完毕后取出，可立即在紫外灯下观察。

（4）紫外灯下观察结果时，应戴防护眼镜。

（5）EB 废液要经过处理才可丢弃，较容易的方法是：用水将其稀释至 0.5μg/mL 以下，加入 1 倍体积 0.5mol/L $KMnO_4$ 混匀，再加 1 倍体积的 2.5mol/L HCl 混匀，室温放置数小时，再加入 1 倍体积的 2.5mol/L NaOH 混匀即可废弃。

六、思考题

用琼脂糖凝胶电泳如何测定 DNA 的相对分子质量？

实验三十 RNA 的聚丙烯酰胺凝胶电泳

一、实验目的

掌握 RNA 的聚丙烯酰胺凝胶电泳的原理与方法。

二、实验原理

不同相对分子质量的核酸在一般介质（如滤纸、淀粉板等）中进行电泳时常不易分开，这是不同核酸分子的质量与电荷之比通常较接近的缘故。核酸的凝胶电泳则由于凝胶具有分子筛效应而获得较好的分级分离效果。常用于电泳的凝胶有聚丙烯酰胺凝胶和琼脂糖凝胶等。通常分离 RNA 样品多采用 2.4%～5.0%聚丙烯酰胺凝胶进行电泳。相对分子质量较小的 RNA 可用较高浓度凝胶，例如，tRNA 水解碎片的电泳用 8%或更高浓度的聚丙烯酰胺。亚甲基双丙烯酰胺占丙烯酰单体的比例（交联度）应随凝胶浓度的改变而不同。当凝胶浓度大于 5%时，交联度可为 2.5%；凝胶浓度小于 5%时，交联度需增至 5%。在聚丙烯酰胺含量低于 3%时，由于凝胶太软，不易操作，常加 0.3%琼脂糖，以增加凝胶的机械强度。

三、实验试剂与仪器

1）试剂

2g/L 溴酚蓝溶液、20g/L 亚甲基蓝-1mol/L 乙酸溶液、400g/L 蔗糖溶液。

20%丙烯酰胺储存液（交联度＞5%）：市售商品丙烯酰胺和亚甲基双丙烯酰胺在使用前需经重结晶纯化。取 19.0g 丙烯酰胺和 1.0g 亚甲基双丙烯酰胺溶于水，定容至 100mL，装在棕色瓶内，置于冰箱保存，可在 1～2 个月内使用。

0.89mol/L tris-0.89mol/L 硼酸-0.025mol/L pH 8.3 EDTA 缓冲液：取 108.0g tris、55.0g 硼酸和 9.3g EDTA（EDTA $Na_2 \cdot 2H_2O$）溶于水，定容至 1000mL，pH 调至 8.3。作为电泳缓冲液使用时应稀释 10 倍。

四甲基乙二胺（TEMED）：可经重蒸加以纯化，收集 121～124℃馏分。纯品为无色透明的液体。通常商品不需纯化即可直接使用。

100g/L 过硫酸铵：于冰箱中保存，可在一周内使用。

2）仪器

玻璃管（内径 6mm，长 90mm）或平板凝胶模（100mm×120mm×0.15mm）、垂直柱型或垂直板型电泳槽、直流稳压电源（0～600V，0～1100mA）、细滴管、培养皿、微量注射器（50μL）、注射器（10mL）、注射针头（5 号或 6 号，长度 10cm）。

四、操作步骤

1. 制胶

如制备 15mL 5%凝胶，可取 3.75mL 20%丙烯酰胺储存液、1.50mL 未稀释的缓冲液、10μL 四甲基乙二胺和 9.59mL 蒸馏水，混合均匀后，抽真空以排除溶解在水中的氧气。然后加 0.15mL 10%过硫酸铵，加速搅匀，用细滴管分加到 6 支预先用橡皮塞堵住底部的玻璃管内，注意不要有气泡。胶面距玻璃管顶部 1cm，沿管壁在胶面上注入少量蒸馏水，使胶面平整。温度高时凝胶聚合速率快，但易使生成的凝胶不均匀。如聚合速率太快或太慢，可改变加速剂四甲基乙二胺的量，以使凝胶在 10min 内开始聚合，0.5h 聚合完毕为宜。聚合后放置 1～2h 即可使用。

2. 预电泳

将凝胶管或平板凝胶放置电泳槽内，灌入电极缓冲液，上槽连接负极，下槽连接正极。为除去凝胶中过硫酸铵等杂质对样品的影响，可作预电泳。电流约每管 3mA 或平板 20mA，电泳 1h。在一般分析中这一步可省略。

3. 加样

核酸的聚丙烯酰胺凝胶电泳通常采用连续系统，没有浓缩阶段，因此核酸样品体积不能太大。将样品溶解在 10%～15%蔗糖溶液中，加入少量 0.2%溴酚蓝作电泳前沿指示剂。样品含盐分较多时必须透析除去，否则会影响电泳结果。每管加核酸样品 10～60μg，体积为 10～30μL。

4. 电泳

开始电泳时电流应小一些（1～2mA/管），以避免产热促使样品在溶液中扩散。待样品进入凝胶后可将电流增加至每管 5mA 或每平板 30mA。电泳 1～2h，待溴酚蓝色带移至管的下端，即停止电泳。

5. 染色

取出凝胶管，用带有长针头的注射器吸入适量蒸馏水，将针头插入凝胶与管壁之间，边旋转边推进注入水，使凝胶从玻璃管内滑出。取细针蘸少量墨汁描出凝胶溴酚蓝色带位置，以标示电泳前沿。然后将凝胶置于 2%亚甲基蓝的 1mol/L 乙酸溶液中染色 1h 以上。如欲染色充分，可在亚甲基蓝溶液中浸泡过夜。用 1mol/L 乙酸或水漂洗，直至背景完全清晰为止。如染料溶液中有未溶解的亚甲基蓝存在，则染料颗粒吸附在凝胶上不易洗脱除去，因此染料溶液应过滤后使用。平板凝胶可以按同样方法染色和漂洗。待凝胶漂洗清晰后可在 630nm 波长处扫描。

亚甲基蓝染色的条带在浸泡过程中很易褪色。焦宁（pyronine）Y 或 G 与核酸结合牢固，用它染色的条带能较长时间保存，其最低检出的核酸量为0.01g，比亚甲基蓝略灵敏一些。焦宁溶于乙酸-甲醇-水（1∶1∶8，体积比），浓度为0.5%。将电泳后的凝胶在焦宁溶液中浸泡16h，然后用乙酸-甲醇-水（0.5∶1∶8.5，体积比）混合液脱色，直至背景清晰。

将凝胶浸泡在5mg/mL溴化乙啶的0.04mol/L pH 7.6 tris-HCl缓冲液内14h，取出后在紫外灯下照射，RNA即与DNA一样呈现荧光。用溴化乙啶染色可拍摄荧光照片，还可将荧光条带切下以回收RNA样品。

6. 保存

凝胶条可浸泡在1mol/L乙酸内，置于带塞试管内保存。平板凝胶的两面分别用两张稍大的玻璃板覆盖，玻璃纸经水浸泡并滴上几滴甘油，平铺在玻璃板上，玻璃纸边缘用胶纸或胶布封住，固定在玻璃板上，待干燥后取下凝胶片，图谱可保持不变。

第 11 章　酶

实验三十一　酶 的 特 性

一、实验目的

进一步理解酶的有关性质，如温度对酶活性的影响、pH 对酶活性的影响、酶的激活与抑制及酶的专一性。

二、实验内容

1. 温度对酶活性的影响

1）实验原理

酶的催化作用受温度的影响，在最适温度下，酶的反应速率最快。大多数动物酶的最适反应温度为 37～40℃，植物酶的最适反应温度为 50～60℃。

酶对温度的稳定性与其存在形式有关，有些酶的干燥制剂加热到 100℃时其活性并无明显改变，但在 100℃的溶液中很快完全失去活性。通常低温能降低或抑制酶的活性，但不能使酶失活。

2）实验试剂与仪器

a. 试剂

含 0.3%氯化钠的 0.2%淀粉溶液：需新鲜配制。

稀释 200 倍的唾液：用蒸馏水漱口，以清除食物残渣。再含一口蒸馏水，30s 后使其流入量筒并稀释 200 倍（稀释倍数可根据各人唾液酶活性调整），混匀备用。

碘化钾-碘溶液：碘化钾 20g 及碘 10g 溶于 100mL 水中，使用前稀释 10 倍。

b. 仪器

试管及试管架、恒温水浴、冰浴、沸水浴。

3）实验步骤

淀粉和可溶性淀粉遇碘呈蓝色。糊精按其分子的大小，遇碘可呈蓝色、紫色、暗褐色或红色。最简单的糊精遇碘不呈颜色，麦芽糖遇碘也不呈色。在不同温度下，淀粉被唾液淀粉酶水解的程度可由水解混合物遇碘呈现的颜色来判断。

取 3 支试管，编号后按表 11-1 加入试剂，摇匀后，将 1 号、3 号试管放入 37℃恒温水浴中，2 号试管放入冰水中。10min 后取出，将 2 号管内液体分为两半，用碘化钾-碘溶液检验 1、2、3 管内淀粉被唾液淀粉酶水解的程度。记录并解释结果，将 2 号管剩下的一半溶液放入 37℃水浴中继续保温 10min 后，再用碘液实验，观察结果。

表 11-1　温度对酶活性的影响

编号	1	2	3
淀粉溶液/mL	1.5	1.5	1.5
稀释唾液/mL	1	1	—
煮沸过的稀释唾液/mL	—	—	1

2. pH 对酶活性的影响

1）实验原理

酶的活性受反应溶液中 pH 的影响极为显著，不同酶的最适 pH 不同。本实验观察 pH 对唾液淀粉酶活性的影响。

2）实验试剂与仪器

a. 试剂

新配制的溶于 0.3%氯化钠的 0.5%淀粉溶液、稀释 200 倍的新鲜唾液、0.2mol/L 磷酸氢二钠溶液、0.1mol/L 柠檬酸溶液、碘化钾-碘溶液。

b. 仪器

试管及试管架、移液管、滴管、50mL 锥形瓶、恒温水浴。

3）实验步骤

取 4 个标号的 50mL 锥形瓶。用移液管按表 11-2 添加 0.2mol/L 磷酸氢二钠溶液和 0.1mol/L 柠檬酸溶液以制备 pH 5～8 的 4 种缓冲液。

表 11-2　pH 对酶活性的影响

编号	0.2mol/L 磷酸氢二钠/mL	0.1mol/L 柠檬酸/mL	pH
1	5.15	4.85	5.0
2	6.05	3.95	5.8
3	7.72	2.28	6.8
4	9.72	0.28	8.0

从 4 个锥形瓶中各取缓冲液 3mL，分别注入 4 支带有标号的试管中，随后于每个试管中添加 0.5%淀粉溶液 2mL 和稀释 200 倍的唾液 2mL。向各试管中加入稀释唾液的时间间隔各为 1min。将各试管内容物混匀，并依次置于 37℃恒温水浴中保温。

第 4 管加入唾液 2min 后，每隔 1min 由第 3 管取出一滴混合液，置于白瓷板上，加 1 小滴碘化钾-碘溶液，检验淀粉的水解程度。待混合液变为棕黄色时，向所有试管依次添加 1～2 滴碘化钾-碘溶液。添加碘化钾-碘溶液的时间间隔从第一管起均为 1min。

观察各试管内容物呈现的颜色，分析 pH 对唾液淀粉酶活性的影响，并指出唾液淀粉酶的最适 pH。

3. 唾液淀粉酶的活化和抑制

1）实验原理

酶的活性受活化剂或抑制剂的影响。氯离子为唾液淀粉酶的活化剂，铜离子为其抑制剂。

2）实验试剂与仪器

a. 试剂

0.1%淀粉溶液、稀释 200 倍的新鲜唾液、1%氯化钠溶液、1%硫酸铜溶液、1%硫酸钠溶液、碘化钾-碘溶液。

b. 仪器

恒温水浴、试管及试管架。

3）实验步骤

按表 11-3 准备 4 支试管并依次加入各种试剂，反应后观察结果并记录。

表 11-3　唾液淀粉酶活化及抑制实验

编号	1	2	3	4
0.1%淀粉溶液/mL	1.5	1.5	1.5	1.5
稀释唾液/mL	0.5	0.5	0.5	0.5
1%硫酸铜溶液/mL	0.5	—	—	—
1%氯化钠溶液/mL	—	0.5	—	—
1%硫酸钠溶液/mL	—	—	0.5	—
蒸馏水/mL	—	—	—	0.5
37℃恒温水浴保温 10min				
碘化钾-碘溶液/滴	2～3	2～3	2～3	2～3
现象				

注：保温时间可根据各人唾液淀粉酶活性调整。

4. 酶的专一性

1）实验原理

酶具有高度的专一性。本实验以唾液淀粉酶和蔗糖酶对淀粉和蔗糖的作用为例，来说明酶的专一性。单糖具有还原性，淀粉和蔗糖无还原性。唾液淀粉酶水解淀粉生成有还原性的麦芽糖，但不能催化蔗糖的水解。而蔗糖酶能催化蔗糖水解产生还原性葡萄糖和果糖，但不能催化淀粉的水解。糖的还原性用本尼迪特（Benedict）试剂检查。

2）实验试剂与仪器

a. 试剂

2%蔗糖溶液、稀释 200 倍的新鲜唾液、溶于 0.3%氯化钠的 1%淀粉溶液（需新鲜配制）。

蔗糖酶溶液：将啤酒厂的鲜酵母用水洗涤两三次（离心法），然后放在滤纸上自然干燥。取干酵母 100g 置于研钵内，添加适量蒸馏水及少量细沙，用力研磨提取约 1h，再加蒸馏水使总体积约为原体积的 10 倍。离心并将上清液保存于冰箱中备用。

Benedict 试剂：无水硫酸铜 1.74g 溶于 100mL 热水中，冷却后稀释至 150mL。取柠檬酸钠 173g、无水碳酸钠 100g 和 600mL 水共热，溶解后冷却并加水至 850mL，再将冷却的 150mL 硫酸铜溶液倾入即成，本试剂可长久保存。

b. 仪器

恒温水浴、沸水浴、试管及试管架。

3）实验步骤

（1）淀粉酶的专一性。按表 11-4 准备 6 支试管并依次加入各种试剂，反应后观察结果并记录。

表 11-4　唾液淀粉酶的专一性实验

编号	1	2	3	4	5	6
1%淀粉溶液/滴	4	—	4	—	4	—
2%蔗糖溶液/滴	—	4	—	4	—	4
稀释唾液/mL	—	—	1	1	—	—
煮沸过的稀释唾液/mL	—	—	—	—	1	1
蒸馏水/mL	1	1	—	—	—	—
37℃恒温水浴 15min						
Benedict 试剂/mL	1	1	1	1	1	1
沸水浴 2～3min						
现象						

（2）蔗糖酶的专一性。按表 11-5 准备 6 个试管并依次加入各种试剂，反应后观察结果并记录。

表 11-5　蔗糖酶的专一性实验操作和结果记录

编号	1	2	3	4	5	6
1%淀粉溶液/滴	4	—	4	—	4	—
2%蔗糖溶液/滴	—	4	—	4	—	4
蔗糖酶溶液/mL	—	—	1	1	—	—
煮沸过的蔗糖酶溶液/mL	—	—	—	—	1	1
蒸馏水/mL	1	1	—	—	—	—
37℃恒温水浴 15min						
Benedict 试剂/mL	1	1	1	1	1	1
沸水浴 2～3min						
现象						

三、思考题

（1）说明在酶的特性实验中设置对照实验的必要性。

（2）酶的抑制剂有哪几类？抑制剂与变性剂有何区别？

（3）pH 对酶活性有何影响？什么是酶反应的最适 pH？

（4）何为酶的活性？影响酶活性的因素有哪些？

（5）解释唾液淀粉酶活化和抑制实验的结果并说明本实验中第 3 管的意义。

（6）试述淀粉酶及蔗糖酶专一性实验中各管出现的实验现象，并说明原因。

实验三十二　果蔬中过氧化物酶活性测定

一、实验目的

了解过氧化物酶的生物氧化作用，学习过氧化物酶的测定方法。

二、实验原理

过氧化物酶属氧化还原酶，能催化底物过氧化氢对某些物质的氧化。反应中的供氢体可为各种多元酚（对-甲酚、愈创木酚、间苯二酚）或芳香族胺（苯胺、联苯胺、邻苯二胺）以及 $NADH_2NADFH_2$。其作用机理可分为以下几步：

第一步　形成酶-底物复合物 Ⅰ

过氧化物酶+H_2O_2 ⟶ 酶 · 复合物 Ⅰ

第二步　酶 · 复合物 Ⅰ 转变成褐色的酶 · 复合物 Ⅱ

酶 · 复合物 Ⅰ +AH ⟶ 酶 · 复合物 Ⅱ +A

注：AH 表示还原型供氢体。

第三步　酶 · 复合物 Ⅱ 被还原，释放酶

酶 · 复合物 Ⅱ +AH ⟶ 过氧化物酶+A+H_2O_2

在一定条件下，酶 · 复合物 Ⅱ 可生成产物（P）同时释放出酶，也可与过量的过氧化氢形成稳定的复合物Ⅲ：

酶 · 复合物 Ⅱ +H_2O_2 ⟶ 酶 · 复合物Ⅲ

本实验以愈创木酚为供氢体，H_2O_2 为氢的受体，愈创木酚在过氧化物酶催化作用下被氧化后，生成褐色的产物，由于酶活性大小与产物颜色的深浅成正比，在 470nm 波长下测定其吸光度，可求出过氧化物酶的活性。

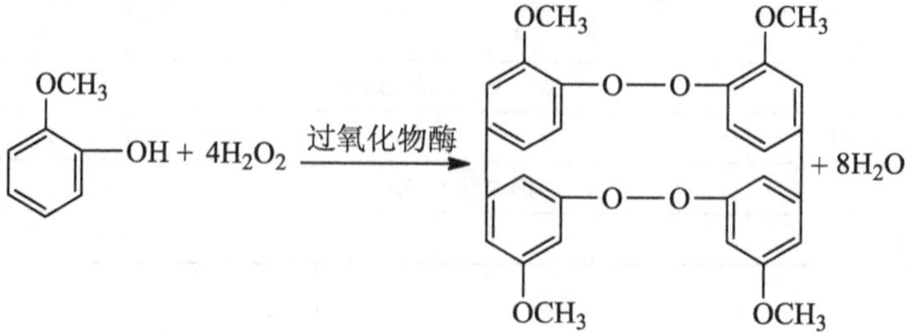

OCH_3–C₆H₄–OH + $4H_2O_2$ —过氧化物酶→ （四邻甲氧基联酚结构：四个 OCH_3 取代苯环，以 O—O 相连） + $8H_2O$

愈创木酚　　　　　　　　四邻甲氧基联酚

以每分钟吸光度的变化值表示过氧化物酶活性大小，即以每克每分钟吸光度变化值 A_{470} 计算。测定过氧化物的实际意义在于，过氧化物广泛存在于植物组织中，在果蔬加工过程中的主要作用包括两个方面：①过氧化物酶氧化作用与果蔬原料特别是非酸性蔬菜在保藏期产生不良风味有关；②过氧化物酶属最耐热的酶类，在果蔬加工时果蔬中过氧化物酶活性大小常被用作衡量果蔬热处理灭酶是否充分的指标，因为当果蔬中的过氧化物酶在热烫中失活时，表明其他酶以活性形式存在的可能性已达到最小。

三、实验试剂与仪器

1）试剂

30%过氧化氢、愈创木酚。

20mmol/L 磷酸二氢钾溶液：称取 2.72g 磷酸二氢钾，用蒸馏水溶解并定容至100mL。

100mmol/L 磷酸 pH 6.0 缓冲溶液：吸取 6.3mL 磷酸加水至 100mL，用氢氧化钠调整至所需的 pH。

反应混合液：取 25mL 磷酸缓冲溶液于烧杯中，加入愈创木酚 140μL，于磁力搅拌器中搅拌至愈创木酚溶解，加入 30%过氧化氢 95μL，混匀后置冰箱中保存备用。

试样：新鲜白菜梗。

2）仪器

可见分光光度计。

四、实验步骤

1. 酶液提取

取白菜梗 10g，加入磷酸盐溶液 30mL，置于研钵中充分研磨，用磷酸盐溶液定容至 100mL，过滤备用。

2. 吸光度测定

取两支试管，其中一支试管加入反应混合液 3.0mL、磷酸盐溶液 1.0mL，作为光度计调零对照；另一试管加入反应混合液 3.0mL、酶液 0.1mL，补充磷酸盐溶液至总体积为 4.0mL，迅速混匀。1min 后使用 1cm 玻璃比色皿，在 470nm 波长条件下测定其吸光度，连续测定 5 次，间隔时间均为 1min。记录测试结果见表 11-6。

表 11-6 吸光度测定结果

测定时间/min	0	1	2	3	4	5
A_{470nm}	0					

3. 求吸光度 $y = \Delta A_{470}t + b$ 回归方程

以每分钟吸光度变化值表示酶活性大小，即以 ΔA_{470} 表示。以时间为横坐标，以 A_{470} 为纵坐标作图，建立回归方程，从而计算 A_{470} 的变化速率，最后计算每克鲜重样品中过氧化物酶活性的大小。

4. 温度对过氧化物酶活性的影响实验

分别取 10g 白菜梗置于 70℃、80℃、90℃、100℃温度条件下热烫处理 3min，再按操作 1 制备酶液。按上述方法 2 测定各吸光度，比较热处理前后酶活性大小。

五、计算

$$\text{过氧化物酶活性} = \frac{\Delta A_{470} \times 100}{m \times V_1}$$

式中：V_1 为测定时吸取供试酶液的体积，mL；m 为提酶样品质量，g；100 为酶液稀释总体积，mL。

六、思考题

（1）过氧化物酶的作用机制是什么？测定其酶活性对食品果蔬加工有何实际意义？

（2）实验操作要点是什么？

实验三十三　酶促褐变的抑制

一、实验目的

了解酶促褐变的原理，学习抑制酶促褐变的方法。

二、实验原理

植物组织中常含有一元酚和邻二酚等酚类物质，如桃、苹果含有绿原酸，马铃薯含有酪氨酸，香蕉含有氮酚类衍生物 3, 4-二羟基苯乙胺，它们均为多酚氧化酶的底物。这些酚类物质在完整的细胞中作为呼吸作用中质子的传递物质，在酚-醌之间保持着动态平衡，因此，褐变不会发生。但在果蔬加工过程中，当组织细胞受损，氧气进入，酚类物质将在多酚氧化酶的催化作用下氧化成为红色醌类物质，从而快速地通过聚合作用形成红褐色素或黑色素，影响食品色泽及风味。因此，氧化酶类、酚类物质以及氧气是发生酶促褐变的必要条件，缺一不可。

酶促褐变的程度主要取决于酚类物质的含量，而氧化酶类的活性强弱似乎没有受到明显的影响，但去除食品中的酚类物质不现实，比较有效的方法是抑制氧化酶类的活性，防止酚类底物的氧化。控制酶促褐变的常见方法主要有热烫处理法、酸处理法、驱氧法等。热烫处理法是利用短时高温破坏酶的结构，达到钝化酶乃至酶失活的目的。酸处理法则是用降低 pH 的方法使酶失活，是果蔬加工过程最常用的一种方法。驱氧法是用真空方法将糖水、盐水渗入果蔬组织内部，驱除空气或使用高浓度的除氧剂如抗坏血酸溶液浸泡以达到除氧的目的。本实验采用酸处理护色方法，通过对比实验了解酶促褐变的抑制原理。

三、实验试剂与仪器

1）试剂

0.5%柠檬酸与 0.3%抗坏血酸混合液（称取 0.5g 柠檬酸、0.3g 抗坏血酸，加水溶解至 100mL）。

试样：苹果。

2）仪器

紫外-可见分光光度计。

四、实验步骤

1. 样品处理

（1）称取去皮苹果 20.0g，迅速切碎后在研钵中充分研磨 10min，加水 15mL，果汁离心分离或过滤至透明，备用。

（2）另称取去皮苹果 20.0g，切碎置于研钵中，迅速加入 0.5%柠檬酸与 0.3%抗坏血酸混合液 15mL，研磨 10min，果汁离心分离或过滤至透明，备用。

注意观察记录两个对比实验中汁液颜色的变化。

2. 汁液褐变色率测定

用 1cm 比色皿以蒸馏水为空白，在 470nm 波长条件下测定苹果汁液的吸光度，以吸光度的大小表示褐变程度，随着褐变程度的增大，吸光度增加，结果记录于表 11-7。

表 11-7 汁液褐变色率测定结果

记录	无护色汁液	护色汁液
汁液颜色		
$A_{470\text{nm}}$		

五、思考题

食品加工过程中酶促褐变的控制方法有哪些？举例说明。

实验三十四 底物浓度对酶促反应速率的影响——K_m 值测定

一、实验目的

掌握利用双倒数曲线求 K_m 的过程及原理。

二、实验原理

脲酶是尿素循环中的一种关键性酶，它催化尿素与水作用生成碳酸铵，在促进土壤和植物体内尿素的利用方面有重要作用。脲酶催化的反应为

$$(NH_2)_2CO+2H_2O \longrightarrow (NH_4)_2CO_3$$

在碱性条件下，碳酸铵与奈氏试剂作用生成橙黄色的碘化双汞铵。在一定范围内，呈色深浅与碳酸铵量成正比。可用比色法测定单位时间内酶促反应所产生的碳酸铵量。

$$(NH_4)_2CO_3+8NaOH+4(KI)_2HgI_2 \longrightarrow 2O(Hg)_2NH_2I+6NaI+8KI+Na_2CO_3+6H_2O$$

在保持恒定的最适条件下，用相同浓度的脲酶催化不同浓度的尿素发生水解反应。在一定限度内，酶促反应速率与尿素浓度成正比。用双倒数作图法可求得脲酶的 K_m 值。

三、实验试剂与仪器

1）试剂

1/10mol/L 尿素：15.015g 尿素，水溶后定容至 250mL。

不同浓度尿素溶液：用 1/10mol/L 尿素分别稀释成 1/20mol/L、1/30mol/L、1/40mol/L、1/50mol/L 的尿素溶液。

1/15mol/L pH 7.0 磷酸盐缓冲液：5.969g Na_2HPO_4，水溶后定容至 250mL。2.268g KH_2PO_4 水溶后定容至 250mL。取 60mL Na_2HPO_4 溶液、40mL KH_2PO_4 溶液混匀，即为 1/15mol/L pH 7.0 磷酸盐缓冲液。

10%硫酸锌：20g $ZnSO_4$ 溶于 200mL 蒸馏水中。

0.5mol/L NaOH 溶液：5g NaOH 水溶后定容至 250mL。

10%酒石酸钾钠：20g 酒石酸钾钠溶于 200mL 蒸馏水中。

0.005mol/L 硫酸铵标准液：准确称取 0.661g 硫酸铵，水溶后定容至 1000mL。

30%乙醇：60mL 95%乙醇，加水 130mL，摇匀。

奈氏试剂：①甲：8.75g KI 溶于 50mL 水中。②乙：8.75g KI 溶于 50mL 水中。③丙：7.5g $HgCl_2$ 溶于 150mL 水中。④丁：2.5g $HgCl_2$ 溶于 50mL 水中。⑤甲与丙混合，生成朱红色沉淀，用蒸馏水以倾泻法洗沉淀几次，洗好后将乙液倒入，令沉淀溶解。然后将丁液逐滴加入，至红色沉淀出现且摇动也不消失为止，定容至 250mL。⑥称取 52.5g NaOH，溶于 200mL 蒸馏水中，放冷。⑦混合⑤、⑥，并定容至 500mL。上清液转入棕色瓶中，存暗处备用。

2）仪器

试管、吸量管（1mL，2mL，10mL）、漏斗、分光光度计、电热恒温水浴锅、离心机、振荡器。

四、实验步骤

（1）脲酶提取。称取 1g 大豆粉，加 30%乙醇 25mL，振荡提取 1h。4000r/min

离心 10min，取上清液备用。

（2）取 5 支试管编号，按表 11-8 操作。

表 11-8　操作Ⅰ

编号		1	2	3	4	5
脲液	浓度/（mol/L）	1/20	1/30	1/40	1/50	1/50
	加入量/mL	0.5	0.5	0.5	0.5	0.5
pH 7.0 磷酸盐缓冲液/mL		2.0	2.0	2.0	2.0	2.0
37℃水浴保温 5min						
脲酶/mL		0.5	0.5	0.5	0.5	—
煮沸脲酶/mL		—	—	—	—	0.5
37℃水浴保温 10min						
10% $ZnSO_4$/mL		0.5	0.5	0.5	0.5	0.5
蒸馏水/mL		10.0	10.0	10.0	10.0	10.0
0.5mol/L NaOH/mL		0.5	0.5	0.5	0.5	0.5

在旋涡振荡器上混匀各管，静置 5min 后过滤。

（3）另取 5 支试管编号，与上述各管对应取滤液，按表 11-9 加入试剂。

表 11-9　操作Ⅱ

编号	1	2	3	4	5
滤液/mL	0	0.5	0.5	0.5	0.5
蒸馏水/mL	9.5	9.5	9.5	9.5	9.5
10%酒石酸钠/mL	0.5	0.5	0.5	0.5	0.5
0.5mol/L NaOH/mL	0.5	0.5	0.5	0.5	0.5
奈氏试剂/mL	1.0	1.0	1.0	1.0	1.0

迅速混匀各管，然后在波长 460nm 下比色，光径 1cm。

（4）制作标准曲线，按表 11-10 加入试剂。

表 11-10　操作Ⅲ

编号	1	2	3	4	5	6
0.005mol/L $(NH_4)_2SO_4$/mL	0	0.1	0.2	0.3	0.4	0.5
蒸馏水/mL	10.0	9.9	9.8	9.7	9.6	9.5
10%酒石酸钠/mL	0.5	0.5	0.5	0.5	0.5	0.5
0.5mol/L NaOH/mL	0.5	0.5	0.5	0.5	0.5	0.5
奈氏试剂/mL	1.0	1.0	1.0	1.0	1.0	1.0

迅速混匀各管，在波长 460nm 下比色，绘制标准曲线。

五、结果处理

在标准曲线上查出脲酶作用于不同浓度脲液生成碳酸铵的量，然后取单位时间生成碳酸铵量的倒数即 $1/v$ 为纵坐标，以对应的脲液浓度的倒数即 1/[S]为横坐标作双倒数图，求出 K_m 值。

六、思考题

各试剂为什么要按照添加顺序进行添加？

实验三十五　枯草杆菌蛋白酶活性的测定

一、实验目的

掌握一种测定蛋白酶活性的方法；学习绘制标准曲线的方法；学习制作酶浓度与酶促反应速率的关系曲线。

二、实验原理

酶活性也称为酶活力（enzyme activity），是指酶催化特定化学反应（酶促反应）的能力。酶活性的大小可以用在一定条件下酶促反应的速率表示。酶促反应速率可用单位时间内底物的减少量或产物的增加量表示，由于在酶活性测定实验中底物往往是过量的，底物的减少量只占底物总量的很小一部分，测定的数据不准确，而产物是从无到有，因此测定产物的增加量比测定底物的减少量更加准确，实际酶活性测定中一般均测定产物的增加量。由于酶促反应速率通常可随反应时间延长逐渐降低，因此为准确测定酶活性，应测定酶促反应的初速率。在底物过量并且其浓度保持不变的前提下，酶促反应初速率与酶的浓度成正比。

枯草杆菌蛋白酶（subtilisin）是芽孢杆菌属细菌所分泌的一种蛋白内切酶，属于丝氨酸蛋白酶类，专一性不强，但对中性和酸性的氨基酸优先。枯草杆菌蛋白酶具有重要的应用价值，被广泛应用于洗涤剂、制革及丝绸工业等方面。

本实验采用酪蛋白作为枯草杆菌蛋白酶的底物，在弱碱性条件（pH 7.5）下，酪蛋白经枯草杆菌蛋白酶作用后产生酪氨酸，酪氨酸可以与酚试剂反应，所生成的蓝色化合物的浓度可用分光光度法测定，可用于推算酶促反应产物酪氨酸的生成量和酶活性。

三、实验试剂与仪器

1）试剂

0.55mol/L 碳酸钠溶液、100g/L 三氯乙酸溶液、0.02mol/L 磷酸缓冲液（pH 7.5）。

酚试剂：于 2000mL 的圆底烧瓶中加入 100g 钨酸钠、25g 钼酸钠和 700mL 蒸馏水，再加入 50mL 85%磷酸及 100mL 浓盐酸，充分混合，加入沸石防暴沸。使用回流装置微沸10h，回流结束及冷却后，加入150g硫酸锂、50mL蒸馏水及2～3滴溴，在通风橱内加热煮沸15min（不必回流），以驱除过量的溴。冷却后加蒸馏水到1000mL，过滤，保存于玻璃塞棕色瓶中备用。所制成的酚试剂应为淡黄色而不带绿色。使用前用标准NaOH滴定（酚酞作指示剂），算出酸的浓度。然后适当稀释，约加水1倍，使最终的酸浓度为1mol/L左右。

5g/L酪蛋白溶液：称取酪蛋白2.5g，用4mL 0.5mol/L的氢氧化钠溶液润湿，加0.02mol/L pH 7.5磷酸缓冲液少许，在水浴中加热溶解。冷却后，用上述缓冲液定容至500mL。此试剂临用时配制。

100μg/mL酪氨酸溶液：精确称取烘干的酪氨酸100mg，用0.2mol/L盐酸溶液溶解，定容至100mL，临用时用水稀释10倍，再分别配制成几种10～60μg/mL浓度的酪氨酸溶液。

枯草杆菌蛋白酶酶液：称取1g枯草杆菌蛋白酶的酶粉，用少量0.02mol/L磷酸缓冲液（pH 7.5）溶解，然后用同一缓冲液定容至100mL。振摇约15min，使其充分溶解，然后用干纱布过滤。吸取滤液5mL，稀释至适当倍数（如20倍、30倍或40倍）供测定用。此酶液可在冰箱中保存一周。

2）仪器

天平、pH计、分光光度计、恒温水浴、试管及试管架、滴管、比色杯、漏斗、滤纸、纱布、微量移液器与吸头。

四、实验步骤

1. 绘制标准曲线

取不同浓度（10～60μg/mL）酪氨酸溶液各1mL，分别加入0.55mol/L碳酸钠溶液5mL、酚试剂1mL。置30℃恒温水浴中显色15min，用空白管（只加水、碳酸钠溶液和酚试剂）作对照，利用分光光度计在680nm处测吸光度A_{680nm}，以吸光度为纵坐标，以酪氨酸的质量（μg）为横坐标，绘制标准曲线（做两组平行实验，取平均值），结果列于表11-11。

表11-11 实验结果记录表

编号	1	2	3	4	5	6
酪氨酸含量/μg						
A_{680nm}						
平均值						

2. 酶活性测定

吸取5g/L酪蛋白溶液2mL置于试管中，在30℃水浴中预热5min后加入预热

（30℃中 5min）的酶液 1mL，立即计时。反应 10min 后，从水浴中取出，并立即加入 100g/L 三氯乙酸溶液 3mL，放置 15min 后，用滤纸过滤。

同时另做一对照管，即取酶液 1mL，先加入 3mL100g/L 的三氯乙酸溶液，然后加入 5g/L 酪蛋白溶液 2mL，30℃水浴中保温 10min，放置 15min，过滤。

取 3 支已经编号的试管，分别加入样品滤液、对照滤液和水各 1mL。然后各加入 0.55mol/L 碳酸钠溶液 5mL，混匀后再各加入酚试剂 1mL，立即混匀，在 30℃显色 15min。以加水的试管作空白，在 680nm 处测对照管及样品管的吸光度。

五、计算

规定在 30℃、pH 7.5 的条件下，水解酪蛋白每分钟产生 1μg 酪氨酸为一个酶活性单位，则 1g 枯草杆菌蛋白酶在 30℃、pH 7.5 的条件下所具有的活性单位为

$$(A_{样} - A_{对}) \cdot K \cdot \frac{V}{t} \cdot N$$

式中：$A_{样}$ 为样品液吸光度；$A_{对}$ 为对照液吸光度；K 为标准曲线上吸光度为 1 时的酪氨酸质量，μg；t 为酶促反应的时间，min，本实验 $t = 10\text{min}$；V 为酶促反应管的总体积，mL，本实验 $V = 6$；N 为酶液的稀释倍数，本实验 $N = 2000$（注：该值为参考值，如实际测定时酶活性很高，可酌情增加稀释倍数）。

六、思考题

（1）本实验测定酶活性的原理是什么？

（2）测定酶活性时为什么要测定酶促反应的初速率？

（3）测定酶活性时为什么既要设对照又要设空白？

（4）稀释的酶溶液是否可长期使用？说明原因。

实验三十六　多酚酶的提取及酶抑制剂的抑制作用

一、实验目的

掌握植物中提取多酚氧化酶的方法及了解多酚氧化酶在植物中的分布；研究酶抑制剂对多酚氧化酶的抑制效果；学习描点拟合曲线，求出酶抑制剂的抑制浓度（IC_{50}）值。

二、实验原理

多酚氧化酶（PPO，EC.1.10.3.1）是植物体内普遍存在的可被分离得到的酚酶，其结构为每个亚基含有一个铜离子作为辅基，以氧作为受氢体的一种末端氧化酶。酚酶催化两类反应：一类是羟基化作用，产生酚的邻羟基化；另一类是氧化作用，使邻二酚氧化为邻醌。

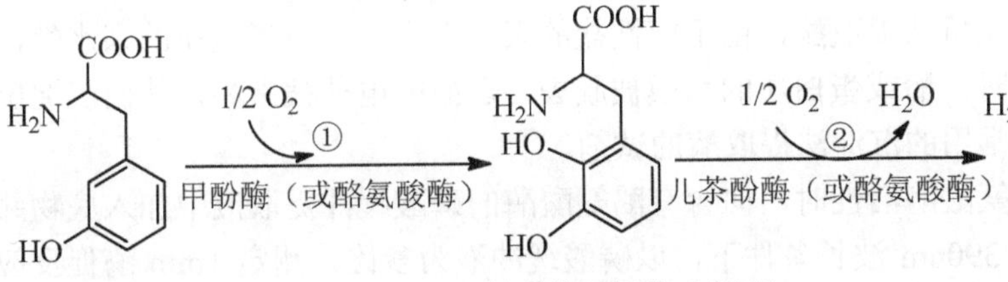

1/2 O_2 ① 甲酚酶（或酪氨酸酶）　1/2 O_2 H_2O ② 儿茶酚酶（或酪氨酸酶）

酪氨酸　3,4-二羟基苯丙氨酸（多巴）（DOPA）　多巴醌

因此，酚酶是一种复合酶，是酚羟化酶，又称单酚氧化酶（酪氨酸酶）和双酚氧化酶的复合体。

L-酪氨酸在酪氨酸酶的作用下形成 L-多巴，接着多巴被进一步催化氧化成为 L-多巴醌。酪氨酸酶广泛存在于哺乳动物和植物中，植物酪氨酸酶与一些水果和蔬菜加工过程中的褐变有关；哺乳动物酪氨酸酶常见于黑色素细胞中，如皮肤、发囊和眼睛，并具有产生类黑色素的高度特异性。酪氨酸酶在生物体中合成黑色素的途径是：在氧气存在的条件下，酪氨酸酶能够催化单酚羟基化合物成二酚羟基化合物（单酚酶活性），然后把邻二酚羟基氧化成邻醌（双酚酶活性），醌经过聚合反应形成类黑色素。

酪氨酸酶的作用底物具有一定的广泛性，并对底物邻位羟基的催化生成醌类化合物具有高度的特异性。

自然界含多种酚类化合物，但只有其中的一部分可以作为酪氨酸酶的底物。其中最重要的底物有儿茶素、多巴（3, 4-二羟基苯丙氨酸）、3, 4-二羟基肉桂酸酯（绿原酸）、酪氨酸、氨基苯酚和邻苯二酚等。

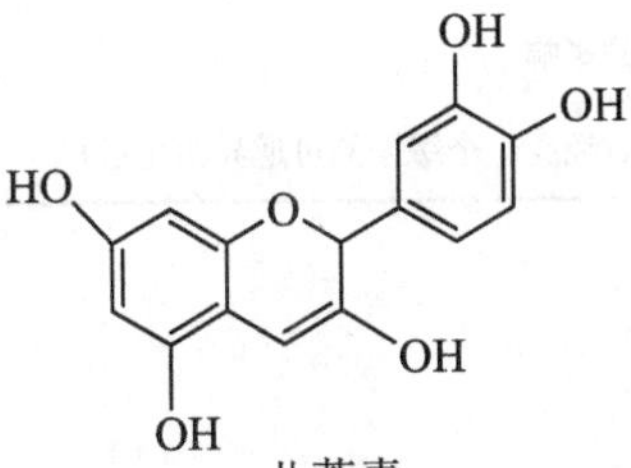

儿茶素 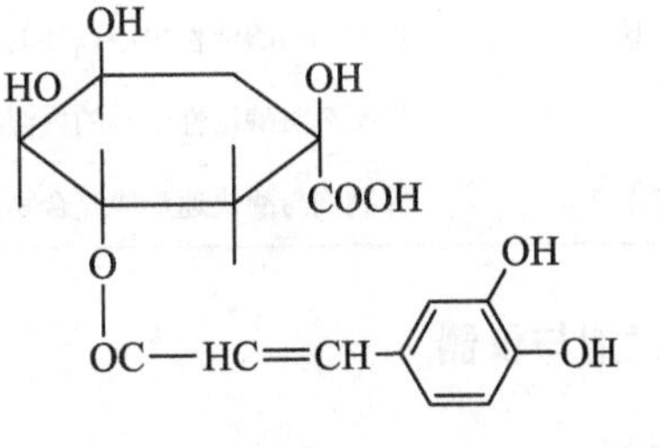　　绿原酸

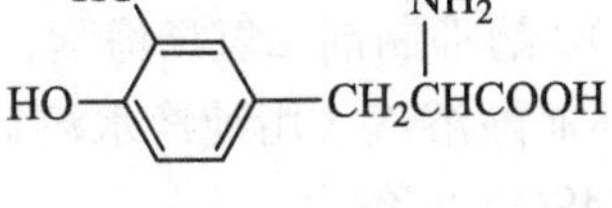

多巴 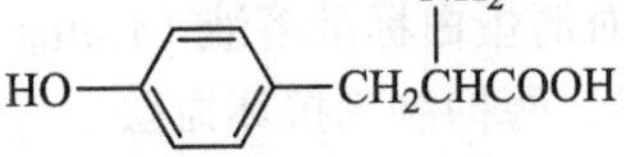　　酪氨酸

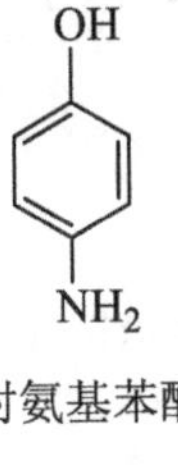

对氨基苯酚 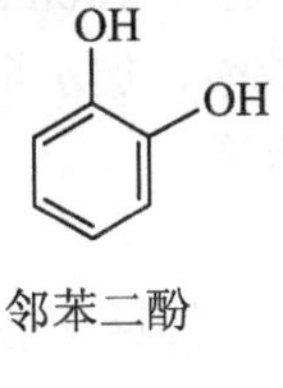　　邻苯二酚

实验采用盐析法提取酶，由于中性盐的亲水性大于酶或蛋白质的亲水性，当加入大量中性盐时，酶或蛋白质的水膜被脱去，表面的电荷被中和，从而沉淀出来。硫酸铵是一种常用的沉淀法提取酶的试剂。

在测定酪氨酸酶活性时，向含有酪氨酸酶的磷酸缓冲提取液中加入底物邻苯二酚或多巴，在 390nm 波长条件下，以磷酸缓冲液为参比，测定 1min 酶促反应液变化的吸光度。酶活性大小以每毫升酶液催化底物反应变化值 ΔA_{390} 除以酶液蛋白质总量表示。

鉴于植物体内含有丰富的多酚氧化酶催化底物，褐变是果蔬及其产品加工过程中的主要劣变形式之一，通常酶促褐变占主导位置。此外，生物体皮肤细胞类黑色素的形成与酪氨酸酶活性调节密切相关，实验提出了酪氨酸酶抑制剂研究内容，分别添加异构酯类、抗坏血酸类、植物黄酮类、无机类等抑制剂，探讨不同的抑制剂对酚酶引起的酶促褐变的抑制效果。实验采用抑制率达 50%时的抑制剂浓度（IC_{50}）作为抑制剂抑制能力强弱的对比指标。

本实验对防止水果、蔬菜的褐变，延缓人体衰老保健品的制备，化妆品中皮肤增白作用以及因酪氨酸酶催化产生黑色素引起疾病的研究，具有一定的指导意义。

抑制酪氨酸酶生物催化作用的机理见表 11-12。

表 11-12　抑制酪氨酸酶生物催化作用的机理

类型	主要机理
竞争型	底物类似物结合酶的活性中心抑制酶活性，如氢醌、间苯酚类等
非竞争型	抑制剂与酶活性中心以外的氨基酸残基结合及抑制剂对过氧自由基的清除作用
混合型	抑制剂对酶活性中心的内源桥基的影响
缓慢结合型	抑制剂与酶快速形成复合物，此后经历一个缓慢的可逆异构化过程

三、实验试剂与仪器

1）试剂

pH 6.8 的 0.1mol/L 磷酸钾缓冲液（内含 20mmol/L 抗坏血酸）、0.025mol/L 邻苯二酚溶液、牛血清蛋白标准溶液（1.0mg/mL）、酶抑制剂二氢杨梅素、芦丁溶液（用 50%乙醇溶解）、酶抑制剂抗坏血酸、异抗坏血酸溶液（用纯净水溶解）、酶抑制剂肉桂酰甘氨酸甲酯溶液［用二甲基亚砜（DMSO）溶解］。

考马斯亮蓝试剂：称量 100mg 考马斯亮蓝 G-250，溶于 50mL 95%的乙醇后，再加入 120mL 85%的磷酸，加水至 1000mL。

试样：茄子、蘑菇等。

2）仪器

分光光度计（带自动扫描功能）、冷冻离心机、电热恒温水浴锅、涡旋混合器、pH 计、组织匀浆机。

四、实验步骤

1. 多酚酶活性的测定

（1）粗酶提取。称取植物原料25g置于植物组织匀浆器中，按1∶2（w/v）的比例与冷的0.1mol/L磷酸缓冲液混合，匀浆3min，用4层纱布过滤，滤液冷冻离心，以转速6500r/min离心分离1min，收集上清液。记录上清液体积。

（2）盐析法沉淀提取酪氨酸酶。向粗酶液中加入固体硫酸铵使其达到65%饱和度（25℃时100mL应添加43.0g），再以6000r/min转速离心20min，收集沉淀。将沉淀物用pH 6.8缓冲液溶解至10mL，备用。

（3）蛋白质标准工作曲线的制备。取1.5mL离心管，分别加入0μL、25μL、50μL、100μL、125μL、150μL、200μL牛血清蛋白标准溶液，补水至200μL，再分别加入考马斯亮蓝染料0.2mL，立即在涡旋混合器上混合，静置5min后，以试剂空白为参比，在595nm波长处测定各管的吸光度。记录实验结果。

（4）吸取100μL酶溶解液，用测定蛋白标准工作曲线的方法，测定酶液中的蛋白质含量。要求A_{595}值应在蛋白标准工作曲线内。记录检测结果。

（5）多酚酶活性测定。取一小试管，加入pH 6.8的0.1mol/L磷酸钾缓冲液0.93mL、0.025mol/L邻苯二酚溶液50μL，最后加入20μL酶液，混匀，以试剂空白为参比，用分光光度计在390nm波长处，测定1min内吸光度变化的扫描值ΔA_{390}。记录检测结果。酶活性大小以每毫升酶液催化底物反应变化值ΔA_{390}除以酶液蛋白质含量表示。

（6）实验结果与计算。

蛋白质含量测定：根据标准工作曲线蛋白质溶液测定的吸光度，建立线性回归方程，根据酶样品测定的吸光度，计算酶液蛋白质含量

$$\text{蛋白质含量}(\mu g/mL)=\frac{m}{V}$$

式中：m为检测样品A_{595nm}值对应标准曲线的蛋白质含量，μg；V为检测样品的体积，mL。

$$\text{多酚酶活性}=\frac{\Delta A_{390}}{C_{\text{蛋白}}}$$

式中：ΔA_{390}值为在390nm波长下，每毫升酶作用底物1min时吸光度的变化率；$C_{\text{蛋白}}$为催化反应酶液的蛋白质含量，μg。

（7）比较不同原料多酚氧化酶活性的大小，列于表11-13。

表11-13 不同原料多酚氧化酶活性

原料名称	测定酶液蛋白质含量	ΔA_{390}值	多酚氧化酶活性

2. 酶抑制剂对多酚酶活性的抑制作用

（1）抑制剂对多酚酶活性抑制反应。

取 6 支样品管，分别加入 pH 6.8 的 0.1mol/L 磷酸钾缓冲液 880μL，按顺序加入 0μL、5μL、10μL、20μL、40μL、50μL 抑制剂溶液，补 DMSO 溶液（或水，或 50%乙醇，与酶抑制剂溶解试剂一致）至 50μL，加入 20μL 酪氨酸酶溶液，混匀，于 37℃保温 10min，立即加入 50μL 邻苯二酚溶液，用涡旋混合器混匀，以 950μL 磷酸缓冲溶液、50μL DMSO（或水，或 50%乙醇，与酶抑制剂溶解试剂一致）混合液为参比，测定 390nm 波长处酶反应液 1min 内吸光度的变化值 ΔA_{390}。记录测定结果。

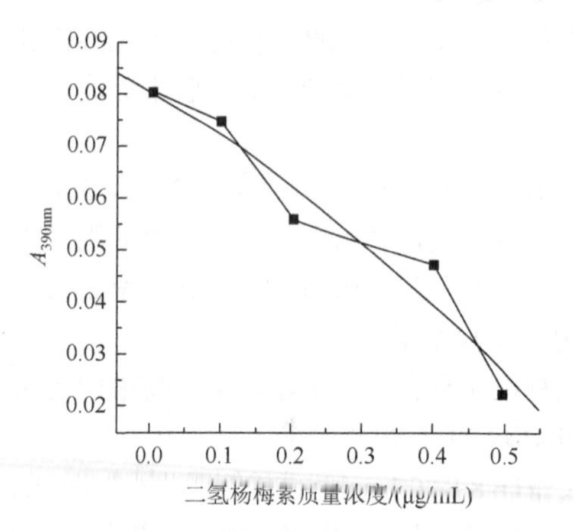

图 11-1　二氢杨梅素对酪氨酸酶活性抑制曲线

（2）作描点拟合曲线，从曲线中读取每种酪氨酸酶抑制剂的 IC_{50} 值，记录实验结果。酶抑制剂二氢杨梅素对酪氨酸酶活性抑制的实验拟合曲线如图 11-1 所示。

（3）实验结果记录及酶抑制效果评价列于表 11-14。

表 11-14　效果评价表

抑制剂名称					
IC_{50} 值					

五、思考题

（1）多酚氧化酶与底物发生氧化反应的实验原理是什么？

（2）简述酶活性测定时需注意的问题，研究酶抑制剂对多酚酶活性抑制作用的意义。

第12章 维 生 素

实验三十七 维生素C含量的定量测定

I 维生素C含量的定量测定方法一 2, 6-二氯酚靛酚法

一、实验目的

了解维生素C的性质及生理作用；学习并掌握2, 6-二氯酚靛酚法测定维生素C含量的原理和操作方法。

二、实验原理

维生素C又称抗坏血酸，是一种水溶性维生素，具有很强的还原性，本实验利用它所具有的还原性质，使其与2, 6-二氯酚靛酚作用，来测定其含量。

氧化型 2, 6-二氯酚靛酚在中性或碱性溶液中呈蓝色，在酸性溶液中呈红色。当被还原剂还原后，则呈无色。

H^+ / OH^-

氧化型2,6-二氯酚靛酚（蓝色） ⇌ 氧化型2,6-二氯酚靛酚（红色） + 还原型抗坏血酸 → 还原型2,6-二氯酚靛酚（无色） + 氧化型（脱氢）抗坏血酸

根据上述性质，利用 2, 6-二氯酚靛酚在酸性环境中滴定含有维生素 C 的样品溶液。开始时，样品液中的维生素 C 立即将滴入的 2, 6-二氯酚靛酚染料还原成无色，当溶液中的维生素 C 全部被氧化时，再滴入的 2, 6-二氯酚靛酚不再被还原脱色，溶液立即呈现淡红色（玫瑰色）。因此当样品液用 2, 6-二氯酚靛酚标准溶液滴定，溶液出现浅红色时，表明样品中的维生素 C 全部被氧化，此即为滴定终点。记录 2, 6-二氯酚靛酚标准溶液的消耗量，计算出样品中还原型抗坏血酸的含量。

三、实验试剂与仪器

1）试剂

1%草酸溶液：草酸 1g 溶于 100mL 蒸馏水中。

2%草酸溶液：草酸 2g 溶于 100mL 蒸馏水中。

标准抗坏血酸溶液（0.1mg/mL）：精确称取 20mg 纯抗坏血酸（应为洁白色，如变为黄色则不能用），用 1%草酸溶液溶解并定容至 200mL。该溶液应储存于棕色瓶中，最好临用前配制。

0.1% 2, 6-二氯酚靛酚溶液：称取 50mg 2, 6-二氯酚靛酚溶于约 200mL 含 52mg 碳酸氢钠（A.R）的热水中，冷却后用蒸馏水稀释至 500mL，滤去不溶物，储存于棕色瓶中，4℃冰箱中冷藏（可稳定 1 周左右）。临用前，以标准的抗坏血酸溶液进行标定。

试样：青辣椒。

2）仪器

天平、研钵、微量滴定管（5mL）、容量瓶、移液管、锥形瓶（100mL）、漏斗。

四、实验步骤

1. 抗坏血酸提取

准确称取洗净的新鲜辣椒 4.0g 于研钵中，加入 2%草酸溶液少许，充分研磨成匀浆，通过小漏斗将浆液转移入 50mL 容量瓶中，研钵、漏斗等器具可用少量 2%的草酸洗涤，合并入容量瓶中，用 2%草酸溶液定容。充分摇匀，过滤，滤液备用（或 4000r/min 离心 5min 取上清液）。

2. 标准溶液滴定

准确吸取 1mL 标准抗坏血酸溶液于 50mL 锥形瓶中，加入 1%草酸溶液 9mL。同时吸取 10mL 1%草酸溶液于另一 50mL 锥形瓶中作空白对照。微量滴定管以 2, 6-二氯酚靛酚溶液进行滴定至呈粉红色，15s 不褪色为终点，记录所用染料溶液的体积，计算 1mL 染料液所能氧化抗坏血酸的量（mg）。

3. 样品滴定

准确吸取样品提取液两份，每份 10mL，分别放入 50mL 锥形瓶中。用微量滴定管以 2, 6-二氯酚靛酚溶液滴定样品提取液，当呈粉红色且持续 15s 不褪色，即为滴定终点。空白滴定方法同前。

注意：如果样品中含抗坏血酸浓度太高或太低，需要酌量增减样液，保证滴定所用染料体积在 1～4mL，且在 2min 内完成滴定。

五、计算

取两份样品滴定所耗用染料体积的平均值代入下式，计算 100g 样品中还原型抗坏血酸的含量：

$$\text{抗坏血酸含量(mg/100g样品)} = \frac{(V_1 - V_2) \times V \times K}{V_3 \times m} \times 100$$

式中：V_1 为滴定样品所耗用的染料的平均体积，mL；V_2 为滴定空白对照所耗用的染料的平均体积，mL；V 为样品液的总体积，mL；V_3 为滴定时所取的样品提取液的体积，mL；K 为 1mL 染料所能氧化抗坏血酸的量，mg；m 为待测样品的质量，g。

六、注意事项

（1）该法只能用于测定还原型抗坏血酸的含量，不能测出具有同样生理功能的氧化型抗坏血酸和结合型抗坏血酸含量。

（2）用 2%草酸制备提取液，可有效地抑制抗坏血酸氧化酶，以免抗坏血酸变为氧化型而无法滴定，而 1%的草酸无此作用。

（3）如果样品中含有较多亚铁离子（Fe^{2+}），可使染料还原而影响测定，这时应改用 8%乙酸代替草酸制备样品提取液，这样 Fe^{2+}不会很快与染料起作用。

（4）滴定过程要迅速，一般不超过 2min，因为一些具有还原作用的非维生素 C 物质的还原作用较为迟缓，快速滴定可减少或避免它们的影响。样品滴定消耗染料 1～4mL 为宜，如超出此范围应增加或减少样品提取液的用量，或进行稀释处理等。

（5）样品提取制备和滴定过程中，要避免阳光照射和与金属铜、铁接触，以免破坏抗坏血酸。

（6）当样液本身带色而干扰滴定终点判断时，可在提取液中加入 2～3mL 二氯乙烷，在滴定过程中当二氯乙烷由无色变为红色时即为滴定终点。

七、思考题

（1）为什么样品中抗坏血酸的提取用 2%草酸而不用 1%草酸？

（2）用此法测出的抗坏血酸含量是否是总抗坏血酸的含量？

（3）为什么滴定过程要迅速？

Ⅱ维生素 C 含量的定量测定方法二　磷钼酸法

一、实验目的

掌握磷钼酸法测定维生素 C 的原理和方法。

二、实验原理

在有硫酸和偏磷酸根离子存在下，钼酸铵能与维生素 C 反应生成蓝色配合物。在一定浓度范围内（样品浓度控制在 25～250μm/mL）吸光度与浓度成正比关系。在偏磷酸根离子存在下，样品中所存在的还原糖及其他常见的还原性物质均无干扰，因而专一性好，且反应迅速。

$$\text{钼酸铵+还原型维生素 C} \longrightarrow \text{钼蓝化合物+氧化型维生素 C}$$

三、实验试剂与仪器

1）试剂

0.25mg/mL 维生素 C 标准溶液：准确称取维生素 C 25mg，用蒸馏水溶解，加适量草酸-EDTA 溶液，然后用蒸馏水稀释至 100mL，放冰箱储存，可用 1 周。

草酸-EDTA 溶液：称取草酸 6.3g 和 EDTA-二钠 0.75g，用蒸馏水溶解后定容至 1000mL。

硫酸溶液（1∶19）：取 19 份体积蒸馏水加入 1 份体积硫酸（98%）。

冰醋酸溶液（1∶5）：取 5 份体积水加入 1 份体积冰醋酸即成。

偏磷酸-乙酸溶液：取粉碎好的偏磷酸 3g，加入 48mL（1∶5）冰醋酸，溶解后加蒸馏水稀释至 100mL，必要时过滤，此试剂放冰箱中可保存 3 天。

5%钼酸铵：称取 5g 钼酸铵加蒸馏水定容至 100mL。

试样：青辣椒。

2）仪器

分光光度计、水浴锅、离心机、组织捣碎机、移液管、试管及试管架、漏斗。

四、实验步骤

1. 绘制标准曲线

取试管 9 支，按表 12-1 进行操作。以“0”号管作空白调零，测定其他各管吸光度。以吸光度为纵坐标，维生素 C 质量（μg）为横坐标绘制标准曲线。

表 12-1 标准曲线法

编号	0	1	2	3	4	5	6	7	8
0.25mg/mL 维生素 C 标准溶液/mL	0	0.1	0.2	0.3	0.4	0.5	0.6	0.8	1.0
蒸馏水/mL	1.0	0.9	0.8	0.7	0.6	0.5	0.4	0.2	0
草酸-EDTA 溶液/mL	2.0	2.0	2.0	2.0	2.0	2.0	2.0	2.0	2.0
偏磷酸-乙酸/mL	0.5	0.5	0.5	0.5	0.5	0.5	0.5	0.5	0.5
硫酸溶液（1∶19）/mL	1.0	1.0	1.0	1.0	1.0	1.0	1.0	1.0	1.0
5%钼酸铵/mL	2.0	2.0	2.0	2.0	2.0	2.0	2.0	2.0	2.0
混合均匀，30℃水浴 15min									
维生素 C 质量/μg	0	25	50	75	100	125	150	200	250
A_{760nm}									

2. 样品处理

准确称取新鲜干净的青辣椒 5.0g 于研钵中，加入少量草酸-EDTA 溶液，充分研磨成匀浆，通过小漏斗全部转移至 50mL 容量瓶中，用少量草酸-EDTA 溶液洗涤研钵、漏斗等器皿，用草酸-EDTA 溶液定容至刻度。摇匀，4000r/min 离心 5min（或过滤），上清液（滤液）备用。

3. 样品测定

取上清液（或滤液）0.5mL，加 0.5mL 蒸馏水，其余操作均按标准曲线方法，测出样品吸光度。

五、计算

$$样品中维生素C含量(mg/100g样品)=\frac{m_0V_1}{m_1V_2\times10^3}\times100$$

式中：m_0 为查标准曲线所得维生素 C 的质量，μg；V_1 为稀释总体积，mL；m_1 为称样质量，g；V_2 为测定时取样体积，mL；10^3 为 μg 换算成 mg 的系数。

六、注意事项

测定样品吸光度时，也应以标准曲线的“0”号管调零，最好标准曲线与样品液测定一起进行。

七、思考题

试述磷钼酸法测定维生素 C 含量的原理。

实验三十八　维生素 B_2 的定量测定（荧光法）

一、实验目的

了解荧光光度计的使用；掌握荧光法测定维生素 B_2 的原理和方法。

二、实验原理

维生素 B_2 又称核黄素，耐热，在酸性环境中较为稳定，遇光易被破坏。维生素 B_2 的水溶液具有黄绿色荧光，在稀溶液中，荧光强度与核黄素的浓度成正比，此性质可用于维生素 B_2 的定量测定。核黄素中加入亚硫酸钠后，被还原成无色的二氢化物，失去荧光。根据样品还原前后的荧光差值，可计算出维生素 B_2 的含量。

核黄素的激发光波长范围为 440～500nm（一般用 460nm），发射光波长范围为 510～550nm（一般定为 520nm）。

三、实验试剂与仪器

1）试剂

0.1mol/L HCl、0.1mol/L NaOH、硫代硫酸钠（$Na_2S_2O_4$）。

25μg/mL 核黄素储备液：准确称取 2.5μg 核黄素，用蒸馏水定容至 100mL。

0.5μg/mL 核黄素标准溶液：准确吸取 25μg/mL 核黄素储备液 1mL，用蒸馏水稀释至 50mL，用时现配。

试样：牛奶。

2）仪器

荧光光度计、容量瓶、移液管、试管、量筒、灭菌锅、电炉、漏斗。

四、实验步骤

1. 样品处理

称取牛奶 5～10g 放入 100mL 烧杯中，加入 0.1mol/L 盐酸 50mL，放入灭菌锅中处理 30min（或常压下加热水解），冷却，用 0.1mol/L 氢氧化钠溶液调 pH 为 6，再立即用 0.1mol/L 盐酸调 pH 为 4.5，即可使杂质沉淀，将此溶液移至 100mL 容量瓶中，加水定容，过滤。

2. 测定

取 4 支试管，其中 2 支分别加入 10mL 滤液和 1mL 蒸馏水，另外 2 支分别加入 10mL 滤液和 0.5μg/mL 核黄素标准溶液 1mL，分别测定荧光读数；加入少量 $Na_2S_2O_4$（20mg），将荧光猝灭后再分别读数（激发光波长为 440nm，发射光波长为 525nm）。

五、计算

$$\text{维生素B}_2\text{(mg/100g)}=\frac{A-C}{B-A}\times\frac{T}{10}\times\frac{n}{m}\times100$$

式中：T为核黄素标准溶液浓度，μg/mL；10为滤液体积，mL；n为稀释倍数；m为样品质量，g；A为滤液加水的荧光读数；B为滤液加核黄素标准溶液的荧光读数；C为滤液加硫代硫酸钠后的荧光读数。

六、注意事项

（1）维生素B_2在碱性溶液中不稳定，因而加0.1mol/L NaOH溶液时应边加边摇，防止局部pH过高过大，破坏维生素B_2。

（2）样品提取液中如有色素，会吸收部分荧光，所以要用高锰酸钾氧化以除去色素。

（3）维生素B_2不易被中等氧化剂或还原剂破坏，但有Fe^{2+}存在时，维生素B_2容易被过氧化氢所破坏。

七、思考题

（1）荧光产生的机理是什么？

（2）简述维生素B_2的其他定量方法。

实验三十九　维生素A的定量测定（紫外分光光度法）

一、实验目的

学习用紫外分光光度法测定维生素A含量的原理和方法。

二、实验原理

维生素A的异丙醇溶液在325nm波长处有最大吸收峰，该波长下的吸光度与维生素A的含量成正比，以此测定维生素A的含量。

由于维生素A制剂中含有的杂质对所测得的吸光度有干扰，需要用校正公式进行校正以便得到正确结果。校正公式采用三点法，除其中一点是在吸收峰波长处测得外，其他两点分别在吸收峰两侧的波长处测定。

注意维生素A极易被光破坏，测定应在半暗室中快速进行。

三、实验试剂与仪器

1）试剂

50%氢氧化钾溶液（称取50g KOH，溶于50g蒸馏水中，混匀）、0.5mol/L氢氧化钾。

标准维生素A溶液：维生素A（纯度85%）或维生素A乙酸酯（纯度90%）经

皂化处理后使用。取脱醛乙醇溶解维生素 A 标准品，使其浓度约为 1mg/mL，此液为维生素 A 储备液。临用前以紫外分光光度法标定其准确浓度，用异丙醇将其稀释为 10μg/mL 的维生素 A 操作液（如按国际单位，1 个国际单位=0.3μg 维生素 A）。

酚酞指示剂：用 95%乙醇配制 10g/L 的酚酞溶液。

试样：动物肝。

2）仪器

匀浆器、天平、紫外-可见分光光度计、电热板、皂化瓶、冷凝器、分液漏斗（250mm）、研钵、刻度吸量管（1mL，2mL，5mL，10mL）、锥形瓶、量筒、刻度具塞试管、胶头滴管。

四、实验步骤

1. 维生素 A 样品处理

因含有维生素 A 的样品多为脂肪含量高的动物性食品，故必须首先除去脂肪，把维生素 A 从脂肪中分离出来。常规的方法是皂化法或研磨法。

1）皂化法

该方法适用于维生素 A 含量不高的样品，可减少脂溶性物质的干扰，但全部实验过程费时，且易导致维生素 A 损失。

根据样品中维生素 A 含量的不同，称取 0.5～5g 经匀浆器匀浆的样品于皂化瓶中，加入 10mL 50%（质量分数）氢氧化钾溶液及 20～40mL 乙醇，于电热板上回流 30min 至皂化完全为止。检查是否皂化完全，可向皂化瓶内加少量水，振摇，如有浑浊现象，表示皂化不完全，应继续加热回流；反之，则表示皂化已完全。

将皂化瓶内混合物移至分液漏斗中，以 30mL 蒸馏水分两次洗皂化瓶，洗液并入分液漏斗（如有残渣，可用脱脂棉漏斗滤入分液漏斗内）。再用 50mL 乙醚分两次洗皂化瓶，洗液并入分液漏斗中。振摇 2min（注意放气），提取不皂化部分。静置分层后，水层放入第二分液漏斗。皂化瓶再用约 30mL 乙醚分两次冲洗，洗液倾入第二分液漏斗。振摇后，静置分层，将水层放入第三分液漏斗，醚层并入第一分液漏斗。重复至水层中无维生素 A 为止（不再使三氯化锑-氯仿溶液呈蓝色）。

将约 30mL 水加入第一分液漏斗中，轻轻振摇，静置片刻后，放去水层。加 15～20mL 0.5mol/L 氢氧化钾溶液于分液漏斗中，轻轻振摇后，弃去下层碱液（除去醚溶性酸皂）。继续用水洗涤，每次用水约 30mL，直至洗涤液使酚酞指示剂呈无色（约 3 次）。醚层液静置 10～20min，小心放出析出的水。

将醚层液经过无水硫酸钠滤入锥形瓶中，再用约 25mL 乙醚冲洗分液漏斗和硫酸钠两次，洗液并入锥形瓶内。置水浴上蒸馏，回收乙醚。待瓶中剩约 5mL 乙醚时取下，用减压抽气法将乙醚完全除去，立即加入一定量的异丙醇使溶液中维生素 A 含量在适宜浓度范围内（维生素 A 在空气中容易氧化）。

2）研磨法

该方法适用于每克样品维生素 A 含量大于 5μg 样品的测定，如肝样品的分析。步骤简单省时，结果准确。

精确称 2～5g 样品，放入盛有 3～5 倍样品质量的无水硫酸钠的研钵中，研磨至样品中水分完全被吸收，并均质化。

小心将全部均质化样品移入带盖的锥形瓶内，准确加入 50～100mL 乙醚。紧压盖子，用力振摇 2min，使样品中维生素 A 溶于乙醚中，使其澄清，需 1～2h，或离心澄清（因乙醚易挥发，气温高时应在冷水浴中操作，装乙醚的试剂瓶也应先放入冷水浴中）。

取澄清提取乙醚液 2～5mL，在 70～80℃水浴上抽气蒸干，立即加入一定量异丙醇溶解残渣。

2. 样品中维生素 A 的定量测定

（1）绘制标准曲线。取 12 支试管，分两组按表 12-2 平行操作。

表 12-2 标准曲线法

编号	1	2	3	4	5	6
10μg/mL 维生素 A 标准液/mL	0	2	3	4	5	6
异丙醇/mL	10	8	7	6	5	4
以 1 号试管为空白对照，样品混合均匀后，测定 325nm 处样品的吸光度						
A_{325nm}	0					
	0					
平均值						

以标准维生素 A 的浓度为横坐标，A_{325nm} 值为纵坐标绘制标准曲线。

（2）样品的测定。将样品置于光径 1cm 比色杯内，以异丙醇为空白对照，用紫外-可见分光光度计在 300nm、310nm、325nm、334nm 4 个波长处测定样品的吸光度，并测定吸收峰的波长（测定应在半暗室中进行）。

提示：如果测定的吸光度 A_{325nm} 超出标准曲线的范围，则需要对样品进行一定的稀释。

如果测定的吸收峰波长在 323～327nm，且 300nm 波长处的吸光度与 325nm 波长处的吸光度的比值不超过 0.73，则按下式计算校正后的吸光度：

$$A_{325nm}(校正) = 6.815A_{325nm} - 2.555A_{310nm} - 4.260A_{334nm}$$

如果校正后的吸光度在未校正吸光度的±3%以内，则可以仍用未经校正的吸光度计算含量。

利用测定的 A_{325nm} 值，从标准曲线上查得相应的维生素 A 含量。

按下式计算 100g 样品中维生素 A 的含量：

$$维生素A含量(mg/100g样品) = \frac{\rho \times n \times V}{m \times 1000} \times 100$$

式中：ρ 为从标准曲线上查得的维生素 A 质量浓度，μg/mL；n 为样品稀释倍数；m 为样品质量，g；V 为提取后加异丙醇定量的体积，mL。

五、思考题

紫外分光光度法测定维生素 A 的原理是什么？关键步骤是什么？

第 13 章　物质代谢与生物氧化

实验四十　脂肪酸 β-氧化

一、实验目的

了解脂肪酸的 β-氧化作用；通过测定和计算反应液内丁酸氧化生成丙酮的量，掌握测 β-氧化作用的方法及其原理。

二、实验原理

根据 β-氧化学说，机体组织能将脂肪酸氧化生成乙酰辅酶 A。两分子乙酰辅酶 A 可再缩合成乙酰乙酸。在肝脏内，乙酰乙酸可脱羧生成丙酮，也可还原生成 β-羟丁酸。乙酰乙酸、β-羟丁酸和丙酮总称为酮体。酮体为机体代谢的中间产物。在正常情况下，其产量甚微，患糖尿病或食用高脂肪膳食时，血中酮体含量升高，尿中也能出现酮体。

本实验用新鲜肝糜与丁酸保温，生成的丙酮可用碘仿反应测定，在碱性条件下丙酮与碘生成碘仿。反应式如下：

$$2NaOH+I_2 \longrightarrow NaIO+NaI+H_2O$$

$$CH_3COCH_3+3NaIO \longrightarrow CHI_3+CH_3COONa+2NaOH$$

剩余的碘可用标准硫代硫酸钠滴定：

$$NaIO+NaI+2HCl \longrightarrow I_2+2NaCl+H_2O$$

$$I_2+2Na_2S_2O_3 \longrightarrow Na_2S_4O_6+2NaI$$

根据滴定样品与滴定对照所消耗的硫代硫酸钠之差，可以计算由丁酸氧化生成丙酮的量。

三、实验试剂与仪器

1）试剂

pH 7.6 的 1/15mol/L 的磷酸缓冲液、15%三氯乙酸溶液、10%氢氧化钠溶液、10%盐酸溶液。

Locke 溶液（无蛋白质人工血清）：取 0.9g 氯化钠、0.042g 氯化钾、0.024g 氯化钙、0.015g 碳酸氢钠及 0.1g 葡萄糖，溶于水中，稀释至 100mL。

0.1mol/L 碘溶液：称取 12.7g 碘和约 25g 碘化钾溶于水中，稀释至 1000mL，混匀，用标准硫代硫酸钠溶液标定。

0.2mol/L 丁酸溶液：取 18mL 正丁酸，用 1mol/L 氢氧化钠溶液中和至 pH 7.6，并稀释至 1000mL。

试样：动物家兔。

2）仪器

玻璃皿、锥形瓶（50mL）、试管及试管架、移液管（2.5mL）、漏斗、微量滴定管（5mL）、剪刀及镊子、台秤、恒温水浴。

四、实验步骤

击毙动物（家兔），迅速放血，取出肝脏，在玻璃皿上剪成碎糜。

取 50mL 锥形瓶两个，各加入 3mL Locke 溶液和 2mL pH 7.6 的磷酸缓冲液。在一个锥形瓶中加入 3mL 0.2mol/L 丁酸溶液，另一个锥形瓶作为对照。取约 0.5g 肝组织两份（相等质量），分别置于两个锥形瓶内，混匀，于 37℃恒温水浴内保温。

保温 2h 后，取出锥形瓶，各加入 2mL 15%三氯乙酸溶液，在对照瓶内追加 3mL 0.2mol/L 丁酸溶液。混匀，静置 15min 后过滤，分别吸取 5mL 滤液，放入另外两个锥形瓶中，各加 5mL 0.05mol/L 碘溶液和 5mL 10% NaOH，摇匀后静置 10min，加入 5mL 10% HCl 中和。然后用 0.1mol/L 硫代硫酸钠溶液滴定剩余的碘，滴至浅黄色时，加几滴淀粉溶液作指示剂。摇匀，并继续滴到蓝色消失，记录滴定样品与对照所用的硫代硫酸钠的体积（mL）。按公式计算样品丙酮含量。

五、计算

$$丙酮含量=\frac{(B-A)\times 0.9667\times 10}{5}$$

式中：B 为测定对照实验所消耗的 0.1mol/L 硫代硫酸钠溶液体积，mL；A 为滴定样品所消耗的 0.1mol/L 硫代硫酸钠的溶液体积，mL；0.9667 为 1mL 0.1mol/L 硫代硫酸钠溶液所相当的丙酮的质量。

六、思考题

（1）为什么说脂肪酸 β-氧化实验的关键是制备新鲜的肝糜？

（2）什么叫酮体？为什么正常代谢时产生的酮体量很少？

实验四十一　血液中转氨酶活性的测定（分光光度法）

一、实验目的

了解转氨酶在代谢过程中的重要作用及其在临床诊断中的意义，学习转氨酶活性测定的原理和方法。

二、实验原理

生物体内广泛存在的氨基移换酶也称转氨酶，能催化 α-氨基酸的 α-氨基与 α-酮酸的 α-酮基互换，在氨基酸的合成和分解、尿素和嘌呤的合成等中间代谢过程中有重要作用。转氨酶的最适 pH 接近 7.4，它的种类甚多，其中以谷氨酸-草酰乙酸转氨酶（简称谷草转氨酶）和谷氨酸-丙酮酸转氨酶（简称谷丙转氨酶）的活性最强。它们催化的反应如下：

$$\underset{\alpha\text{-酮戊二酸}}{HOOC-CH_2-CH_2-C(=O)-COOH} + \underset{\text{门冬氨酸}}{HOOC-CH_2-CH(NH_2)-COOH} \xrightleftharpoons[\text{谷草转氨酶}]{\text{(GOT)}} \underset{\text{谷氨酸}}{HOOC-CH_2-CH_2-CH(NH_2)-COOH} + \underset{\text{草酰乙酸}}{HOOC-CH_2-C(=O)-COOH}$$

$$\underset{\alpha\text{-酮戊二酸}}{HOOC-CH_2-CH_2-C(=O)-COOH} + \underset{\text{丙氨酸}}{CH_3-CH(NH_2)-COOH} \xrightleftharpoons[\text{谷丙转氨酶}]{\text{(GPT)}} \underset{\text{谷氨酸}}{HOOC-CH_2-CH_2-CH(NH_2)-COOH} + \underset{\text{丙酮酸}}{CH_3-C(=O)-COOH}$$

正常人血清中只含有少量转氨酶。当患有肝炎、心肌梗死等病症时，血清中转氨酶活性常显著增加，因此在临床诊断上转氨酶活性的测定有重要意义。

测定转氨酶活性的方法很多，本实验采用分光光度法。

谷丙转氨酶作用于丙氨酸和 α-酮戊二酸后，生成的丙酮酸与 2, 4-二硝基苯肼作用生成丙酮酸 2, 4-二硝基苯腙。

$$CH_3-C(=O)-COOH + H_2N-NH-C_6H_3(NO_2)_2 \longrightarrow CH_3-C(COOH)=N-NH-C_6H_3(NO_2)_2 + H_2O$$

丙酮酸 2, 4-二硝基苯腙加碱处理后呈棕色，可用分光光度法测定。从丙酮酸 2, 4-二硝基苯腙的生成量可以计算酶的活力。

三、实验试剂与仪器

1）试剂

0.1mol/L 磷酸缓冲液（pH 7.4）、0.4mol/L 氢氧化钠溶液。

2.0μmol/mL 丙酮酸钠标准溶液：取分析纯丙酮酸钠 11mg 溶解于 50mL 磷酸缓冲液内（当日配制）。

谷丙转氨酶底物：取分析纯 *α*-酮戊二酸 29.2mg、DL-丙氨酸 1.78g 置于小烧杯内，加 1mol/L 氢氧化钠溶液约 10mL 使完全溶解。用 1mol/L 氢氧化钠溶液或 1mol/L 盐酸调整 pH 至 7.4 后，加磷酸缓冲液至 100mL，然后加氯仿数滴防腐。此溶液每毫升含 *α*-酮戊二酸 2.0μmol、丙氨酸 200μmol。在冰箱内可保存一周。

2, 4-二硝基苯肼溶液：在 200mL 锥形瓶内放入分析纯 2, 4-二硝基苯肼 19.8mg，加 100mL 1mol/L 盐酸。把锥形瓶放在暗处并不时摇动，待 2, 4-二硝基苯肼全部溶解后，滤入棕色玻璃瓶内，置冰箱内保存。

试样：血清。

2）仪器

试管及试管架、吸管、恒温水浴、分光光度计。

四、实验步骤

1. 标准曲线的绘制

取 6 支试管，分别标上 0，1，2，3，4，5。按表 13-1 所列的次序添加各试剂。

表 13-1　标准曲线法

试剂/mL	试管号					
	0	1	2	3	4	5
丙酮酸钠标准溶液	—	0.05	0.10	0.15	0.20	0.25
谷丙转氨酶底物	0.50	0.45	0.40	0.35	0.30	0.25
0.1mol/L 磷酸缓冲液（pH 7.4）	0.10	0.10	0.10	0.10	0.10	0.10

2, 4-二硝基苯肼可与有酮基的化合物作用形成苯腙。底物中的 *α*-酮戊二酸与 2, 4-二硝基苯肼反应，生成 *α*-酮戊二酸苯腙。因此，在制作标准曲线时，需加入一定量的底物（内含 *α*-酮戊二酸）以抵消由 *α*-酮戊二酸产生的消光影响。

先将试管置于 37℃恒温水浴中保温 10min 以平衡内外温度。向各管内加入 0.5mL 2, 4-二硝基苯肼溶液后再保温 20min，最后，分别向各管内加入 0.4mol/L 氢氧化钠溶液 5mL。在室温下静置 30min，以 0 号管作空白，测定 A_{520nm} 的吸光度。用丙酮酸的量为横坐标，吸光度为纵坐标，画出标准曲线。

2. 酶活性的测定

取 2 支试管并标号，用 1 号试管作为未知管，2 号试管作为空白对照管。各加入谷丙转氨酶底物 0.5mL，置于 37℃水浴内 10min，使管内外温度平衡。取血清 0.1mL 加入 1 号试管内，继续保温 60min。到 60min 时，向 2 支试管内各加入 2, 4-二硝基苯肼试剂 0.5mL，向 2 号试管中补加 0.1mL 血清，再向 1、2 号试管内各加入 0.4mol/L 氢氧化钠溶液 5mL。在室温下静置 30min 后，测定未知管的 520nm 波长处吸光度 A_{520nm}（显色后 30min 至 2h 内其色度稳定）。在标准曲线上查出丙酮酸的量（用 1μmol 丙酮酸代表 1.0 单位酶活性），计算每 100mL 血清中转氨酶的活性单位数。

五、思考题

简述转氨酶在代谢过程中的重要作用及其在临床诊断中的意义。

实验四十二　肌糖原的酵解作用

一、实验目的

学习检定糖酵解作用的原理和方法；了解酵解作用在糖代谢过程中的地位及生理意义；了解有关组织代谢实验应注意的有关事项。

二、实验原理

在动物、植物、微生物等许多生物机体内，糖的无氧分解几乎都按完全相同的过程进行。本实验以动物肌肉组织中肌糖原的酵解过程为例，即肌糖原在缺氧的条件下，经过一系列的酶促反应，最后转变成乳酸的过程。肌肉组织中的肌糖原首先磷酸化，经过己糖磷酸酯、丙糖磷酸酯、甘油酸磷酸酯、丙酮酸等一系列中间产物，最后生成乳酸。该过程可综合成下列反应式：

$$\frac{1}{n}(C_6H_{10}O_5)_n + H_2O \longrightarrow 2CH_3CHOHCOOH$$

肌糖原的酵解作用是糖类供给组织能量的一种方式。当机体突然需要大量的能量而又供氧不足时（如剧烈运动时），则糖原的酵解作用可暂时满足能量消耗的需要。在有氧条件下，组织内糖原的酵解作用受到抑制，而有氧氧化则为糖代谢的主要途径。

糖原酵解作用的实验一般使用肌肉糜或肌肉提取液。在用肌肉糜时，必须在无氧条件下进行，而用肌肉提取液时，则可在有氧条件下进行。因为催化酵解作用的酶系统全部存在于肌肉提取液中，而催化呼吸作用（三羧酸循环和氧化呼吸链）的酶系统则集中在线粒体中。

糖原或淀粉的酵解作用可由乳酸的生成来观测。在除去蛋白质与糖后，乳酸可以与硫酸共热变成乙醛，后者再与对羟基联苯反应产生紫罗兰色物质，根据颜色的显现而加以鉴定。

该法比较灵敏，1mL 溶液含 1～5μg 乳酸即可出现明显的颜色反应。若有大量糖类和蛋白质等杂质存在，将会严重干扰测定，因此实验中应尽量除去这些物质。另外，测定时所用的仪器应严格地清洗干净。

三、实验试剂与仪器

1）试剂

0.5%糖原溶液（或 0.5%淀粉溶液）、液体石蜡、15%偏磷酸溶液、氢氧化钙（粉末）、浓硫酸、饱和硫酸铜溶液。

0.067mol/L 磷酸缓冲液（pH 7.4）：0.067mol/L 磷酸氢二钠溶液（称取磷酸氢二钠 9.47g 或含水磷酸氢二钠 23.87g 溶于蒸馏水，定容至 1000mL）825mL 与 0.067mol/L 磷酸二氢钾溶液（称取磷酸二氢钾 9.077g 溶于蒸馏水中，定容至 1000mL）125mL 混合，此液 pH 应为 7.4。

1.5%对羟基联苯试剂：对羟基联苯 1.5g，溶于 100mL 0.5%氢氧化钠溶液中，配成 1.5%的溶液。若对羟基联苯颜色较深，应用丙酮或无水乙醇重结晶。此试剂长时间放置后会出现针状结晶，应摇匀后使用。

试样：大鼠或兔。

2）仪器

试管及试管架、移液管、滴管、量筒、恒温水浴、沸水浴、台秤、剪刀及镊子、漏斗、冰浴。

四、实验步骤

1. 处死动物和制备肌肉糜

研究机体的新陈代谢，首先要注意使所测得的结果尽量符合生活机体的真实情况。杀死动物的方法与获得的真实情况有直接关系。

1）处死动物

实验中采用的方法很多，下面介绍几种：

（1）液氮固定。液氮的沸点是−196℃，可以极迅速地将动物冷冻固定，使各种机能状态的机体的代谢过程在十几秒之内固定于某一阶段。实验时，先用小杜瓦瓶或广口保温瓶盛取液氮，然后将动物（如大白鼠）迅速投进液氮中，动物因体温骤然下降而死去，机体中各个酶系及生化成分均被固定，保持骤冷时的天然状态 2min（小白鼠固定 30s 即可）后，将动物取出置室温下，待液氮挥发尽，此时动物组织变得酥脆。取一把锋利的刀，架在动物身体上，再锤击刀背将动物劈开后，砍取肌肉，取若干肌肉硬块放到乳钵中，迅速研成细粉，备用。

（2）注入空气。取家兔，于兔耳上找好静脉血管，将灌入空气的注射器针头插入比较粗的静脉血管中，注入空气，动物于 1～2min 内死去。

（3）击毙。用铁锤敲击家兔或大白鼠的头部，动物立即死去。

（4）斩头。将一锋利的大剪刀于动物颈下张开，左手抚摸动物，使之处于自然状态，右手突然用力猛剪，使动物断头而死去。此法适用于体型较小的动物，如大白鼠及小白鼠。

2）制备肌肉糜

将动物（兔或鼠）杀死后，放血，立即割取背部和腿部肌肉，在低温条件下用剪刀尽量把肌肉剪碎即成肌肉糜。注意，肌肉糜应在临用前制备。

2. 肌肉糜的糖酵解

（1）取 4 支试管编号，各加入 3mL pH 7.4 的磷酸缓冲液和 1mL 0.5%糖原溶液（或 0.5%淀粉溶液）。1 号和 2 号管为试验管，3 号和 4 号管为对照管。向对照管中加入 15%偏磷酸溶液 2mL，以沉淀蛋白质和终止酶的反应。然后在每支试管中加入新鲜肌肉糜 0.5g，用玻璃棒将肌肉碎块打散，搅匀，再分别加入一薄层液体石蜡（约 1mL）以隔绝空气。将 4 支试管同时放入 37℃恒温水浴中保温。

（2）1～1.5h 后取出试管，立即向试管内加入 15%偏磷酸溶液 2mL 并混匀。将各试管内容物分别过滤，弃去沉淀。量取每个样品的滤液 4mL，分别加入已编号的试管中，然后向每管内加入饱和硫酸铜溶液 1mL，混匀，再加入 0.4g 氢氧化钙粉末，塞上橡皮塞后用力振荡。因皮肤上有乳酸，勿与手指接触。放置 30min 并不时振荡，使糖沉淀完全。将每个样品分别过滤，弃去沉淀。

（3）乳酸的测定。取 4 支洁净、干燥的试管，编号。各加入浓硫酸 1.5mL 和 2～4 滴对羟基联苯试剂，混匀后放入冰浴冷却。将每个样品的滤液 0.25mL 逐滴加入已冷却的上述硫酸与对羟基联苯混合液中，边加边摇动冰浴中的试管，注意冷却。

将各试管混合均匀，放入沸腾的水浴锅中待显色后取出，比较和记录各管溶液的颜色深浅，并加以解释。

五、注意事项

（1）对羟基联苯试剂一定要经过纯化，使其呈白色。

（2）在乳酸测定中，试管必须洁净、干燥，防止污染而影响结果。所用滴管大小尽可能一致，减少误差。若显色较慢，可将试管放入 37℃恒温水浴中保温 10min，再比较各管颜色。

六、思考题

（1）本实验在 37℃保温前不加液体石蜡是否可以？为什么？

（2）本实验如何检验糖酵解作用？

第四篇　综合设计性实验

第 14 章　酵母蔗糖酶的分离和纯化

自 1860 年 Bertholet 从啤酒酵母 Sacchacomyces cerevisiae 中发现了蔗糖酶以来，它已被进行了广泛的研究。蔗糖酶（invertase）（β-D-呋喃果糖苷果糖水解酶，fructofuranoside fructohydrolase，EC.3.2.1.26）特异地催化非还原糖中的β-D-呋喃果糖苷键水解，具有相对专一性。该酶不仅能催化蔗糖水解生成葡萄糖和果糖，也能催化棉子糖水解生成蜜二糖和果糖。

该酶以两种形式存在于酵母细胞膜的外侧和内侧。在细胞膜外细胞壁中的称为外蔗糖酶（external yeast invertase），其活性占蔗糖酶活性的大部分，是含有 50%糖成分的糖蛋白；在细胞膜内侧细胞质中的称为内蔗糖酶（internal yeast invertase），含有少量的糖。两种酶的蛋白质部分均为亚基二聚体，两种形式酶的氨基酸组成不同，外酶两个亚基比内酶多两个氨基酸（Ser 和 Met），它们的相对分子质量也不同，外酶约为 270000（或 220000，与酵母的来源有关），内酶约为 135000。尽管这两种酶在组成上有较大的差别，但其底物专一性和动力学性质仍十分相似。

本实验提取的酶未区分内酶与外酶，是直接从酵母粉中进行提取的。用测定生成还原糖（葡萄糖和果糖）的量来测定蔗糖水解的速度，在给定的实验条件下，以每分钟水解底物的量定为蔗糖酶的活性单位。比活性为每毫克蛋白质的活性单位数。

实验四十三　活性干酵母蔗糖酶的提取及部分纯化

一、实验目的

学习微生物细胞破壁方法；了解有机溶剂沉淀蛋白质的原理。

二、实验原理

微生物细胞壁可以在物理因素（如超声波等）和一些酶（如蜗牛酶）的共同作用下被破碎，还可以将菌体放在适当的 pH 和温度下，利用组织细胞自身的酶系将细胞破坏，使得细胞内物质释放出来。根据蔗糖酶的性质，通过热处理、离心、有机溶剂沉淀等方法将目的蛋白质进行初步分离纯化。

三、实验试剂与仪器

1）试剂

啤酒酵母、二氧化硅、甲苯（使用前预冷到 0℃以下）、去离子水使用前预冷至

4℃左右、食盐、1mol/L 乙酸、95%乙醇、乙酸钠、乙酸乙酯、蜗牛酶。

2）仪器

研钵、离心管、滴管、量筒、水浴锅，烧杯（250mL）、广泛 pH 试纸、高速冷冻离心机。

四、实验步骤

1. 提取

根据干粉酵母和湿酵母的差异，提供 3 种粗提的方法供选择，本实验采用的是第二种方法——自溶法。

1）研磨法

准备一个冰浴，将研钵稳妥地放入冰浴中。称取 5g 干啤酒酵母、20g 湿啤酒酵母、20mg 蜗牛酶及适量（约 10g）二氧化硅（二氧化硅要预先研细），放入研钵中。量取预冷的甲苯 30mL 缓慢加入酵母中，边加边研磨成糊状，约需 60min。研磨时用显微镜检查研磨的效果，至酵母细胞大部分被研碎。缓慢加入预冷的 40mL 去离子水，每次加 2mL 左右，边加边研磨，至少用 30min，以便将蔗糖酶充分转入水相。将混合物转入 2 个离心管中，平衡后，用高速冷冻离心机在 4℃下以 10000r/min 转速离心 10min。如果中间白色的脂肪层厚，说明研磨效果良好。用滴管吸出上层有机相。用滴管小心地取出脂肪层下面的水相，转入另一个清洁的离心管中，于 4℃以 10000r/min 转速离心 10min。将上清液转入量筒，量出体积，留出 2mL 测定酶活性及蛋白含量，剩余部分转入清洁离心管中。用广泛 pH 试纸检查上清液 pH，用 1mol/L 乙酸将 pH 调至 5.0（称为粗级分 Ⅰ）。

2）自溶法

将 15g（一小袋）高活性干酵母粉倒入 250mL 烧杯中，少量多次地加入 50mL 蒸馏水，搅拌均匀，成糊状后加入 1.5g 乙酸钠、25mL 乙酸乙酯，搅匀，再于 35℃恒温水浴中搅拌 30min，观察菌体自溶现象。抽提补加蒸馏水 30mL，搅匀，盖好，于 35℃恒温过夜，以 8000r/min 离心 10min，弃沉淀及脂层，得 E_1（无细胞提取液）；测量体积 V_1（取出 2mL 置于冷处或冰盐浴中保存，待测酶活性及蛋白质浓度）。

注意：乙酸钠保持弱碱性条件及 35℃温度，加入乙酸乙酯代替防腐剂。

3）反复冻融法

称取 5g 干啤酒酵母、20g 湿啤酒酵母、20mg 蜗牛酶及适量（约 10g）二氧化硅（二氧化硅要预先研细），放入研钵中。加入 20mL 蒸馏水，进行研磨。但每研磨 30min，就在冰箱（−70℃）中冰冻约 10min（研磨液面上以刚出现冻结为宜），反复冻融 3 次，在 4℃下以 8000r/min 离心 10min，弃沉淀层及脂层，得 E_1（无细胞提取液）；测量体积 V_1（取出 2mL 置于冷处或冰盐浴中保存，待测酶活性及蛋白质浓度）。

2. 热处理

预先将恒温水浴调到 50℃，将盛有粗级分 Ⅰ 的离心管稳妥地放入水浴中，50℃

下保温 30min，在保温过程中不断轻摇离心管。取出离心管，于冰浴中迅速冷却，在 4℃下以 10000r/min 离心 10min。将上清液转入量筒，量出体积，留出 1.5mL 测定酶活性及蛋白质含量（称为热级分Ⅱ）。

3. 乙醇沉淀

将热级分Ⅱ转入小烧杯中，放入冰盐浴（没有水的碎冰撒入少量食盐），逐滴加入等体积预冷至–20℃的 95%乙醇，同时轻轻搅拌，共需 30min，再在冰盐浴中放置 10min，以沉淀完全。在 4℃下以 10000r/min 离心 10min，倾去上清液，并滴干，沉淀保存于离心管中，盖上盖子或薄膜封口，然后将其放入冰箱中冷冻保存（称为醇级分Ⅲ）。

五、思考题

（1）有机溶剂沉淀的原理是什么？

（2）蛋白质制备可分为哪几个基本阶段？

实验四十四　离子交换层析法分离纯化蔗糖酶

一、实验目的

学习离子交换柱层析分离纯化蔗糖酶的原理和方法，掌握离子交换柱层析法的基本技术。

二、实验原理

离子交换柱层析是根据物质解离性质的差异而选用不同的离子交换剂进行分离、纯化混合物的液-固相层析分离法。样品加入后，被分离物质的离子与离子交换剂上的活性基团进行交换，未被结合的物质会被缓冲液从交换剂上洗掉。当改变洗脱液的离子强度和 pH 时，基于不同分离物的离子对活性基团的亲和程度不同，使之按亲和力大小顺序依次从层析柱中洗脱下来。离子交换过程主要由 5 步组成：

（1）离子扩散到树脂表面，在均匀的溶液中这个过程进行得很快。

（2）离子通过树脂扩散到交换位置，这由树脂的交联度和溶液的浓度所决定。该过程是控制整个离子反应的关键。

（3）在交换位置上进行离子交换。这是瞬间发生的，并且是一个平衡过程。被交换的离子所带的电荷越多，它与树脂结合也就越紧密，被其他离子的取代也就越困难。

（4）被交换的离子通过树脂扩散到表面。

（5）用洗脱液洗脱，被交换的离子扩散到外部溶液中。

离子交换剂是由高分子不溶性基质和若干与其以共价键结合的带电荷的活性基

团组成。根据基质的组成和性质，可分为疏水性离子交换剂和亲水性离子交换剂两大类。由苯乙烯和二乙烯聚合的聚合物——树脂为基质的离子交换剂属疏水性离子交换剂；以纤维素、交联葡聚糖、琼脂糖凝胶为离子交换剂的则属亲水性离子交换剂。这是一类常用的分离高分子生物活性物质的离子交换剂，对生物大分子的吸附及洗脱条件均比较温和，因而不破坏被分离物质。其中，DEAE Sepharose CL-6B 弱阴离子交换剂、CM-Sepharose CL-6B 弱阳离子交换剂特别适合生物大分子等物质的分离，具有在快流速操作下不影响分辨率的特点。

离子交换剂的活性基团可以解离在水溶液中，能与流动的带有相反电荷的离子相结合，而那些带有相同电荷的离子之间又可以进行交换。例如

阳离子交换反应：

$$R—SO_3^- H^+ + Na^+ \rightleftharpoons R—SO_3^- Na^+ + H^+$$

阴离子交换反应：

$$R—N^+(CH_3)_3OH^- + Cl^- \rightleftharpoons R—N^+(CH_3)_3Cl^- + OH^-$$

离子交换剂所带的活性基团可以是阳离子型的酸性基团，如强酸性的磺酸基（$—SO_3H$）、中强酸性的磷酸基（$—PO_4H_2$）、弱酸性的羧基（—COOH）或酚羟基（—OH）等，也可以是阴离子型的碱性基团，如强碱性的季胺[$—N(CH_3)_3OH$]、弱碱性的叔胺[$—N(CH_3)_2$]、仲胺（═NH）、伯胺（$—NH_2$）等。

呈两性离子的蛋白质（含酶类）、多肽和核苷酸等物质与离子交换剂的结合力与其在特定 pH 条件下所呈现的离子状态密切相关。当 pH 低于等电点时，它们能被阳离子交换剂所吸附；反之，pH 高于等电点时，它们能被阴离子交换剂所吸附。因此，一般应根据被分离物在稳定的 pH 范围内所带的电荷来选择交换剂的类型。

经分级沉淀提取的蔗糖酶仍含有杂蛋白，可对其进一步分离纯化。蔗糖酶的等电点小于 pH 6.0，在弱酸性至中性的 pH 范围内稳定，在适合的 pH 缓冲液（pH≥6.0）中可使之带负电荷，因此可选用弱阴离子交换柱层析进行纯化。首先使带负电荷的蛋白质与阴离子交换剂活性基团进行交换，然后选用梯度洗脱，通过改变洗脱液的离子强度，把蔗糖酶从混合物中分离。

在离子交换层析过程中，洗脱液的 pH、洗脱液的洗脱体积及洗脱液的离子强度等因素是影响酶分离纯化效果的主要因素。

三、实验试剂与仪器

1）试剂

聚乙二醇 6000（PEG-6000）、测定蔗糖酶活性试剂、测定蛋白质含量试剂、DEAE Sepharose CL-6B（二乙基氨基交联琼脂糖）弱阴离子交换剂或 DEAE 纤维素（二乙基氨基纤维素）弱阴离子交换剂。

50mmol/L tris-HCl 缓冲溶液：称取 6.06g 三羟甲基氨基甲烷（tris），加 900mL 水溶解，在 pH 计上用 HCl 调至 pH 7.2，加水至 1000mL。

50mmol/L tris-HCl-NaCl 缓冲溶液：称取 6.06g tris、一定量 NaCl（自行设计），溶解至 900mL，在 pH 计上用 HCl 调至 pH 7.2，加水至 1000mL。

2）仪器

紫外-可见分光光度计等。

离子交换柱层析梯度洗脱装置如图 14-1 所示。

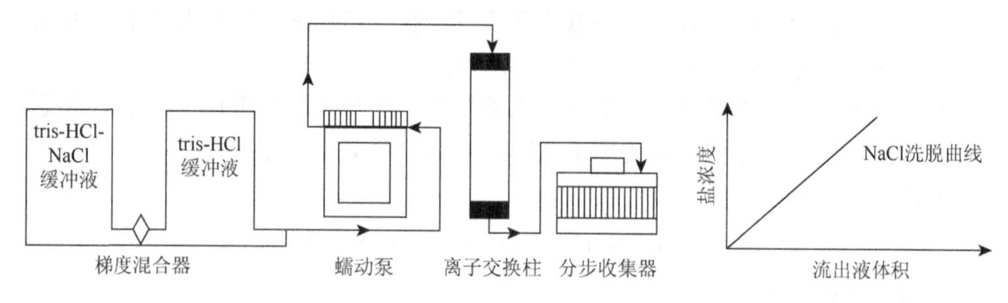

图 14-1　离子交换柱层析梯度洗脱装置

四、实验步骤

1. 柱的填装及平衡

1）柱的填装

垂直固定离子交换柱，将已用 20%乙醇溶胀了的 DEAE Sepharose 阴离子交换剂分次装入柱中，每当树脂在柱底出现沉淀层时，再继续补加交换剂，直至交换剂装至约 90%的层床体积。

2）柱的平衡

上样前以 1.0mL/min 流速，用 0.05mol/L tris-HCl 缓冲液以至少 2～3 倍床体积冲洗层析柱，使交换剂与缓冲液达到平衡。平衡后的层析柱应进一步对光检查，观察填充是否均匀、是否有裂层，必要时应重装。

2. 上样

首先把一定量等体积的试剂 1 和试剂 2 加入梯度混合器，连接洗脱装置。把一定体积经分级沉淀提取并脱盐的蔗糖酶液装入柱中。

3. 洗脱

上样后用 0.05mol/L tris-HCl 缓冲液与 NaCl 缓冲溶液共同进行梯度洗脱，洗脱速率 1mL/min，以 4mL/管收集洗脱液，直至梯度混合器中缓冲液洗脱完毕。

4. 洗脱液的检验

在 280nm 波长下，测定分管收集液的 A_{280nm}。以 A_{280nm} 为纵坐标，洗脱管数为横坐标，作洗脱曲线。

5. 蛋白质溶液的收集及浓缩

根据 A_{280nm} 峰值大小，分别合并各组分洗脱高峰管中的溶液，然后装入已处理的透析袋中，扎紧袋口。在透析袋外铺撒 PEG-6000 粉末，在 4℃中浓缩。按情况更换干燥的 PEG-6000 粉末，直至样品浓缩到所需的体积。

五、结果

填写干酵母蔗糖酶纯化记录表（表 14-1），由实验结果比较离子交换纯化蔗糖酶效果，提出改进实验的意见和方法。纯化后的收集酶液留作电泳分析。

表 14-1　干酵母蔗糖酶纯化表

蔗糖酶样品	体积/mL	洗脱液 pH	洗脱液盐浓度变化	洗脱液总体积/mL	洗脱液流速/(mL/min)	酶活性/(U/mL)	蛋白质含量/(mg/mL)	比活性/(U/mg)	总活性/U	提纯倍数	回收率/%
离子交换法上样酶液											
离子交换法收集浓缩酶液（1）号样											
离子交换法收集浓缩酶液（2）号样											
离子交换法收集浓缩酶液（3）号样											
凝胶过滤法上样酶液											
凝胶过滤纯化收集酶液（1）号样											
凝胶过滤纯化收集酶液（2）号样											

六、注意事项

（1）交换剂母体的选择。以合成高分子聚合物为母体的离子交换树脂交联度大，结构紧密，孔径较小。此外，电性基团在这类母体上的取代程度高，电荷密度大，对蛋白质等生物大分子的结合较紧密。因此，吸附在树脂上的物质不易洗脱，易造成不可逆的离子交换作用，而使具有活性的大分子物质变性失活。由于其具有流速快、对小分子物质的交换容量大的特点，可用于氨基酸、核酸等小分子物质的分离。以天然多糖、纤维素为母体的亲水性离子交换剂，克服了合成高分子树脂的一些缺点，适用于生物大分子的分离纯化，可根据分离物的相对分子质量大小、交换剂孔径大小、交换当量等参数来选择使用。

（2）缓冲液 pH 的选择。对于一个未知等电点的试样，可用下列方法确定离子交换层析的起始 pH：①取若干支 15mL 试管，每支试管分别加 1.5mL Sepharose；②每支试管用 10mL 0.5mol/L 不同 pH 的缓冲液平衡洗涤 10 次，阳离子交换剂取 pH 4～8，阴离子交换剂取 pH 5～9，每管间隔 0.5pH 单位；③用相同的低离子强度缓冲液（0.01mol/L），对上述相应各管平衡洗涤 5 次，每次 10mL；④在上述平衡后的试管中分别加入等量的试样，与交换剂混合 5～10min，静置使交换剂沉入试管底部。测定上清液中样品含量，含量低的表示交换量高，据此可确定上柱 pH。

（3）离子交换实验完成后若洗脱液盐离子强度较低，为防止杂蛋白未被洗脱，需用 1mol/L NaCl-50mmol/L tris-HCl 缓冲液清洗层析柱，流动相速率 1mL/min，洗脱液体积为 2～3 倍层床体积。

（4）离子交换剂的再生。离子交换剂使用一定时间后交换能力下降，必须进行离子交换剂再生处理。可用 0.1mol/L HCl 洗柱，用蒸馏水洗至中性；然后用 0.1mol/L NaOH 洗柱，再用蒸馏水洗至中性备用，或用起始缓冲液平衡处理。

（5）离子交换剂的保存。已冲洗干净的 DEAE-Sepharose CL-6B 离子交换剂，若长期不用，可用 20%乙醇或 0.02%叠氮化钠过柱保存。

（6）若使用 DEAE-纤维素阴离子交换剂，则应查阅有关资料，对其进行浸泡膨化，再用酸碱处理、洗涤后才能使用。

（7）酶液浓缩。使用聚乙二醇(PEG)-6000 试剂将酶液浓缩到所需的体积，是一种既安全无毒又快速的方法。但应注意 PEG 不可受热烘干，否则会使其变为无用的蜡状物。

（8）透析袋的预处理及保存。市售的透析袋在制备时应防止干燥脆裂，应用 10%的甘油处理。透析时，只要浸泡润湿，并用蒸馏水充分洗涤即可使用。对于要求较高的实验，除将甘油充分洗涤外，还应将透析袋所含有的微量硫化物及痕量的重金属除去。可用 10mmol/L $NaHCO_3$ 浸洗，也可用煮沸方法或用 50%乙醇 80℃浸泡 2～3h；10mmol/L EDTA 可除去重金属，用 EDTA 处理过的透析袋要用去离子水或超纯水保存。

新的干燥透析袋应保存在密封聚乙烯袋中，需防潮防霉或避免被微生物蚀孔，最好能保存在 10℃的冷柜中。

用过的透析袋应将其充分洗净，或用含有 NaCl 的溶液清洗，以除去袋中黏附的蛋白质，再用蒸馏水洗净，存于 50%甘油或 50%乙醇中。注意，已使用过的透析袋，因原来加入的保湿剂已被除去，故不允许将其再次干燥，否则极易脆裂破损，导致无法使用。

七、思考题

（1）离子交换柱层析能分离纯化蔗糖酶的主要依据是什么？

（2）影响离子交换作用的主要因素是什么？

（3）梯度洗脱的分离效果与什么因素有关？

实验四十五　蔗糖酶各级分活性及蛋白质含量的测定

一、实验目的

学习蔗糖酶活性测定方法、酶分离纯化各个步骤可行性以及分离纯化效果的评价方法。

二、实验原理

测定各级分中酶活性大小和比活性，从而计算出各纯化步骤的纯化倍数，并对之进行评价。本实验中酶活性定义为一定时间内催化反应生成的还原糖的量，比活性为每毫克蛋白样品的酶活性大小。

测定还原糖的方法有许多种，如福林试剂法、Nelson's 试剂法、水杨酸试剂法等。Nelson's 试剂法中涉及有毒试剂的使用；福林试剂法灵敏度较高，但数据波动较大，反应后溶液的颜色随时间会有变化，因此，加样和测定吸光度需要严格计时。通过对各种方法的比较研究，水杨酸试剂法相对较为稳定。

本实验使用水杨酸试剂法测定反应中还原糖的生成量，从而确定各级分中蔗糖酶的活性大小。其原理是在碱性条件下，蔗糖酶催化蔗糖水解，生成一分子葡萄糖和一分子果糖。这些还原性糖作用于黄色的 3, 5-二硝基水杨酸，生成棕红色的 3-氨基-5-硝基水杨酸，还原糖本身被氧化成糖酸及其他产物。生成的棕红色 3-氨基-5-硝基水杨酸产物颜色深浅的程度与还原糖的量成一定的比例关系，在波长 540nm 下测定红棕色物质的吸光度，查对标准曲线并计算，便可求出样品中还原糖的量。

三、实验试剂与仪器

1）试剂

0.4mol/L NaOH 溶液、0.2mol/L 乙酸缓冲液（pH 4.9，200mL）、牛血清白蛋白标准溶液（200μg/mL，精确配制 50mL）。

3, 5-二硝基水杨酸：精确称取 1g 3, 5-二硝基水杨酸溶于 20mL 0.4mol/L NaOH 溶液中，加入 50mL 蒸馏水，再加入 30g 酒石酸钾钠，待溶解后用蒸馏水稀释至 100mL，盖紧瓶盖，防止 CO_2 进入。

0.25%苯甲酸：配制 200mL，用于葡萄糖标准溶液的配制。

20mmol/L 葡萄糖标准溶液：精确称取无水葡萄糖（经 105℃恒量）0.36g，用 0.25%苯甲酸（也可用水）溶解后，定容到 1000mL 容量瓶中。

0.2mol/L 蔗糖溶液 50mL 分装于小试管中冰冻保存，因蔗糖极易水解，用时取出一管解冻后摇匀。

考马斯亮蓝 G-250 染料试剂：100mg 考马斯亮蓝 G-250 全溶于 50mL 95%乙醇（体积分数）后，加入 120mL 磷酸，用去离子水稀释至 1000mL。

2）仪器

试管、试管架、定时器、移液管、比色杯、水浴锅、电炉。

四、实验步骤

1. 各级分蛋白质含量的测定

1）标准曲线的制作

采用考马斯亮蓝 G-250 法测定蛋白质含量，取不同体积牛血清白蛋白标准溶液（200μg/mL）用蒸馏水配成一定的梯度溶液，与考马斯亮蓝 G-250 显色后在 595nm 测定其吸光度，以吸光度 A_{595} 对蛋白质含量作标准曲线，具体见表 14-2。

表 14-2　标准曲线的制作

管号	0	1	2	3	4	5	6	7	8	9	10
牛血清白蛋白/mL	0	0.1	0.2	0.3	0.4	0.5	0.6	0.7	0.8	0.9	1.0
牛血清白蛋白/μg	0	20	40	60	80	100	120	140	160	180	200
水/mL	1.0	0.9	0.8	0.7	0.6	0.5	0.4	0.3	0.2	0.1	0.0
考马斯亮蓝 G-250/mL	5	5	5	5	5	5	5	5	5	5	5
A_{595}											

2）各级分蛋白质含量的测定

各级分先要仔细寻找和试测出合适的稀释倍数，下列稀释倍数仅供参考。

粗级分Ⅰ：5～10 倍；热级分Ⅱ：5～10 倍；醇级分Ⅲ：10～20 倍；柱级分Ⅳ：20～40 倍。

确定了稀释倍数后，按照表 14-3 加入各试剂，进行样品测定，然后参考标准曲线计算出各级分蛋白质浓度。

表 14-3　各级分蛋白质含量的测定

管号	0	级分Ⅰ			级分Ⅱ			级分Ⅲ			级分Ⅳ		
		1	2	3	4	5	6	7	8	9	10	11	12
酶液/mL	0	1	1	1	1	1	1	1	1	1	1	1	1
水/mL	1	0	0	0	0	0	0	0	0	0	0	0	0
加入考马斯亮蓝 G-250 各 5mL，混匀后静置 2min 后在波长 595nm 下测吸光度													
A_{595} 平均值													

2. 还原糖测定方法

采用水杨酸试剂显色法，通过测定反应后样品中还原糖的量来确定酶活性。

1）标准曲线的制作

取不同体积的葡萄糖标准溶液（20mmol/L），用蒸馏水配成一定的梯度溶液，与水杨酸试剂显色后在波长 540nm 下测定其吸光度，以吸光度 A_{540} 对葡萄糖浓度作标准曲线，具体见表 14-4。

表 14-4　还原糖标准曲线的制作

<table>
<tr><td>管号</td><td>0</td><td>1</td><td>2</td><td>3</td><td>4</td><td>5</td><td>6</td><td>7</td><td>8</td><td>9</td><td>10</td></tr>
<tr><td>20mmol/L 葡萄糖/mL</td><td>0</td><td>0.1</td><td>0.2</td><td>0.3</td><td>0.4</td><td>0.5</td><td>0.6</td><td>0.7</td><td>0.8</td><td>0.9</td><td>1.0</td></tr>
<tr><td>葡萄糖/μmol</td><td>0</td><td>2</td><td>4</td><td>6</td><td>8</td><td>10</td><td>12</td><td>14</td><td>16</td><td>18</td><td>20</td></tr>
<tr><td>水/mL</td><td>1.0</td><td>0.9</td><td>0.8</td><td>0.7</td><td>0.6</td><td>0.5</td><td>0.4</td><td>0.3</td><td>0.2</td><td>0.1</td><td>0.0</td></tr>
<tr><td>水杨酸试剂/mL</td><td>2</td><td>2</td><td>2</td><td>2</td><td>2</td><td>2</td><td>2</td><td>2</td><td>2</td><td>2</td><td>2</td></tr>
<tr><td colspan="12">沸水浴 5min，流水冷却，定容至 25mL</td></tr>
<tr><td>A_{540}</td><td></td><td></td><td></td><td></td><td></td><td></td><td></td><td></td><td></td><td></td><td></td></tr>
</table>

2）级分Ⅰ、Ⅱ、Ⅲ、Ⅳ酶活性大小的测定

用 0.02mol/L pH 4.9 乙酸缓冲液（可用 pH 5～6 的去离子水代替）稀释各级分酶液，试测出各级分适合的稀释倍数。

Ⅰ：10～20 倍；Ⅱ：10～20 倍；Ⅲ：100～200 倍；Ⅳ：100～200 倍。以上稀释倍数仅供参考。

按表 14-5 的顺序在试管中加入各试剂，进行测定。

表 14-5　级分Ⅰ、Ⅱ、Ⅲ、Ⅳ酶活性大小的测定

<table>
<tr><td rowspan="3">项目</td><td colspan="16">试管</td></tr>
<tr><td colspan="2">对照</td><td colspan="3">级分Ⅰ</td><td colspan="3">级分Ⅱ</td><td colspan="3">级分Ⅲ</td><td colspan="3">级分Ⅳ</td><td colspan="2">葡萄糖</td></tr>
<tr><td>1</td><td>2</td><td>3</td><td>4</td><td>5</td><td>6</td><td>7</td><td>8</td><td>9</td><td>10</td><td>11</td><td>12</td><td>13</td><td>14</td><td>15</td><td>16</td></tr>
<tr><td>酶液/mL</td><td></td><td>0.0</td><td colspan="12">0.6</td><td></td><td></td></tr>
<tr><td>水/mL</td><td></td><td>0.6</td><td colspan="12">0</td><td>1.0</td><td>0.8</td></tr>
<tr><td>乙酸缓冲液/mL</td><td></td><td>0.2</td><td colspan="12">0.2</td><td></td><td></td></tr>
<tr><td>20mmol/L 葡萄糖/mL</td><td></td><td></td><td colspan="12"></td><td></td><td>0.2</td></tr>
<tr><td>0.4mol/L NaOH/mL</td><td>1</td><td></td><td colspan="12"></td><td></td><td></td></tr>
<tr><td>0.2mol/L 蔗糖/mL</td><td></td><td>0.2</td><td colspan="12">0.2</td><td></td><td></td></tr>
<tr><td colspan="17">加入蔗糖，立即摇匀，室温下准确计时 10min，反应后向 3～14 试管中加入 NaOH 终止反应</td></tr>
<tr><td>3, 5-二硝基水杨酸/mL</td><td>2</td><td>2</td><td></td><td></td><td></td><td></td><td></td><td></td><td></td><td></td><td></td><td></td><td></td><td></td><td>2</td><td>2</td></tr>
<tr><td colspan="17">沸水浴加热 5min，立即用自来水冷却，用水定容至 25mL</td></tr>
<tr><td>A_{540}</td><td></td><td></td><td></td><td></td><td></td><td></td><td></td><td></td><td></td><td></td><td></td><td></td><td></td><td></td><td></td><td></td></tr>
</table>

3）计算

计算各级分的比活性、纯化倍数及回收率，并将数据列于表 14-6。

表 14-6 酶的纯化表

级分	记录体积/mL	校正体积/mL	蛋白质含量/(mg/mL)	总蛋白量/mg	酶活性/(U/mL)	总活性/U	比活性/(U/mg)	纯化倍数	回收率/%
Ⅰ									
Ⅱ									
Ⅲ									
Ⅳ									

注：一个酶活性单位（1U）是在给定的实验条件下，每分钟能催化 1mol 蔗糖水解所需的酶量，而水解 1mol 蔗糖则生成 2mol 还原糖，计算时需注意。

五、结果处理

依据下列公式计算蔗糖酶的比活性

$$酶活性=\frac{\Delta A_{540}对照标准曲线得还原糖的含量\times V_c}{V_s}$$

式中：ΔA_{540} 为波长 540nm 处所测定的样品的吸光度；V_s 为样品测定时所用的体积；V_c 为样品稀释的倍数。

$$酶比活性=\frac{酶活性}{单位体积样品的蛋白质含量}$$

六、注意事项

（1）在进行各级分酶活性大小测定的表格中，第 1 管为 0 时间对照，在加入 0.2mL 蔗糖之前，先加入 NaOH 溶液，防止酶解作用。此管中溶液用于观察，不进行计算。第 15、16 管为葡萄糖的空白与标准溶液。它的测定结果可以与标准曲线中测定的结果进行对照。

（2）标准曲线的制作过程与样品的测定过程中的操作一定要严格一致。

（3）结果处理时，注意酶活性和比活性的单位。

七、思考题

（1）什么是某一纯化方法的纯化倍数及回收率？

（2）酶活性和比活性的单位有何区别？

实验四十六　蔗糖酶的酶活特性研究

一、实验目的

通过检测不同温度、pH 对蔗糖酶活性的影响，了解蔗糖酶的酶活特性，学习设计测定蔗糖酶动力学参数的方法。

二、实验原理

酶是生物体中具有催化功能的蛋白质，其催化作用受反应温度的影响。一方面，与一般化学反应一样，提高温度可以加快酶反应的速率；另一方面，酶是一种蛋白质，温度过高会引起酶蛋白的变性，导致酶钝化甚至失活。在一定条件下，反应速率达到最大值时的温度称为某种酶的最适温度。同样酶的活性受环境 pH 的影响极其显著，每一种酶都有一个特定的 pH，在此 pH 下酶反应速率最快，而在此 pH 两侧酶反应速率都比较缓慢。因为酶是两性电解质，在不同的酸碱环境中，酶结构中可解离基团的解离状态不同，所带电荷不同，而它们的解离状态对保持酶的结构、底物与酶的结合能力以及催化能力都起着重要作用。因此，酶表现最大活性的 pH 即为该酶的最适 pH。

蔗糖酶酶促反应的底物和产物均为非极性物质，无解离基团，所以实验测出的 pH 对蔗糖酶活性影响的实验值，可以反映出酶蛋白上相关基团的解离对酶活性的影响。

三、实验试剂与仪器

1）试剂

蔗糖酶（纯化后产品）、0.2mol/L NaAc 溶液、蔗糖酶活性测定试剂。

不同 pH 乙酸-乙酸钠缓冲溶液：取一定体积 0.2mol/L 乙酸钠溶液，用 pH 计监控，加乙酸调 pH 至所需 pH，然后加水至 100mL。

2）仪器

水浴锅等。

四、实验步骤

1. pH 对蔗糖酶活性的影响

选取一定的 pH 范围，在一定的底物浓度、温度和酶浓度下，测定蔗糖酶活性随 pH 的变化。

2. 温度对蔗糖酶活性的影响

测定方法与 pH-酶活性关系类似，即把酶浓度、底物浓度和 pH 固定在较适状态，在不同温度条件下测定蔗糖酶活性。

以上实验步骤及结果均需以表格形式记录。

五、结果处理

根据实验结果，作 pH-酶活性曲线、温度-酶活性曲线。确定实验条件下蔗糖酶催化蔗糖水解反应的最适 pH 及最适温度。

六、思考题

（1）什么是酶的最适温度？pH对酶活性有何影响？

（2）实验中必须注意控制哪些实验条件才能较好地完成实验？

（3）蔗糖酶的酶活特性研究有何实践意义？

第15章　α-淀粉酶的分离纯化和鉴定

α-淀粉酶（α-amylase）是工业上使用最广泛的酶制剂之一，在饴糖、发酵和洗涤剂等工业上都有重要的应用。工业上 α-淀粉酶是细菌发酵生产的，其提取方法有：①硫酸铵沉淀法：②絮凝-超滤浓缩-有机溶剂沉淀法。第一种方法生产的为一般工业用酶。酶活性约为2000活性单位/g，第二种方法生产的为食品工业用酶，酶活性为6000～8000活性单位/g。这两种方法生产的酶都是粗酶，都含有大量的杂蛋白。

实验采用硫酸铵沉淀→疏水层析→离子交换层析的方法分离纯化 α-淀粉酶，用聚丙烯酰胺凝胶电泳进行纯度鉴定，并测定 α-淀粉酶的米氏常数（K_m）和最大反应速率（v_{max}）。

实验四十七　α-淀粉酶的活性测定

I α-淀粉酶的活性测定方法一

一、实验目的

了解并掌握一种 α-淀粉酶活性测定的简便方法，测定 α-淀粉酶分离纯化过程中每步的酶活性，并计算酶活性的回收。

二、实验原理

α-淀粉酶能将淀粉分子链中的 α-1, 4-葡萄糖苷键切断，使淀粉成为长短不一的短链糊精以及少量的麦芽糖和葡萄糖。因此，酶反应过程中淀粉对碘呈蓝紫色的特异反应逐渐消失，以颜色消失的速度计算酶活性。

三、实验试剂与仪器

1）试剂

原碘液：称取碘（I_2）11g、碘化钾（KI）22g，先用少量蒸馏水使碘完全溶解，然后定容至500mL，储存于棕色瓶内。

稀碘液：吸取原碘液1mL，加10g KI，用蒸馏水溶解并定容至250mL，储存于棕色瓶内。

2%可溶性淀粉：称取2.00g可溶性淀粉，与少量冷蒸馏水混合成薄浆状，然后加入沸蒸馏水，边加边搅拌，最后定容至100mL，此溶液当天配当天使用。

0.02mol/L pH 6.0磷酸氢二钠-柠檬酸溶液：称取磷酸氢二钠（$Na_2HPO_4\cdot12H_2O$）

11.3075g、柠檬酸（$C_6H_8O_7 \cdot H_2O$）2.0175g，用 240mL 蒸馏水溶解，调 pH 至 6.0，然后定容至 250mL。

标准终点溶液：①称取氯化钴（$CoCl_2 \cdot 6H_2O$）40.2439g 和重铬酸钾 0.4878g，用蒸馏水溶解，然后定容至 50mL。②0.04%铬黑 T 溶液：精确称取铬黑 T 40mg，用蒸馏水溶解，然后定容至 100mL。

取溶液①40.0mL 和溶液②5.0mL 混合。取数滴于白色滴板上，此溶液的颜色即为酶反应终点颜色。该溶液在冰箱中保存，15 天内使用，过期需重新配制。

2）仪器

白色滴板、容量瓶、恒温水浴锅、大试管 25mm×200mm、电子分析天平、pH 计。

四、实验步骤

1. 待测样品（待测酶液）的配制

待测酶液来自实验四十八、实验四十九。

（1）取发酵液 1mL，加蒸馏水 15mL，混匀，备用。

（2）取$(NH_4)_2SO_4$沉淀后配成的粗酶溶液 1mL，加蒸馏水 19mL 混匀，备用。

（3）取疏水层析树脂吸附后的废液 5mL，加 5mL 蒸馏水，混匀，备用。

（4）取疏水层析洗脱液 0.5mL，加蒸馏水 9.5mL，混匀，备用。若测出的酶活性太高，可进一步稀释。

（5）称取酶粉 10～15mg，用 0.02mol/L pH 6.0 磷酸氢二钠-柠檬酸缓冲液溶解，然后定容至 50mL 备用。

2. 测定

（1）取数滴标准终点色溶液于白色滴板的一个孔穴内，用作比较颜色的标准，其余孔穴各加 3～4 滴稀碘液。

（2）吸取 20mL 2%可溶性淀粉溶液和 5mL 0.02mol/L pH 6.0 磷酸氢二钠-柠檬酸缓冲液于 25mm×200mm 大试管中，在 60℃恒温水浴中预热 5min。加入上述配制好的酶液 0.5mL，立即开始记录时间，不断搅拌，定时用滴管取数滴（约 0.5mL）于盛有稀碘液的滴板孔内，当孔穴内颜色与标准终点色（棕红色）相同时即为反应终点，记录下反应时间（T），酶反应时间应控制在 1.5～3min。

五、计算

酶活性单位定义：在 60℃，pH 6.0 的条件下，1h 内液化可溶性淀粉 1g 的酶量为 1 单位，所以

$$1\text{mL 酶活性单位} = \frac{\dfrac{60}{T} \times 20 \times 2\% \times n}{0.5}$$

式中：n 为稀释倍数；2%为淀粉浓度；20 为 2%可溶性淀粉溶液的体积，mL；60 为 60min；0.5 为测定时所用稀释后的酶液体积，mL；T 为反应时间，min。

Ⅱ α-淀粉酶的活性测定方法二

一、实验目的

了解并掌握用 3, 5-二硝基水杨酸作显色剂，采用分光光度法测定 α-淀粉酶活性的一种方法。

二、实验原理

α-淀粉酶催化水解淀粉除产生大量糊精外，还产生麦芽糖和葡萄糖。麦芽糖在一定的条件下和 3, 5-二硝基水杨酸反应生成黄绿色化合物，可以用比色法测定产生的麦芽糖量，因此可以用产生的麦芽糖量来表示酶活性。

三、实验试剂与仪器

1）试剂

20mmol/L pH 6.9 磷酸钠（内含 6.7mmol/L NaCl）缓冲液：称取 7.163g $Na_2HPO_4 \cdot 12H_2O$ 定容至 1000mL，取溶液 49.0mL；再称取 3.120g $NaH_2PO_4 \cdot 2H_2O$ 定容至 1000mL，取溶液 51.0mL，将两者混合，加入 0.0402g NaCl，调 pH 至 6.9（备用）。

1%可溶性淀粉液：用以上缓冲溶液配制。

3, 5-二硝基水杨酸显色剂：1.60g NaOH 溶于 70mL 蒸馏水中，再加入 1.0g 3, 5-二硝基水杨酸，30g 酒石酸钾钠，用水稀释到 100mL。

麦芽糖标准液（10μmol/mL）：精确称取 360mg 麦芽糖，用 20mmol/L pH 6.9 磷酸钠缓冲液溶解，定容至 100mL。

待测精制 α-淀粉酶溶液：来自实验四十九。

2）仪器

容量瓶、电子分析天平、pH 计、水浴锅、分光光度计。

四、实验步骤

取四支试管，按表 15-1 加入试剂。

表 15-1　酶活性测定方法二

步骤 \ 管号	空白管	样品管	标准空白管	标准管
1. 加底物溶液/mL	0.50	0.50	—	—
2. 加蒸馏水/mL	0.50	—	1.00	—
3. 迅速加入待测酶液/mL，立即计时，25℃准确保温 3min	—	0.50	—	—

续表

步骤 \ 管号	空白管	样品管	标准空白管	标准管
4. 立即加入 3, 5-二硝基水杨酸显色剂/mL	1.00	1.00	1.00	1.00
5. 加麦芽糖标准液/mL	—	—	—	1.00
6. 100℃水浴沸腾 5min，冷却				
7. 加蒸馏水/mL	10.00	10.00	10.00	10.00
A_{540nm}				

五、结果计算

$$\text{酶活性(U/mg)}=\frac{(A_{样}-A_{空})\times 标准管中麦芽糖的量(\mu mol)}{(A_{标}-A_{标空})\times 样品管中酶质量(mg)}$$

实验四十八　α-淀粉酶的疏水层析

一、实验目的

了解疏水层析的基本原理，学会用疏水层析分离纯化蛋白质。

二、实验原理

疏水层析（hydrophobic interaction chromatography，HIC）也称疏水相互作用层析。水溶液中的蛋白质分子表面由 Leu、Ile、Val 和 Phe 等非极性侧链形成疏水区，因而很容易与其他高分子化合物上的疏水基团作用而被吸附，不同蛋白质分子的疏水区强弱有较大差异，造成其与疏水吸附剂间相互作用的强弱不同，从而可以改变层析条件，使不同的蛋白质洗脱下来。

影响疏水相互作用的因素有蛋白质本身的疏水性和蛋白质的环境，疏水层析的疏水吸附剂一般在较高离子强度下吸附蛋白质，然后改变层析条件，降低盐浓度，可按低盐、水和有机溶剂顺序减弱疏水作用和洗脱，使不同蛋白质解吸下来，本实验用 40%乙醇将 α-淀粉酶洗脱下来。

实验中分离的 α-淀粉酶是经枯草芽孢杆菌 BF7658 发酵产生，发酵液经硫酸铵沉淀后的样品可直接吸附到疏水树脂 D101 上进行层析分离，得到纯度较高的 α-淀粉酶，如要得到纯度更高的 α-淀粉酶，可用 DEAE-纤维素层析进一步纯化。

三、实验试剂与仪器

1）试剂

枯草芽孢杆菌 BF7658 发酵液（含 α-淀粉酶）、固体$(NH_4)_2SO_4$、大孔型吸附树脂 D101、40%乙醇溶液。

2）仪器

层析柱 1cm×30cm、恒流泵、紫外检测仪、自动部分收集器、记录仪、电子分析天平、pH 计。

四、实验步骤

1. 大孔型吸附树脂 D101 的处理

将 20g 大孔型吸附树脂 D101 置于 150mL 烧杯中，加 60mL 95%乙醇浸泡 3h，在布氏漏斗上抽干，再用蒸馏水抽洗数次，将树脂重新放回烧杯中，加 2mol/L HCl 60mL 浸泡 2h，在布氏漏斗上用蒸馏水抽洗至中性，再放回烧杯中，加 2mol/L NaOH 浸泡 1.5h，在布氏漏斗上用蒸馏水抽洗至中性备用。

2. 枯草芽孢杆菌 BF7658 发酵液的盐析

取 120mL 发酵液，调 pH 6.7～7.8，加固体$(NH_4)_2SO_4$使其浓度达到 40%～42%，加完$(NH_4)_2SO_4$后静置数小时即可抽滤或离心，收集滤饼，将滤饼溶于蒸馏水中，最终体积为 100mL，制成 α-淀粉酶的粗酶溶液待用。

3. 吸附、装柱、洗脱和收集

将 15g 上述处理好的大孔型吸附树脂 D101 置于 250mL 烧杯内，加入 100mL α-淀粉酶的粗酶溶液，置于电磁搅拌器上吸附 1h，停止搅拌，静置数分钟，倾倒去部分清液，将树脂慢慢转移到一根直径 1cm、高 30cm 的层析柱中，打开层析柱出口，让吸附后的废液流出，当液面与柱床表面相平时关闭出口，用滴管加入 40%乙醇溶液，柱上端接恒流泵，以 0.5mL/min 的流速用 40%的乙醇洗脱，用紫外检测仪检测 280nm 处的吸光度，用自动部分收集器收集，每管 5mL，用自动记录仪绘制洗脱曲线，根据峰形合并洗脱液，取 0.5mL 洗脱液按“实验四十七 酶活性测定方法一”测定酶活性。将有酶活性的洗脱液加入 1 倍体积预冷的 95%乙醇进行沉淀，在冰箱中静置 1h 后离心，然后用丙酮脱水 3 次，置于干燥器中过夜，取出酶粉称量。

4. 酶活性的测定

待测样品包括发酵液、盐析后的粗酶溶液、疏水层析吸附后的废液、洗脱液和酶粉，待测样品的配制及活性测定按“实验四十七 酶活性测定方法一”。

5. 解吸后树脂的再处理

取出柱中的树脂，用 2mol/L NaOH 浸泡 4h，在布氏漏斗上抽滤，用水洗至中性，留待以后使用。

五、结果处理

结果处理见表 15-2。

表 15-2　α-淀粉酶活性测定——结果处理

待测样品	体积/mL 或质量/mg	单位体积/(U/mL)或单位质量的酶活性/(U/mg)	总活性/U	活性回收率/%
发酵液				
盐析后的粗酶溶液				
吸附后废液				
洗脱液				
酶粉				

实验四十九　α-淀粉酶的离子交换柱层析

一、实验目的

掌握离子交换柱层析分离纯化蛋白质的原理和方法。

二、实验原理

蛋白质是一种大分子的两性化合物。当溶液 pH<pI 时，蛋白质带正电荷，可以为阳离子交换剂吸附；当溶液的 pH>pI 时，蛋白质带负电荷，可以为阴离子交换剂吸附。在一定的 pH 条件下，各种不同蛋白质所带电荷的种类和电荷量不同，因此，它们对一定的离子交换剂的亲和力不同。于是，用一定离子强度的溶液进行洗脱时，不同的蛋白质在柱上迁移的速度不同，有的蛋白质甚至处于牢固吸附状态而不迁移，必须改变溶液的 pH 或增加溶液的离子强度才能将其洗脱下来。因此，一个复杂蛋白质组成的溶液的分离，需要采用梯度洗脱，或阶段洗脱和梯度洗脱相结合的方法进行层析分离。

三、实验试剂与仪器

1）试剂

DEAE-纤维素。

初始缓冲液（0.005mol/L pH 6.5 磷酸缓冲液）：称取 $Na_2HPO_4·12H_2O$ 0.564g 和 $NaH_2PO_4·2H_2O$ 0.534g，用蒸馏水溶解，定容至 1000mL。

极限缓冲液（0.50mol/L pH 6.5 磷酸缓冲液）：称取 $Na_2HPO_4·12H_2O$ 28.204g 和 $NaH_2PO_4·2H_2O$ 26.717g，用蒸馏水溶解，定容至 500mL。

2）仪器

层析柱（1cm×30cm）、布氏漏斗、抽滤瓶、恒流泵、部分收集器、梯度混合仪、冷冻干燥机、电子分析天平、pH 计。

四、实验步骤

1. DEAE-纤维素的处理

称取 DEAE-纤维素 10～15g，在 250mL 烧杯内用适量蒸馏水浸泡 2h，倾出上清液，再加同样量蒸馏水浸泡 2h，在布氏漏斗上抽干，重新放回烧杯，加适量 0.5mol/L NaOH 溶液搅拌浸泡 3h，在布氏漏斗上抽洗至中性，放回烧杯，加适量 0.5mol/L HCl 溶液浸泡过夜，在布氏漏斗上抽洗至中性，放回烧杯，加适量初始缓冲液浸泡平衡 4h。

2. 装柱

取一根 lcm×30cm 的层析柱垂直夹在铁架上，注入 lcm 高的初始缓冲液。将已处理好并浸泡在初始缓冲液中的 DEAE-纤维素搅成悬浮状（沉淀的纤维素与初始缓冲液体积比为 1∶2），加入层析柱内，慢慢打开底部出口，同时不断加入 DEAE-纤维素，直至柱高达 20cm。接恒流泵，将 DEAE-纤维素以 0.5mL/min 注入初始缓冲液，使层析柱平衡 3h，备用。

3. 上样

称取酶粉 60～70mg，用 4.0mL 初始缓冲液溶解备用。

打开层析柱开口，让柱中缓冲液流出，当柱中缓冲液液面与柱床面相平时，关闭柱出口。用吸管沿管壁小心地分次加入上面配制好的样品溶液，然后打开柱的出口，让样品溶液慢慢渗入柱中，待样品液面和柱面相平时，关闭出口。用滴管慢慢沿管壁加入少量初始缓冲液洗柱内壁两三次。最后用滴管沿管壁加初始缓冲液至高出柱面 3cm 左右。

4. 梯度洗脱

层析柱顶端与恒流泵相连，恒流泵与梯度混合仪相连。

梯度混合仪的混合瓶中加入 160mL 初始缓冲液，储液瓶中加入 80mL 极限缓冲液，以 0.5mL/min 的流速向层析柱输送液体进行梯度洗脱。

洗脱液用部分收集器收集，每管 8mL（每 16min 收集一管）。经紫外检测仪检测蛋白峰（280nm），当第二个峰收集完之后，直接用极限缓冲，以同样流速洗柱。合并各洗脱峰。

按实验四十七方法测定各峰的酶活性，选择有酶活性的峰对水透析过夜，然后冻干。

五、结果处理

（1）绘制层析的洗脱曲线，标出 α-淀粉酶所在的洗脱峰。

（2）将实验数据和处理结果列入表 15-3。

表 15-3　α-淀粉酶活性测定——结果处理

待测样品	酶粉/mg	酶液/mL	酶粉活性/（U/mL）	酶液活性/（U/mL）	总活性/U	活性回收率/%
粗酶粉						
层析所得酶液						
精制酶粉						

实验五十　聚丙烯酰胺凝胶垂直平板电泳法鉴定 α-淀粉酶

一、实验目的

用聚丙烯酰胺凝胶垂直平板电泳鉴定 α-淀粉酶的纯度。

二、实验原理

聚丙烯酰胺凝胶电泳是以丙烯酰胺与亚甲基双丙烯酰胺，在催化剂作用下聚合而成的具有三维网状结构的大分子凝胶作为支持介质的一种区带电泳。它采用了凝胶孔径、pH、缓冲液成分和电位梯度的不连续系统，因此具有高分辨率的浓缩效应、分子筛效应和电荷效应，在凝胶中对被分析的 α-淀粉酶样品进行这种电泳时，样品中各成分首先经过浓缩，然后再根据各自所带的电荷、分子的大小以及形状的差异以不同的迁移率电泳分离成带。

三、实验试剂与仪器

1）试剂

丙烯酰胺（Acr）、1%琼脂、*N*，*N*，*N*′，*N*′-四甲基乙二胺（TEMED）、*N*，*N*′-亚甲基双丙烯酰胺（交联剂，简称 Bis）、过硫酸铵（聚合用催化剂）。

试剂 A（pH 8.9）：36.6g 三羟甲基氨基甲烷（tris）和 48mL 1mol/L HCl 混合加蒸馏水至 100mL。

试剂 B（pH 6.7）：5.98g tris 和 48mL 1mol/L HCl 混合，加蒸馏水至 100mL。

电极缓冲液（pH 8.3）：6.0g tris 和 28.8g 甘氨酸混合，加蒸馏水至 1000mL，用时稀释 10 倍。

20%甘油-溴酚蓝溶液：100mL 20%甘油溶液加 50mg 溴酚蓝。

染色液：0.25g 考马斯亮蓝 R250，加入 91mL 50%甲醇和 9mL 冰醋酸。

脱色液：50mL 甲醇、75mL 冰醋酸与 875mL 蒸馏水混合。

试样：纯化后的 α-淀粉酶。

2）仪器

电泳仪（500V，50mA）、垂直平板电泳槽（15cm×10cm×0.15cm）、微量注射器（100mL）、灯泡瓶、染色与脱色缸、移液器、Eppendorf 管、Tip。

四、实验步骤

1. 安装

安装垂直平板电泳槽。

（1）在洁净的电泳槽和玻璃平板两边缘中间各添加一块小垫条，紧紧贴合四只夹子（一边两只），以致密封。

（2）用滴管吸取经沸水加热溶解的 2%琼脂糖溶液，趁热灌注于玻璃平板的底槽，待琼脂糖凝固后，底层即封闭（避免气泡）。

（3）在玻璃平板槽内注水至满刻度，观察是否有渗漏现象，如有，则需重新安装玻璃平板槽，然后弃去槽内蒸馏水，并用吸水纸轻轻吸去槽内未弃尽的蒸馏水。

2. 制备凝胶

（1）分离胶的制备。采用 10%的分离胶。称取 Acr 1.6g、Bis 8mg 一起置于灯泡瓶中，然后加入试剂 A 2mL、水 14mL，摇匀，使其溶解，然后用水泵或油泵抽气 10min，随后再加 TEMED 2 滴（滴管直径小于 2mm），混匀。用吸管吸取分离胶，沿壁加入垂直平板电泳槽中，直至胶液的高度达电泳槽高度的 2/3 左右，上面再覆盖一层水，在室温静置 30～60min 即可凝聚，凝聚后，用小滤纸条吸去上层的水。

（2）浓缩胶的制备。采用 4%的浓缩胶。称取 Acr 0.12g、Bis 6mg、过硫酸铵 16mg、试剂 B 0.4mL、水 2.8mL，混匀，抽气，加 TEMED 1 滴，混匀。用吸管吸取浓缩胶加到分离胶的上面，直至浓缩胶的高度为 1.5cm，这时将梳板插入，注意梳齿的边缘不能带入气泡，在室温下静置 30～60min，观察到梳齿附近凝胶中呈现光线折射的波纹时，浓缩胶即凝聚完成。凝聚后，将梳板拔去，立即用电极缓冲液冲洗加样孔（梳孔）数次，然后将电泳槽注满电极缓冲液。

3. 加样

在 Eppendorf 管中加入 2mg/mL 的精制 α-淀粉酶 50μL，再加入 50μL 20%甘油-溴酸蓝溶液，混匀，用微量注射器小心加到梳孔内。

4. 电泳

将垂直平板电泳槽接通电源，调节电流至 20mA，持续 15～20min，样品中的溴酸蓝指示剂到达分离胶之后，将电流调至 30mA，电泳过程保持电流强度恒定。待蓝色的溴酸蓝条带迁移至距凝胶下端 1cm 时，停止电泳。

5. 染色与脱色

把垂直平板电泳槽上的玻璃轻轻扳开，将凝胶取下，置于一个大培养皿中，加染色液染色 30min 左右，倾出染色液，加入脱色液，数小时更换一次脱色液，直至背景清晰。

6. 鉴定

根据染色所出现的区带，分析样品的纯度。

第16章　植物中原花色素的提取、纯化与测定

原花色素又名原花青素，是指从植物中分离得到的一类在热酸处理下能产生红色花色素的多酚类化合物，有人将其归为生物类黄酮。根据缩合键位的不同可将原花色素寡聚物分为A、B、C、D、T等几类。最简单的原花色素是儿茶素的二聚体，此外还有三聚体、四聚体等。依据聚合度的大小，通常将二至四聚体称为低聚体，而五聚体以上称为高聚体。原花色素作为天然抗氧化剂，以其极强的清除自由基的能力和调节心血管活性的功能在药品、保健品和化妆品中越来越受到人们的欢迎。

原花色素既存在于葡萄、苹果、山楂等多种水果中，也存在于大麦、麦芽、高粱、黑米及一些豆科植物中。

实验五十一　植物中原花色素的提取与纯化

一、实验目的

掌握从水果中提取原花色素的方法。

二、实验原理

原花色素是植物体内广泛存在的多酚类化合物。本实验利用低聚原花色素溶于水的特点，采用热水煮沸法抽提制备原花色素粗制品，再用树脂吸附、洗脱对粗制原花色素进行纯化。

三、实验试剂与仪器

1）试剂

60%乙醇溶液、95%乙醇溶液。

试样：新鲜水果（苹果、葡萄或山楂）。

2）仪器

烧杯、高速组织粉粹机、玻璃层析柱（1cm×10cm）、旋转蒸发仪、冷冻干燥机、大孔吸附树脂D-101、天平、量筒、水浴锅。

四、实验步骤

（1）称取新鲜水果（苹果、葡萄或山楂）20.0g，加入40.0mL蒸馏水，匀浆，沸水浴40～60min，再加入20.0mL蒸馏水，用细绸布过滤，滤液备用。

（2）取 5.0g 新的大孔吸附树脂 D-101，先用 95%乙醇浸泡 2～4h，水洗去乙醇后，装层析柱（1cm×10cm），再用蒸馏水洗 2 倍体积。滤液上样，上完样后，先用蒸馏水洗 2 倍体积，然后换 60%乙醇洗脱，待有红色液体流出后开始收集，直到收集到无红色为止。

（3）将洗脱液放入旋转蒸发仪中蒸发，剩余无乙醇部分冷冻。

（4）将冻结好的样品放入干燥机上干燥。

（5）干燥后称量样品，测含量（见实验五十二）。

实验五十二　植物中原花色素的测定

Ⅰ原花色素测定方法一　盐酸-正丁醇比色法

一、实验目的

掌握盐酸-正丁醇比色法测定原花色素的原理和方法。

二、实验原理

原花色素（Ⅰ）的 4～8 连接键很不稳定，易在酸作用下打开。以二聚原花色素为例，具体反应过程（图 16-1）是：在质子进攻下单元 C8（D）生成碳正离子（Ⅱ），4～8 键裂开，下部单元形成（－）-表儿茶素（Ⅲ），上部单元成为碳正离子（Ⅳ）。Ⅳ失去一个质子，成为黄-3-烯-醇（Ⅴ）。若在有氧条件下Ⅴ失去 C2 上的氢，被氧化成花色素（Ⅵ），反应还生成相应的醚（Ⅶ）。若采用正丁醇溶剂可防止醚的形成。

三、实验试剂与仪器

1）试剂

原花色素标准品：精确称取 10.0mg 原花色素标准品，用甲醇溶解于 10.0mL 容量瓶中，定容至刻度。

HCl-正丁醇：取 5mL 浓 HCl 加入 95.0mL 正丁醇中，混匀即可。

2%硫酸铁铵：称取 2.0g 硫酸铁铵溶于 100.0mL 2.0mol/L HCl 中即可。

2.0mol/L HCl：取 1 份浓 HCl 加入 5 份蒸馏水中即可。

试样溶液：准确称取一定量蒸馏的原花色素样品，用甲醇溶解，定容至 10.0mL，浓度控制在 1.0～3.0mg/mL。

2）仪器

具塞试管（1.5cm×15cm）、吸管（1mL、2mL）、722 型（或 7220 型）分光光度计、水浴锅、电炉、电子分析天平。

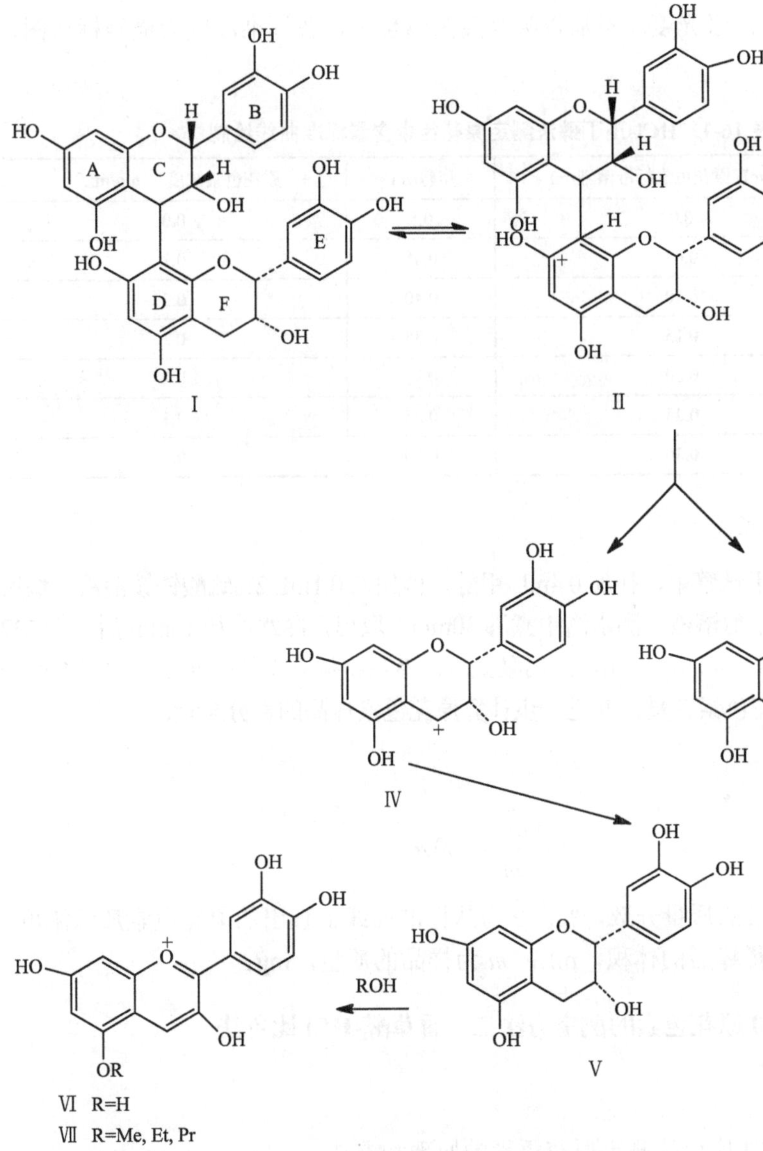

图 16-1　原花色素的酸解反应

Me：Metlyl，甲基；Et：Ethyl，乙基；Pr：Propyl，丙基

四、实验步骤

1. 制作标准曲线

取 7 支洁净试管，按表 16-1 进行操作，得浓度分别为 0.0mg/mL、0.1mg/mL、0.2mg/mL、0.3mg/mL、0.4mg/mL、0.5mg/mL 和 0.6mg/mL 的原花色素标准溶液。然后向各试管中依次加入 0.1mL 2%硫酸铁铵溶液和 3.4mL HCl-正丁醇溶液，最后将试管置于沸水浴煮沸 30min，取出，冷水冷却 15min 后，用 722 型分光光度计在波

长 546nm 下比色测出吸光度。然后以吸光度为纵坐标，各标准浓度为横坐标作图，得标准曲线。

表 16-1　HCl-正丁醇法测定原花色素含量标准曲线绘制

管号	1.0mg/mL 原花色素标准溶液/mL	甲醇/mL	原花色素浓度/（mg/mL）
0	0.0	0.5	0.0
1	0.05	0.45	0.1
2	0.10	0.40	0.2
3	0.15	0.35	0.3
4	0.20	0.30	0.4
5	0.25	0.25	0.5
6	0.30	0.20	0.6

2. 样品含量测定

取样液 0.1mL 于试管中，补加 0.4mL 甲醇，再加入 0.1mL 2%硫酸铁铵溶液，最后加入 3.4mL HCl-正丁醇溶液，沸水浴中煮沸 30min，取出，冷水冷却 15min 后，于 722 型分光光度计在波长 546nm 下比色测出吸光度。然后根据测得的吸光度，由标准曲线查算出样品液的原花色素含量，并进一步计算原花色素样品的百分含量。

五、计算

$$w = \frac{cV}{m} \times 100\%$$

式中：w 为原花色素的质量分数，%；c 为从标准曲线上查出的原花色素质量浓度，mg/mL；V 为样品稀释后的体积，mL；m 为样品的质量，mg。

Ⅱ原花色素的测定方法二　香草醛-HCl 比色法

一、实验目的

掌握香草醛-HCl 比色法测定原花色素的原理和方法。

二、实验原理

原花色素在酸性条件下，其 A 环的化学活性较高，在其上的间苯二酚或间苯三酚结构可与香草醛发生缩合反应，产物在浓酸作用下形成有色的碳正离子，见图 16-2。

三、实验试剂与仪器

1）试剂

浓 HCl 溶液、4%香草醛（香兰素）（称取 4.00g 香草醛溶于 100mL 甲醇中）、原花色素样品液（取一定量待测样品配制成 0.1～0.3mg/mL）。

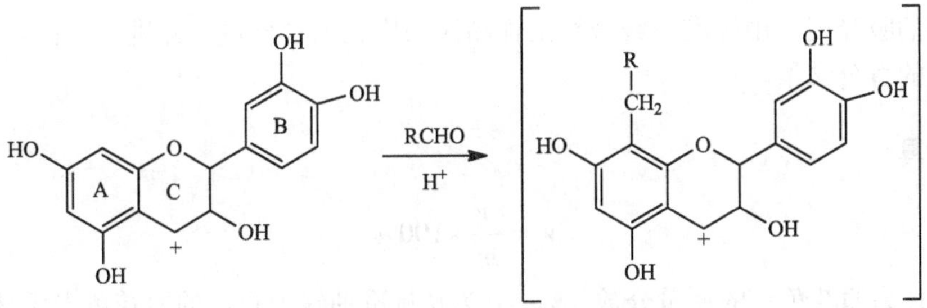

图 16-2　原花色素与醛的缩合反应

儿茶素标准品（1.0mg/mL）储备液：准确称取 10.0mg 儿茶素标准品，用甲醇溶解，并定容至 10.0mL 容量瓶中，然后置于冰箱中冷冻储藏。

儿茶素标准品应用液：将上述溶液准确稀释至 0.4mg/mL。

2）仪器

具塞试管（1.5cm×15cm）、吸管（1mL、2mL）、722 型（或 7220 型）分光光度计、电子分析天平。

四、实验步骤

1. 制作标准曲线

取 6 支洁净试管，按表 16-2 进行操作，所得溶液分别相当于 0.00mg/mL、0.08mg/mL、0.16mg/mL、0.24mg/mL、0.32mg/mL 和 0.40mg/mL 的原花色素溶液。然后向各试管中依次加入 3.0mL 4%香草醛溶液和 1.5mL 浓 HCl 溶液，室温放置 15min 后，用 722 型分光光度计在波长 500nm 下比色测出吸光度。以吸光度为纵坐标，各标准液浓度为横坐标作图，得标准曲线。

表 16-2　香草醛法测定原花色素含量标准曲线绘制

管号	0.40mg/mL 儿茶素标准溶液/mL	甲醇/mL	相当于原花色素含量/(mg/mL)
0	0.00	0.50	0.00
1	0.10	0.40	0.08
2	0.20	0.30	0.16
3	0.30	0.20	0.24
4	0.40	0.10	0.32
5	0.50	0.00	0.40

2. 样品含量的测定

取样液 0.50mL 于试管中，依次加入 3.0mL 4%香草醛溶液和 1.5mL 浓 HCl 溶液，室温放置 15min 后，用 722 型分光光度计在波长 500nm 下比色测出吸光度，然后根据测得的吸光度，由标准曲线查算出样品液的原花色素含量，并进一步计算原花色素样品的百分含量。

五、计算

$$w = \frac{cV}{m} \times 100\%$$

式中：w 为原花色素的质量分数，%；c 为从标准曲线上查出的原花色素质量浓度，mg/mL；V 为样品稀释后的体积，mL；m 为样品的质量，mg。

六、思考题

（1）比较香草醛-HCl 比色法和盐酸-正丁醇比色法测定植物中原花色素的结果差异，并解释原因。

（2）水果的成熟度会影响原花色素的含量吗？为什么？

第 17 章　植物黄酮的提取及应用

实验五十三　植物黄酮的提取

一、实验目的

了解植物黄酮的提取原理和方法。

二、实验原理

在植物体内经光合作用所固定的碳，约有 2%转变为黄酮类化合物或与其密切相关的其他化合物。植物黄酮（flavonoids）又称生物类黄酮，是以 2-苯基苯并吡喃为母体的一大类天然化合物及其衍生物，广泛存在于食用蔬菜、水果等植物活细胞内，根据结构的异同分为二氢黄酮醇、异黄酮、二氢异黄酮、查耳酮、橙酮、黄橙酮、花色素等不同类型，是植物界广泛分布的还原性次生代谢组分。已知的黄酮类化合物单体达 8000 多种。

黄酮类化合物是一类具有天然生理活性成分的物质，1978 年人们首次发现黄酮类化合物具有抑制 cAMP 磷酸二酯酶的作用，后来相继发现各种黄酮类化合物对不同组织和细胞中的酶具有一定选择性的抑制作用。目前许多研究表明黄酮类化合物具有抗氧化、猝灭自由基、消除人体细胞毒素、增强细胞免疫力、强化细胞基础代谢、延缓细胞衰老等多种生理特性；在解除酒精中毒、抗高血压、抑制体外血小板聚集和体内血栓的形成、降低血脂和血糖水平，以及保肝护肝等方面具有特殊功效。

黄酮存在于植物体细胞质内，故采用合适的方法将植物细胞有效破坏，使有效成分从生物组织中溶出是实验的目的所在。对于天然有机化合物的提取方法有破碎、加热煮提、加压煮提、溶剂渗透回流法、酶法、超声波及微波提取等。就本实验而言，水和乙醇可作为首选的提取溶剂。

三、实验试剂与仪器

1）试剂

乙醇、甲醇、盐酸。

试样：藤茶植物（属于葡萄科蛇葡萄属中的一种野生藤本植物，主要分布于我国长江流域以南如广东、广西、江西等地，其植物体中富含黄酮物质，幼嫩叶以干基计算植物黄酮含量高达 20%以上）或豆类。

2）仪器

加压蒸煮锅、恒温水浴锅、旋转蒸发仪、减压过滤装置、恒温鼓风干燥箱。

四、实验步骤

1. 水煮热提法

称取一定量的原料，加一定体积的水浸泡，沸水煮提，趁热过滤，滤液静置、冷却，粗黄酮化合物沉淀、过滤、干燥。

可调整水溶液的 pH 呈酸性，比较黄酮的提取率。

2. 溶剂浸提法

称取一定量的原料于烧瓶中，加入一定体积的有机溶剂，加热回流提取，冷却，减压过滤，提取液采用旋转蒸发器，水浴加热蒸发去除部分溶剂，冷却，提取液静置一定时间，粗黄酮化合物沉淀、过滤、干燥。

3. 加压蒸煮法

称取一定量的原料，加一定体积的水，加压条件下提取一定时间，料液分离，冷却，粗黄酮化合物沉淀、过滤、干燥。

五、计算

$$\text{黄酮产率} = \frac{\text{黄酮提取物(g)}}{\text{原料用量(g)}} \times 100\%$$

六、思考题

（1）黄酮化合物的产率可能与哪些因素有关？实验选用黄酮化合物提取方法的依据是什么？

（2）有机溶剂提取黄酮化合物后，提取液用旋转蒸发器去除部分溶剂的目的是什么？还可用什么方法使有机溶剂提取液中的黄酮沉淀析出？

（3）设计用酶法提取植物黄酮的实验方案。

实验五十四　芦笋中黄酮类物质的提取、分离与测定

一、实验目的

了解芦笋中黄酮提取的原理、方法；掌握实验操作要点。

二、实验原理

在植物体内大部分黄酮类化合物与糖成苷，一部分以苷元形式存在。其溶解度因结构及存在状态不同而有很大差异。

总黄酮类化合物的提取及测定主要利用它们可溶于乙醇、热水或甲醇，而不溶

于乙醚的特性，以乙醚除去植物材料中的脂溶性杂质，再用乙醇、热水或甲醇提取植物组织中黄酮类化合物。黄酮类化合物一般都含酚羟基，显酸性，故都可溶于碱中，加酸后又沉淀出来，可利用此性质提取和分离黄酮类化合物。利用柱色谱技术和逆流色谱法分离纯化黄酮类化合物。

硝酸铝与黄酮类化合物作用后生成黄酮的铝盐配离子呈黄色，该配合物在 510nm 处有强的光吸收，其颜色的深浅与黄酮含量成一定的比例关系，可定量测定黄酮类化合物。

三、实验试剂与仪器

1）试剂

芦丁标准品、氢氧化钠、亚硝酸钠、硝酸铝、无水乙醇、乙醚、甲醇、乙酸乙酯等。

试样：芦笋皮。

2）仪器

电子天平、高速组织捣碎机、恒温水浴锅、紫外-可见分光光度计、超声波清洗器、旋转蒸发仪、恒温鼓风干燥箱等。

四、实验步骤

1. 黄酮类物质的测定方法

（1）标准曲线绘制。准确称取在 120℃、0.06MPa 条件下干燥至恒量的芦丁 200mg，置于 100mL 容量瓶中，用 30%乙醇定容备用。

取 7 支具塞刻度试管，分别加入 0mL、0.5mL、1.0mL、1.5mL、2.0mL、2.5mL、3.0mL 芦丁标准液，各加入 5%亚硝酸钠溶液 0.3mL，混匀后静置 5min；再加入 10%硝酸铝溶液 0.3mL，混匀后静置 6min，加入 1mol/L 氢氧化钠溶液 2mL，再加入 30%乙醇使总体积为 10mL，混匀后静置 10min，在波长 510nm 处测定吸光度，制作标准曲线。

（2）样品测定。取 1.0mL 提取液于具塞试管中，其余按标准曲线操作步骤进行，在 510nm 处测吸光度。同时做空白实验。

（3）计算。

$$\text{总黄酮含量} = \frac{Y \times 250 \times 10}{m \times 1000} \times 100\%$$

式中：Y 为根据标准曲线得到的黄酮类化合物含量，mg/mL；m 为样品质量，g。

2. 提取

称取 5g 左右样品置于碘量瓶中，加入少量 85℃的蒸馏水或其他提取剂，然后将碘量瓶置于 85℃水浴恒温振荡器中提取 10min，取出将滤液转移至 250mL 容量瓶中反复洗涤后定容，备用。

目前的提取方法有溶剂提取法、酶解法、微波提取法、超声波提取法、超临界流体萃取法、双水相萃取分离法等。选择一种或复合提取技术，考察提取剂、料液比、提取时间和温度等条件对黄酮得率的影响。

3. 分离纯化

分离纯化的方法有柱层析法（聚酰胺柱色谱、硅胶柱色谱、葡聚糖凝胶柱层析、大孔吸附树脂法）、梯度 pH 萃取法、铅盐沉淀法、膜分离法、高速逆流色谱法、纸层析法、高效液相色谱法等。选择一种分离纯化技术，考察不同分离纯化条件下的纯化效果。

4. 测定活性

测定黄酮类物质的抗氧化活性。

五、结果处理

（1）通过单因素及正交试验或响应面法优化试验，确定提取黄酮类化合物的适宜条件。
（2）确定分离纯化的适宜条件。
（3）分离出的黄酮类化合物具有抗氧化活性。

六、思考题

（1）阐述黄酮类物质提取、分离纯化的关键技术。
（2）测定黄酮类物质时应注意哪些问题？
（3）阐述黄酮类物质的生理功能。

实验五十五　黄酮类化合物组分的分离及定量测定（高效液相色谱法）

一、实验目的

了解高效液相色谱分离化合物的原理，掌握其基本操作。

二、实验原理

溶解在甲醇中的黄酮类化合物可直接注入高效液相色谱仪中进行分离。在反相色谱中黄酮类化合物按一定的顺序洗脱、分离。被分离的各黄酮类化合物组分在 354nm 左右处均有明显的光吸收，故可在此波长下对被分离的组分进行检测。

三、实验试剂与仪器

1）试剂
甲醇、磷酸。
黄酮类化合物标准样品：芦丁（rutin）、杨梅酮（myricetin）、栎精（quercetin）、毛地黄黄酮（luteolin）、芹菜（苷）配基（apigenin）、芸香苷（narirutin）、柚皮素（naringenin）、橘皮苷（hesperidin）、新橘皮苷（neohesperidin）、橙皮素（hesperetin）等。

2）仪器

配备紫外检测器的高效液相色谱仪、微孔滤膜、磁力加热搅拌器、回流装置。

四、实验步骤

（1）准确称取 10～20g 新鲜植物材料于研钵中，加入 80mL 甲醇研磨，收集上清液，再重复甲醇提取过程一次。将两次提取液合并于 250mL 容量瓶中，接上冷凝管，在 80℃的磁力搅拌器上，连同提取物残渣回流约 1h。冷却至室温，用甲醇定容至 250mL。取 1～2mL 甲醇溶液，用 0.45μm 微孔滤膜过滤。

（2）准确称取少许各种标准样品，并分别溶于甲醇中形成标准溶液。各种黄酮化合物的标准溶液的浓度将根据它们在样品中的含量估计值设定为适当大小。

（3）参考色谱条件。色谱柱，反相 ODS C_{18} 分析柱（25mm×4.6mm，5μm）；流动相，60%甲醇-水溶液，用磷酸调 pH 至 3～4（或者流动相为甲醇-0.4%磷酸水溶液，1∶1）；DAD 检测器；流速 1～1.2mL/min；柱温为室温，检测波长为 354nm；进样体积，40μL。

五、结果

定性：样品中各组分的定性主要根据其保留时间与其标准样品的保留时间一致来确定。

定量：采用外标或内标法，根据标准样品含量和检测信号间的线性关系以及样品组分产生的检测信号大小，确定样品中各组分的含量。

六、说明

本方法所给出的样品制备方法和色谱条件仅供参考，因为高效液相色谱方法测定黄酮类化合物的样品制备方法和色谱条件都要根据样品的复杂性和样品中黄酮类化合物的组分来定，不同研究报道的方法和条件不能简单照搬。例如，中国农业大学 Fang Fang 等分析红葡萄酒中黄酮类化合物的一篇论文中的试样制备非常简单，仅通过 0.45μm 微孔滤膜过滤后，就直接进行高效液相色谱测定。但色谱条件很复杂，色谱进样量为 40μL，色谱柱为 Merck LiChrospher 100RP-18e（250mm×4.0mm，5μm），保护柱为 Merck RP-18（10mm×4.0mm），柱温皆为 20℃，检测波长为 360nm，流动相 A 为 19%乙腈、5%甲醇和 1%四氢呋喃的水溶液（pH 3.0），流动相 B 为 55%乙腈和 15%甲醇的水溶液（pH 3.0），混合流动相的总流速为 1.0mL/min，洗脱开始后混合流动相中 B 相所占的体积为 0～15min，2%；15～28min，2%～28%；28～40min，28%～36%；40～44min，36%；44～45min，36%～80%；45～52min，80%。

实验五十六　植物黄酮清除自由基的抗氧化活性实验

一、实验目的

了解植物黄酮清除自由基的作用，学习用二苯苦味肼基（DPPH）为参照物，快速测定植物黄酮清除自由基能力大小的实验方法。

二、实验原理

自由基是指具有未配对电子的原子或基团，具有极强的氧化能力。它的单电子有强烈的配对倾向，容易以各种方式与其他原子基团结合，形成更稳定的结构。

自由基是人体生命活动中各种生化反应的正常代谢产物，具有高度的化学活性，正常情况下肌体内自由基处在不断产生与清除的动态平衡中，体内少量的氧自由基不但不会对人体构成威胁，而且可以促进细胞增殖，刺激白细胞和吞噬细胞杀灭细菌，具有清除炎症、分解毒物的作用。但自由基产生过多而不能及时消除时，它就会攻击肌体内的生命大分子物质及各种细胞器，造成肌体在分子水平、细胞水平及组织器官水平的各种损伤，加速肌体的衰老进程并诱发各种疾病。

植物黄酮是一种多酚羟基结构的化合物，有良好的抗氧化作用。对自由基DPPH清除作用模式为

$$\underset{\text{（黄酮化合物）}}{AH}+DPPH\cdot \longrightarrow DPPH:H+A\cdot$$

二苯苦味肼基（DPPH，1, 1-dipheny-2-picrylhydrazy radical）是一种稳定的自由基，其乙醇溶液呈紫色，在可见光区517nm波长处有最大吸收峰。当向含有DPPH的溶液体系加入植物黄酮时，DPPH 自由基的单电子被重新分配，形成另一稳定的化合物，由于自由基清除基的存在而使DPPH溶液颜色变浅，在最大吸收波长处的吸光度变小，因此可利用比色法检测植物黄酮对自由基的消除情况。

三、实验试剂与仪器

1）试剂

0.15mmol/L DPPH乙醇溶液、0.01mg/mL黄酮乙醇溶液、0.01mg/mL BHT（二丁基羟基甲苯）乙醇溶液、无水乙醇。

2）仪器

可见分光光度计。

四、实验步骤

（1）不同抗氧化剂消除自由基的比较实验见表17-1。

表 17-1　不同抗氧化剂消除自由基的比较实验

实验试剂	DPPH 溶液/mL	无水乙醇/mL	BHT 溶液/mL	黄酮溶液/mL	A_{517nm} 值测定结果	自由基消除率/%
试管 1	2	2	—	—	A_1	—
试管 2	2	—	2	—	A_2	
试管 3	2	—	—	2	A_3	

将各试管放置暗处 30min，用 1cm 比色皿，以无水乙醇为参比，在 517nm 波长下测定各试管的吸光度。

（2）不同浓度黄酮消除自由基 DPPH 的特性实验，见表 17-2。

表 17-2　不同浓度黄酮消除自由基 DPPH 的特性实验

序号	试管 1	试管 2	试管 3	试管 4	试管 5
0.01mg/mL 黄酮溶液/mL	0.6	0.8	1.0	1.2	1.4
无水乙醇/mL	1.4	1.2	1.0	0.8	0.6
DPPH 溶液/mL	2	2	2	2	2
A_{517nm}					

五、计算

$$自由基清除率=\frac{A_1-A_2}{A_1}\times 100\%$$

式中：A_1 为 DPPH 乙醇溶液在 517nm 波长处的吸光度；A_2 为 DPPH 与抗氧化物混合体系溶液在 517nm 波长处的吸光度。绘制黄酮浓度变化对消除自由基能力大小变化曲线。

六、思考题

若抗氧化物溶液原色较深，干扰比色测定，可采用何种办法解决？

参考文献

白玲，黄建. 2004. 基础生物化学实验. 上海：复旦大学出版社.
北京师范大学生物系生物化学教研室. 1983. 基础生物化学实验. 北京：人民教育出版社.
毕开顺. 2011. 实用药物分析. 北京：人民卫生出版社.
曹成喜. 2008. 生物化学仪器分析基础. 北京：化学工业出版社.
陈钧辉，李俊，张太平，等. 2008. 生物化学实验. 4 版. 北京：科学出版社.
陈晓青，蒋新宇，刘佳佳. 2006. 中草药成分分离技术与方法. 北京：化学工业出版社.
陈毓荃. 2002. 生物化学实验方法和技术. 北京：科学出版社.
陈瑗，周玫. 2002. 自由基医学基础与病理生理. 北京：人民卫生出版社.
董晓燕. 2002. 生物化学实验. 北京：化学工业出版社.
胡昌勤，刘炜. 2004. 抗生素微生物检定法及其标准操作. 北京：气象出版社.
胡兰. 2006. 动物生物化学实验教程. 北京：中国农业大学出版社.
黄建华，袁道强，陈世锋. 2009. 生物化学实验. 北京：化学工业出版社.
黄晓钰，刘邻渭. 2002. 食品化学综合实验. 北京：中国农业大学出版社.
黄晓钰，刘邻渭. 2009. 食品化学与分析综合实验. 北京：中国农业大学出版社.
阚建全. 2008. 食品化学. 北京：中国农业大学出版社.
李志富. 2012. 仪器分析实验. 武汉：华中科技大学出版社.
凌关庭. 2004. 抗氧化食品与健康. 北京：化学工业出版社.
刘建文. 2008. 药理实验方法学——新技术与新方法. 2 版. 北京：化学工业出版社.
罗云波，生吉萍. 2006. 食品生物技术导论. 北京：化学工业出版社.
庞战军，周玫，陈瑗. 2000. 自由基医学研究方法. 北京：人民卫生出版社.
邵秀芝，郑艺梅，黄泽元. 2013. 食品化学实验. 郑州：郑州大学出版社.
时维静，王甫成. 2010. 中药分析与检测. 北京：化学工业出版社.
司书毅，张月琴. 2007. 药物筛选——方法与实践. 北京：化学工业出版社.
宋方洲，何凤田. 2008. 生物化学与分子生物学实验. 北京：科学出版社.
王立，汪正范. 2006. 色谱分析样品处理. 2 版. 北京：化学工业出版社.
王淼，吕晓玲. 2013. 食品生物化学. 北京：中国轻工业出版社.
王强，罗集鹏. 2005. 中药分析. 北京：中国医药科技出版社.
王秀奇，秦淑媛，高天慧，等. 2011. 基础生物化学实验. 北京：高等教育出版社.
王肇慈. 2000. 粮油食品品质分析. 2 版. 北京：中国轻工业出版社.
韦庆益，高建华，袁尔东，等. 2012. 食品生物化学实验. 广州：华南理工大学出版社.
魏群. 2009. 基础生物化学实验. 北京：高等教育出版社.
杨建雄. 2009. 生物化学与分子生物学实验技术教程. 2 版. 北京：科学出版社.
于国萍. 2012. 食品生物化学实验. 北京：中国林业出版社.
余冰宾. 2003. 生物化学实验指导. 北京：清华大学出版社.
臧荣鑫，杨具田. 2010. 生物化学实验教程. 兰州：兰州大学出版社.

张彩莹，肖连冬. 2009. 生物化学实验. 北京：化学工业出版社.
张水华. 2007. 食品分析. 北京：中国轻工业出版社.
周顺伍. 2001. 动物生物化学实验指导. 北京：中国农业出版社.
周先碗，胡晓倩. 2002. 生物化学仪器分析与实验技术. 北京：化学工业出版社.
Connie M W，James R D. 2009. 食品化学实验指导. 2版. 杨瑞金，张文斌译. 北京：中国轻工业出版社.

附　　录

附录1　实验器材与溶液的消毒灭菌

消毒是指用物理、化学或生物的方法杀死病原微生物的过程。灭菌是指杀灭物体中所有微生物的繁殖体和芽孢的过程。灭菌的原理就是使蛋白质和核酸等生物大分子发生变性，从而达到杀死细菌的目的。消毒与灭菌的方法很多，一般可分为加热、过滤、紫外线照射和使用化学药品等方法。

一、加热法

实验室中常用的有干热灭菌和高压蒸汽灭菌。

1. 干热灭菌

干热灭菌是利用高温使微生物细胞内的蛋白质凝固变性而达到灭菌的目的。细胞内的蛋白质凝固性与其本身的含水量有关，在菌体受热时，环境和细胞内含水量越大，则蛋白质凝固就越快；反之，含水量越小，凝固越慢。因此，与湿热灭菌相比，干热灭菌所需温度高（160～170℃），时间长（1～2h）。干热灭菌温度不能超过 180℃，否则包器皿的纸或棉塞就会烤焦，甚至引起燃烧。干热灭菌的操作与注意事项如下：

（1）装入待灭菌物品。将包好的待灭菌物品（培养皿、试管、吸管等）放入电烘箱内，关好箱门。

（2）升温。接通电源，拨动开关，打开电烘箱排气孔，旋动恒温调节器至绿灯亮，让温度逐渐上升。当温度升至 100℃时，关闭排气孔。在升温过程中，如果红灯熄灭，绿灯亮，表示箱内停止加温，此时如果还未达到所需的 160～170℃，则需转动调节器使红灯再亮，如此反复调节，直至达到所需温度。

（3）恒温。当温度升到 160～170℃时，借恒温调节器的自动控制，保持此温度 2h。

（4）降温。切断电源，自然降温。

（5）开箱取物。待电烘箱内温度降到 60℃以下后打开箱门，取出灭菌物品。

（6）注意事项：①灭菌物品不能堆得太满、太紧，以免影响温度均匀上升；②灭菌物品不能直接放在电烘箱底板上，以防止包纸烤焦；③灭菌温度恒定在 160～170℃为宜，温度过高，纸和棉塞会被烤焦；④降温时待温度自然降至 60℃以下再打开箱门取出物品，以免温度过高而骤然降温导致玻璃器皿炸裂。

2. 高压蒸汽灭菌

高压蒸汽灭菌是将待灭菌的物品放在一个密闭的加压灭菌锅内，通过加热使灭菌锅隔套间的水沸腾而产生蒸汽。待水蒸气急剧地将锅内的冷空气从排气阀中驱尽，然后关闭排气阀，继续加热，此时由于蒸汽不能溢出，增加了灭菌器内的压力，从而沸点升高，得到高于100℃的温度，导致菌体蛋白质凝固变性而达到灭菌的目的。

在同一温度下，湿热灭菌的杀菌效力比干热灭菌大。主要有三个原因：①湿热灭菌中细菌菌体吸收水分，蛋白质较易凝固，因蛋白质含水量增加，所需凝固温度降低；②湿热灭菌的穿透力比干热灭菌大；③湿热灭菌的蒸汽有潜热存在。这种潜热能迅速提高被灭菌物体的温度，从而增加灭菌效力。高压蒸汽灭菌的操作如下：

（1）首先将内层锅取出，再向外层锅内加入适量的水，使水面与三角搁架相平为宜。

（2）放回内层锅，并装入待灭菌物品（培养基等）。注意不要装得太挤，以免妨碍蒸汽流通而影响灭菌效果，玻璃器皿的口端均不要与桶壁接触，以免冷凝水淋湿包口的纸而透入棉塞。

（3）加盖，并将盖上的排气软管插入内层锅的排气槽内。再以两两对称的方式同时旋紧相对的两个螺栓，使螺栓松紧一致，切勿漏气。

（4）用电炉或煤气加热，并同时打开排气阀，使水沸腾以排除锅内的冷空气。待冷空气完全排尽后，关上排气阀，让锅内的温度随蒸汽压力增加而逐渐上升。当锅内压力升到所得压力时，控制热源，维持压力至所需时间。

（5）灭菌所需时间到后，切断电源或关闭煤气，让灭菌锅内温度自然下降，当压力表的压力降至“0”时，打开排气阀，旋松螺栓，打开盖子，取出灭菌物品。

二、过滤灭菌

许多材料如血清与糖溶液若用一般加热消毒灭菌方法，均会被热破坏，因此采用过滤灭菌的方法。应用最广泛的过滤器有蔡氏（Seitz）过滤器和膜过滤器。蔡氏过滤器是用银或铝等金属制成的，分为上、下两节，过滤时，用螺旋把石棉板紧紧地夹在上、下两节滤器之间，然后将溶液置于滤器中抽滤。每次过滤必须用一张新滤板。膜过滤器的结构与蔡氏过滤器相似，只是滤膜是一种多孔纤维素（醋酸纤维素或硝酸纤维素），孔径一般为0.45μm或0.22μm，过滤时，液体和小分子物质通过，细菌被截留在滤膜上，但若要将病毒除掉，则需更小孔径的滤膜。

三、紫外线灭菌

紫外线波长为200～300nm，具有杀菌作用，其中以265～266nm杀菌力最强。无菌室或无菌接种箱空气可用紫外线灯照射灭菌。

四、化学药品灭菌

化学药品消毒灭菌法是应用能杀死微生物的化学制剂进行消毒灭菌的方法。实验室桌面、用具以及洗手用的溶液均常用化学药品进行消毒灭菌。常用的有2%煤酚皂溶液（来苏儿）、0.25%苯扎溴铵（新洁尔灭）、1%升汞、3%～5%的甲醛溶液、75%

乙醇溶液等，见附表 1-1。

附表 1-1　常用化学杀菌剂应用范围和常用浓度

类别	实例	常用浓度	应用范围
醇类	乙醇	50%～70%	皮肤及器械消毒
酸类	乳酸	0.33～1mol/L	空气消毒（喷雾或熏蒸）
	食醋	3%～5%	熏蒸消毒空气，可预防流感病毒
碱类	石灰水	1%～3%	地面消毒
酚类	酚酞	5%	空气消毒（喷雾）
	来苏儿	2%～5%	空气、皮肤消毒
醛类	福尔马林	40%	接种室、接种箱或厂房熏蒸消毒
重金属离子	升汞	0.10%	植物组织（如根瘤）表面消毒
	硝酸银	0.1%～1%	皮肤消毒
氧化剂	高锰酸钾	0.1%～3%	皮肤、水果、茶杯消毒
	过氧化氢	3%	清洗伤口
	氯气	0.2～1ppm	饮用水清洁消毒
	次氯酸钙	1%～5%	洗刷培养基、饮用水及粪便消毒
去污剂	苯扎溴铵	水稀释 20 倍	皮肤、不能遇热的器皿消毒
染料	结晶紫	2%～4%	外用紫药水，浅创伤口消毒
金属螯合剂	8-羟基喹啉硫酸盐	0.1%～0.2%	外用、清洗消毒

五、一般实验器材的消毒灭菌原则

（1）凡直接或间接接触实验微生物的器材均应视为有传染性，均应做消毒处理。

（2）金属器材、玻璃器皿可用高压蒸汽灭菌和干热灭菌的方法，适用于耐高温、高湿的器械和物品的灭菌。

（3）使用过的玻璃吸管、试管、离心管、玻片、玻璃棒、锥形瓶和培养皿等玻璃器皿应立即浸入 0.5%过氧乙酸或有效氯为 2000mg/L 的含氯消毒剂中 1h 以上，消毒后用超声波清洗的方法洗净沥干，使用前再进行高压灭菌处理。

（4）一次性帽子、口罩、手套、工作服、防护服等使用后应放入污物袋内集中销毁。

（5）耐热的塑料器材可用 0.5%～1.0%肥皂液或洗涤剂溶液煮沸 15～30min，然后清水洗涤沥干后，于 121℃下高压灭菌处理 15min。

（6）不耐热的塑料器材可用紫外线灭菌或合适的化学药品灭菌。

附录 2　常用实验仪器的使用

一、分析天平

1. 使用分析天平的规则

（1）在使用前对天平进行外观检查。首先检查砝码是否齐全，各砝码位置是否正确，圈码是否完好并挂在砝码圈上，游码是否处于零的位置。然后检查天平梁和吊耳位置是否正确。最后检查天平是否处于水平位置。如果不平，调节天平箱下方的两个水平螺丝，使水准器的水泡处于正中。

（2）接通电源，将升降枢慢慢开启，横梁应处于平衡位置，标尺上零点线的投影应与投影的固定线重合。如不重合，可移动横梁上左右平衡铊的位置，使零点重合。

（3）关闭升降枢，打开箱门。把待测样品放于天平左侧托盘的中央。称量药品可用直接法或减量法（如下所述）称取。

（4）先估计药品的质量，选择适当的砝码放在右边托盘的中央位置，轻轻转动升降枢，仔细观察指针标尺摆动的方向。如果指针偏左，表示砝码过重，则应关掉升降枢，取较轻的砝码放在托盘上；如果指针偏右，表示砝码太轻，应更换较重的砝码。按同样的方法调节游码的位置，直到指针的偏转在投影屏标牌的范围内。

（5）记录天平读数，关闭升降枢，将药品取下，将砝码放入砝码盒中，关闭天平门。将游码复原，用天平罩罩住天平，方可离去。

2. 注意事项

（1）每次称量前，一定要检查天平是否水平，标尺指针是否处于零点。

（2）必须用镊子夹取砝码，不能直接用手拿取。

（3）要熟知天平的最大负载，称量时不应超过这个范围。

（4）称量的物品必须放在称量纸或称量瓶内，不可直接放到天平盘上，称量易腐蚀或易吸潮的药品则必须将它们放在带盖的称量瓶内称量。称量液体药品时，应放在烧杯或称量瓶中，切勿滴洒在天平盘上。

（5）在称量时放入或取下药品或砝码时都必须关掉升降枢，以免损伤玛瑙刀口。

（6）被称量的物品和盛器的温度应与天平室温度一致。

（7）称量药品时要关闭天平的侧门，以防气流对天平指针的影响。

（8）擦过的玻璃器皿易产生静电而影响称量的准确性，所以刚擦过的玻璃器皿应放置 5min 再进行称量。

（9）称量时必须使用与天平配套的砝码，不同砝码盒的砝码不能更换，被称物品和所用砝码必须放在托盘中央。

（10）称量者应坐在天平的正前方，以便从刻度盘上直接读出刻度。

（11）称量完毕应关掉升降枢，砝码放回砝码盒内，游码调回原位，托盘应用毛刷清扫干净。天平箱内散落的物质应清扫出箱，然后关闭箱门。

（12）天平箱内必须放置干燥剂，并经常检查，定期更换。

（13）天平必须放在稳固、防震的实验台上，通常将天平放在水泥台上，如果搬动天平须将天平横梁取下，以免在搬动过程中损伤玛瑙刀口。

3. 称量方法

（1）直接法。此法用于不易吸潮、在空气中性质稳定的物质。称量时先称量硫酸纸、烧杯或培养皿的质量，然后将药品放入其中称量。称量时按从大到小的顺序加减砝码（1g 以上）和游码（10～990mg），使天平达到平衡。砝码、游码及投影标尺所示质量等于药品和载器的总量，而药品的质量等于总质量减去载物的质量。

（2）减量法。此法用于称取粉末状或易吸潮、与 CO_2 反应的物质。一般把药品放入称量瓶中（称量瓶使用前必须清洗干净，在 105℃左右烘箱内烘干后冷却到室温，方可使用；烘干后的称量瓶不能用手拿，而要用干净的纸条套在称量瓶上夹取）并盖上瓶盖，放在天平上准确称量，并记录质量。然后左手用纸条套住称量瓶，把称量瓶从天平上移下，右手隔着小纸片，在烧杯上方轻轻打开瓶盖，慢慢倾斜瓶身，使试样慢慢落入烧杯中，当倾出的药品接近用量时，慢慢竖起瓶盖，轻敲瓶口，使瓶口试样落入瓶内，然后盖好瓶盖，再放回天平盘进行称量，两次称量之差即为所需药品的量。

二、烘箱和恒温箱

干燥箱用于物品的干燥和干热灭菌，恒温箱用于微生物和生物材料的培养。这两种仪器的结构和使用方法相似，干燥箱的使用温度范围为 50～250℃，常用鼓风式电热箱以加热升温。恒温箱的最高工作温度为 60℃。

1. 使用方法

（1）将温度计插入温度计插孔内（一般在箱顶放气调节器中部）。

（2）通电，打开电源开关，红色指示灯亮，开始加热。开启鼓风开关，促使热空气对流。

（3）注意观察温度计。当温度计温度将要达到需要温度时，调节温度自控旋钮，使绿色指示灯正好发亮。10min 后再观察温度计和指示灯，如果温度计上所指温度超过所需温度，而红色指示灯仍亮，则将自动控温旋钮略向逆时针方向旋转，直到所调温度恒定在需要的温度上，并且指示灯轮番显示红色和绿色为止。自动恒温器旋钮在箱体正面左上方或右下方。它的刻度板不能作为温度标准指示，只能作为调节的标记。

（4）工作一定时间后，可开启顶部中央的放气调节器将潮气排除，也可开启鼓风机。

（5）使用完毕，关闭开关。将电源插头拔下。

2. 注意事项

（1）使用前检查电源，要有良好的地线。

（2）切勿将易燃易爆物品及挥发性物品放入箱内加热，箱体附近不可放置易燃物品。

（3）箱内应保持清洁，放物网不得有锈，否则影响玻璃器皿的洁净度。

（4）烘烤洗刷完的器具时，应尽量将水珠甩去再放入烘箱内。干燥后，应等到温度降至60℃以下方可取出物品。塑料、有机玻璃制品的加热温度不能超过60℃，玻璃器皿的加热温度不能超过180℃。

（5）鼓风机的电动机轴承应每半年加油一次。

（6）放物品时要避免碰撞感温器，否则温度不稳定。

（7）检修时应切断电源，防止带电操作。

三、电热恒温水浴

电热恒温水浴（槽）用于恒温、加热、消毒及蒸发等。常用的有2孔、4孔、6孔、8孔水浴槽等。工作温度从室温至100℃，恒温波动±(1～0.5)℃。

1. 使用方法

（1）关闭水浴底部外侧的放水阀门，向水浴中注入蒸馏水至适当的深度。加蒸馏水是为了防止水浴槽体（铝板或铜板）被侵蚀。

（2）将电源插头接在插座上，合上电闸。插座的粗孔必须安装接地线。

（3）将调温旋钮沿顺时针方向旋转至适当温度位置。

（4）打开电源开关，接通电源，红灯亮表示电炉丝通电开始加热。

（5）在恒温过程中，当温度升到所需的温度时，沿逆时针方向旋转调温旋钮至红灯熄灭、绿灯亮为止。此后，红绿灯就不断熄、亮，表示恒温控制发生作用。

（6）调温旋钮刻度盘的数字并不表示恒温水浴内的温度。随时记录调温旋钮在刻度盘上的位置与恒温水浴内温度计指示的温度的关系，在多次使用的基础上，可以比较迅速地调节，得到需要控制的温度。

（7）使用完毕，关闭电源开关，拉下电闸，拔下插头。

（8）若较长时间不使用，应将调温旋钮退回零位，并打开放水阀门，放尽水浴槽内的全部存水。

2. 注意事项

（1）水浴内的水位绝对不能低于电热管，否则电热管将被烧坏。

（2）控制箱内部切勿受潮，以防漏电损坏。

（3）初次使用时，应加入与所需温度相近的水后再通电，并防止水箱内无水时接通电源。

（4）使用过程中应注意随时盖上水浴槽盖，防止水箱内水被蒸干。

（5）调温旋钮刻度盘的刻度并不表示水温，实际水温应以温度计读数为准。

四、离心机

离心机的种类很多，根据转速不同，可以分为低速离心机、高速离心机和超速离心机。一般实验室装备的离心机的最大转速约为 4000r/min 的台式或落地式离心机。

1. 使用方法

（1）将要离心的液体置于离心管中。

（2）装有待离心液体的离心管分别放入两个完整的并且配备了橡皮软垫的离心套管之中。置天平两侧配平，向较轻一侧离心套管内用滴管加水，直至平衡。

（3）检查离心机内有无异物和无用的套管，并且运转平稳。将已配平的两个套管对称地放置于离心机的离心平台上。盖好上盖，开启电源。

（4）调节定时旋钮于所需要的时间（分钟）。

（5）慢慢转动转速调节旋钮，增加离心机的转速。当离心机的转速达到要求时，记录离心时间。

（6）达到离心时间后，应将调速旋钮挡旋回“0”，然后让它自行停转，当离心机自然停止后，取出离心管和离心套管。不允许用手或其他物件迫使离心机停转。严禁在还未停转的状态下和开机运转的状态下打开机盖。

（7）倒去离心套管内的平衡用水并将套管倒置于干燥处晾干。

2. 注意事项

（1）离心机要放在平坦和结实的地面或实验台上，不允许倾斜。严格按操作规程使用离心机。

（2）离心管必须预先平衡后才能放入离心机。

（3）离心机启动后，如有不正常噪声及震动，应立即切断电源，分析原因，排除故障。

（4）在使用过程中应尽量避免试液洒在机器上面及转头里面，用毕及时清理，擦拭干净。

（5）离心机使用后，不要急于盖上盖，而应打开盖让水分挥发。

五、酸度计

酸度计又称 pH 计，其使用关键是要正确选用和校对 pH 电极。过去是使用两个电极，即玻璃电极和参比电极（甘汞或银-氯化银电极），现在它们已被淘汰，被两种电极合一的复合电极所代替。

玻璃电极对溶液中的氢离子浓度敏感，其头部为薄玻璃泡，内装有0.1mol/L HCl，上部由银-氯化银电极与铂金丝联结。当玻璃电极浸入样品溶液时，薄玻璃泡内外两侧的电位差取决于溶液的pH，即玻璃电极的电极电位随样品溶液中氢离子浓度（活度）的变化而变化。

参比电极的功能是提供一个恒定的电位，作为测量玻璃电极薄玻璃泡内外两侧电位差的参照。常用的参比电极是甘汞电极（Hg/HgCl）或银-氯化银电极（Ag/AgCl）。参比电极电位是氯离子浓度的函数，因而电极内充以4mol/L KCl或饱和KCl，以保持恒定的氯离子浓度和恒定的电极电位。使用饱和 KCl 是为使电极内沉积有部分KCl结晶，以使KCl的饱和浓度不受温度和湿度的影响。

现在 pH 测定已都改用玻璃电极与参比电极合一的复合电极，即将它们共同组装在一根玻璃管或塑料管内，下端玻璃泡处有保护罩，使用十分方便，尤其是便于测定少量液体的pH。

测定pH时，玻璃电极和参比电极同时进入溶液中，构成一个“全电池”。

1. 注意事项

（1）经常检查电极内的4mol/L KCl溶液的液面，如液面过低则应补充4mol/L KCl溶液。

（2）玻璃泡极易破碎，使用时必须极为小心。

（3）复合电极长期不用时，可浸泡在2mol/L KCl溶液中，平时可浸泡在无离子水或缓冲溶液中，使用时取出，冲洗玻璃泡部分，然后用吸水纸吸干余水，将电极浸入待测溶液中，稍加搅拌，读数时电极应静止不动，以免数字跳动不稳定。

（4）使用时复合电极的玻璃泡和半透膜小孔要浸入溶液中。

（5）使用前要用标准缓冲液矫正电极，常用的三种标准缓冲液pH分别为4.00、6.88和9.23（20℃），精度为±0.002pH单位。矫正时先将电极放入pH 6.88的标准溶液中，用pH计上的“标准”旋钮矫正pH读数，然后取出电极洗净，再放入pH 4.00或pH 9.23的标准缓冲液中，用“斜率”旋钮矫正pH读数，如此反复操作，直至二点矫正正确，再用第三种标准缓冲液检查。标准缓冲液不用时应冷藏。

（6）电极的玻璃泡溶液被污染。若测定浓蛋白质的 pH 时，玻璃泡表面会覆盖一层蛋白质膜，不易洗净而干扰测定，此时可用0.1mol/L HCl的1mg/mL胃蛋白酶溶液浸泡过夜。若被油脂污染，可用丙酮浸泡。若电极保存时间过长，矫正数值不准时，可将电极放入2mol/L KCl溶液中，40℃加热1h以上，进行电极活化。

2. pH测定时的误差

（1）钠离子的干扰。多数复合电极对Na^+和H^+有干扰，尤其是高pH的碱性溶液，Na^+的干扰更加明显。例如，当Na^+浓度为0.1mol/L时，可使pH偏低0.4～0.5。为减少Na^+对pH测定的干扰，每个复合电极都应附有一条矫正Na^+干扰的标准曲线，有些新式复合电极具有Na^+不透过性能。如无以上两个条件，则可以将电极内的KCl

换成 NaCl。

（2）浓度效应。溶液的 pH 与溶液中缓冲离子浓度有关，因为溶液 pH 取决于溶液中的离子活度而不是浓度，只有在很稀的溶液中，离子的活度才与其浓度相等。生物化学实验中经常配制比使用浓度高 10 倍的“储液”，使用时再稀释到所需浓度，由于浓度变化很大，溶液 pH 会有变化，因而稀释后仍需对其 pH 进行调整。

（3）温度效应。有的缓冲液的 pH 受温度影响很大，如 tris 缓冲液，因而配制和使用都要在同一温度下进行。

六、分光光度计

1. 721 型分光光度计

721 型分光光度计的基本构造见附图 2-1，仪器的外观见附图 2-2。

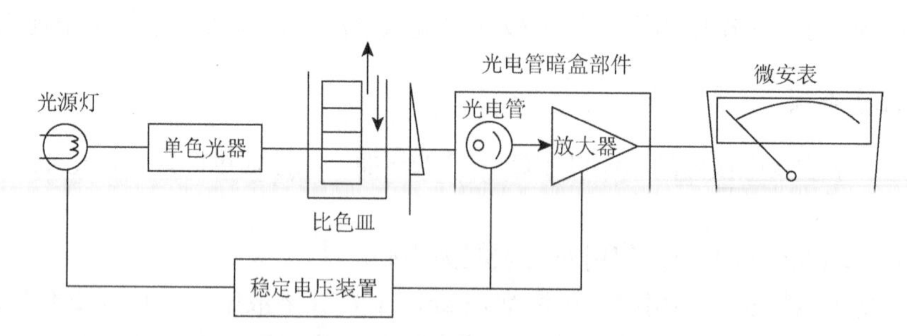

附图 2-1　721 型分光光度计的基本构造

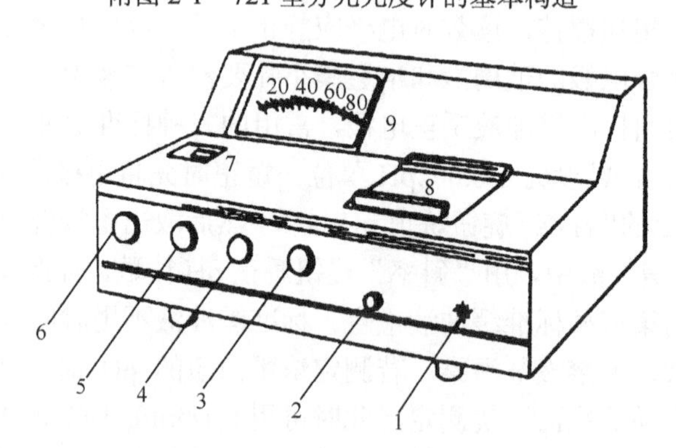

附图 2-2　721 型分光光度计

1. 电源开关；2. 比色皿座架拉杆；3. 光亮细调旋钮；4. “0” 电位器旋钮；5. 波长调节器旋钮；6. 光亮粗调旋钮；7. 波长刻度窗；8. 比色皿暗箱盖；9. 读数表

1）使用方法

（1）预热仪器。为使测定稳定，将电源开关打开，使仪器预热 20～30min，为了防止光电管疲劳，不要连续光照。预热仪器时和不测定时应将比色皿暗箱盖打开，使光路切断。

（2）选定波长。根据实验要求，转动波长调节器旋钮，使指针指示所需要的单色光波长。

（3）调节“0”点。轻轻旋动调“0”电位器旋钮，使读数表头指针恰好位于透光度为“0”处（此时比色皿暗箱盖是打开的，光路被切断，光电管不受光照）。

（4）调节 T=100%。将盛蒸馏水（或空白溶液或纯溶剂）的比色皿放入比色皿座架中的第一格内，有色溶液放在其他格内，把比色皿暗箱盖子轻轻盖上，转动光量调节器旋钮使透光度 T=100%，即表头指针恰好指在 T=100%处。

（5）测定。轻轻拉动比色皿座架拉杆，使有色溶液进入光路，此时表头指针所示为该有色溶液的吸光度 A。读数后，打开比色皿暗箱盖。

（6）关机。实验完毕，切断电源，将比色皿取出洗净，并将比色皿座架及暗箱用软纸擦净。

2）注意事项

（1）为了防止光电管疲劳，不测定时必须将比色皿暗箱盖打开，使光路切断，以延长光电管使用寿命。

（2）比色皿的使用方法。

（a）拿比色皿时，手指只能捏住比色皿的毛玻璃面，不要碰比色皿的透光面，以免沾污。

（b）清洗比色皿时，一般先用水冲洗，再用蒸馏水洗净。如比色皿被有机物沾污，可用盐酸-乙醇混合洗涤液（1∶2）浸泡片刻，再用水冲洗。不能用碱溶液或氧化性强的洗涤液洗比色皿，以免损坏。也不能用毛刷清洗比色皿，以免损伤它的透光面。每次做完实验后应立即洗净比色皿。

（c）比色皿外壁的水用擦镜纸或细软的吸水纸吸干，以保护透光面。

（d）测定有色溶液吸光度时，一定要用有色溶液洗比色皿内壁几次，以免改变有色溶液的浓度。另外，在测定一系列溶液的吸光度时，通常都按由稀到浓的顺序测定，以减小测量误差。

（e）在实际分析工作中，通常根据溶液浓度的不同，选用液槽厚度不同的比色皿，使溶液的吸光度控制在0.2～0.7。

2. 722型光栅分光光度计

722型光栅分光光度计的基本构造见附图2-3，仪器外形见附图2-4。

1）使用方法

（1）在接通电源前，应对仪器的安全性进行检查，电源线接线应牢固，接地线通地要良好，各个调节旋钮的起始位置应该正确，然后再接通电源。

（2）将灵敏度调节旋钮调至“1”挡，调波长调节器至所需波长。

（3）开启电源开关，指示灯亮，将T/A/C选择开关置于“T”，调节透光度“100%”旋钮，使数字显示“100.0”左右，预热20min。

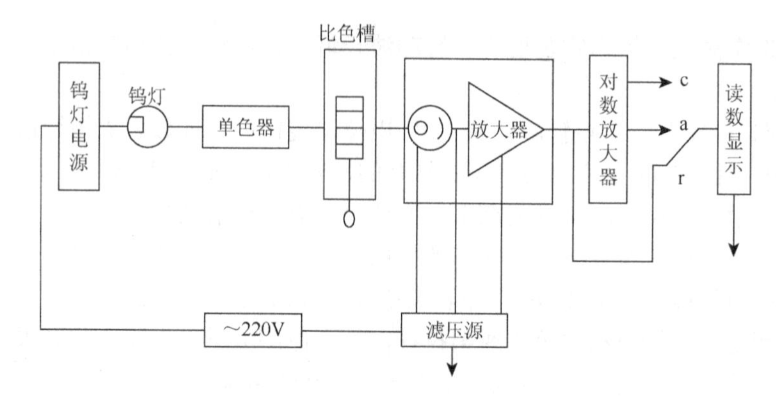

附图 2-3　722 型光栅分光光度计的基本构造

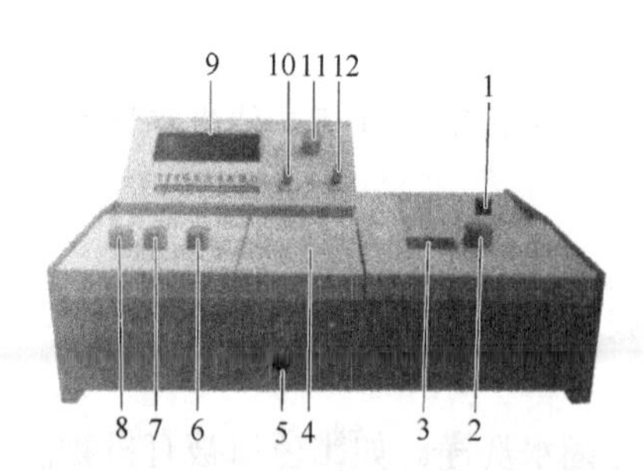

附图 2-4　722 型光栅分光光度计外形图

1. 电源开关；2. 波长旋钮；3. 波长刻度窗；4. 比色皿暗箱盖；5. 试样架拉手；6. 100%T 旋钮；7. 0%T 旋钮；8. 灵敏度调节旋钮；9. 数字显示窗；10. 吸光度调零旋钮；11. T/A/C 选择开关；12. 浓度旋钮

（4）打开比色皿暗箱（光门自动关闭），调节“0”旋钮，使数字显示为“0.00”，盖上比色皿暗箱，将参比溶液置于光路，使光电管受光，调节透光度“100%”旋钮，使数字显示为“100.0”。

（5）如果显示不到“100.0”，则可适当增加灵敏度调节旋钮挡数，但应尽可能使用低挡数，这样仪器将有更高的稳定性。当改变灵敏度后必须按（4）重新校正“0.00”和“100.0”。

（6）按步骤（4）连续几次调整“0.00”和“100%”后，将 T/A/C 选择开关置于 A，调节吸光度调零旋钮，使数字显示“. 000”。然后将待测样品溶液推入光路，显示值即为待测样品的吸光度 A。

（7）浓度 c 的测量。选择开关由“A”旋至“C”，将标准溶液推入光路，调节浓度旋钮，使得数字显示值为已知标准溶液浓度数值。将待测样品溶液推入光路，即可读出待测样品的浓度值。

（8）如果大幅度改变测试波长时，在调整“0.00”和“100%”后稍等片刻（因光能量变化急剧，光电管受光后相应缓慢，需一段光响应平衡时间），待稳定后，重新调整“0.00”和“100%”即可工作。

2）注意事项

（1）使用前，使用者应该首先了解仪器的结构和原理，以及各个旋钮的功能。

（2）仪器接地要良好，否则显示数字不稳定。

（3）仪器左侧下角有一个干燥剂筒，应保持其干燥，发现干燥剂变色应立即更新或烘干后再用。

（4）当仪器停止工作时，切断电源，同时切断电源开关，并罩好仪器。

3. 7200 型分光光度计

UNICO7200 型可见分光光度计的外形见附图 2-5。

1）仪器基本操作

（1）连接仪器电源线，确保仪器供电电源有良好的接地性能。

（2）接通电源（电源开关位于仪器背面），使仪器预热 20min（不包括仪器自检时间）。

（3）用<MODE>键设置测试方式：透射比（T），吸光度（A），已知标准样品浓度值（C）方式和已知标准样品斜率（F）方式。

（4）用波长选择旋钮设置所需的分析波长。

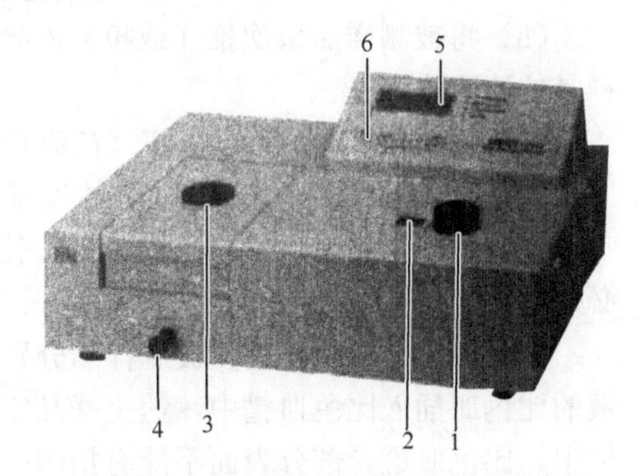

附图 2-5　UNICO7200 型可见分光光度计

1. 波长选择旋钮；2. 波长刻度窗；3. 比色皿暗箱盖；4. 试样架拉手；5. 数字显示窗；6. <MODE>键

（5）将参比样品溶液和被测样品溶液分别倒入比色皿中，打开样品室盖，将盛有溶液的比色皿分别插入比色皿槽中，盖上样品室盖。一般情况下，参比样品放在第一个槽位中。比色皿透光部分表面不能有指印、溶液痕迹，被测溶液中不应有气泡、悬浮物，否则将影响样品测试的精度。

（6）将%T 校具（黑体）置入光路中，在 T 方式下按“%T”键，此时显示器显示“000.0”。

（7）将参比样品推（拉）入光路中，按“0A/100%T”键调 0A/100%T，此时显示器显示的“BLA”直至显示“100.0%T”或“0.000A”。

（8）当仪器显示器显示出“100.0%T”或“0.000A”后，将被测样品推（拉）入光路，这时，便可从显示器上得到被测样品的透射比或吸光度。

2）样品浓度的测量方法

（1）已知标准样品浓度值的测量方法。

（a）用<MODE>键将测试方法设置至 A（吸光度）状态。

（b）用波长设置样品的分析波长，根据分析规程，每当分析波长改变时，必须重新调整 0A/100%和 0%T。

（c）将参比样品溶液、标准样品溶液和被测样品分别倒入比色皿中，打开样品室盖，将盛有溶液的比色皿插入比色皿槽中，盖上样品室盖。一般情况下，参比样品放在第一个槽位中。比色皿透光部分表面不能有指印、溶液痕迹，被测溶液中不应有气泡、悬浮物，否则将影响样品测试的精度。

（d）将参比样品推（拉）入光路中，按“0A/100%T”键调 0A/100%T，此时显示器显示的“BLA”直至显示“100.0%T”或“0.000A”。

（e）用<MODE>键将测试方法设置至 C 状态。

（f）将标准样品推（拉）入光路中。

（g）按“INC”或“DEC”键将已知的标准样品浓度值输入仪器，当显示器显示样品浓度值时，按“ENT”键。浓度值只能输入整数值，设定范围为0～1999。

（h）将被测样品依次推（或拉）入光路中，这时，便可从显示器分别得到被测样品的浓度值。

（2）已知标准样品浓度斜率（*K*值）的测量方法。

（a）用<MODE>键将测试方法设置至A（吸光度）状态。

（b）用波长旋钮设置样品的分析波长，根据分析规程，每当分析波长改变时，必须重新调整0A/100%和0%T。

（c）将参比样品溶液和被测样品分别倒入比色皿中，打开样品室盖，将盛有溶液的比色皿插入比色皿槽中，盖上样品室盖。一般情况下，参比样品放在第一个槽位中。比色皿透光部分表面不能有指印、溶液痕迹，被测溶液中不应有气泡、悬浮物，否则将影响样品测试的精度。

（d）将参比样品推（拉）入光路中，按“0A/100%T”键调0A/100%T，此时显示器显示的“BLA”直至显示“0.000A”。

（e）用<MODE>键将测试方法设置至F状态。

（f）按“INC”或“DEC”键输入已知的标准样品斜率值，当显示器显示标准样品斜率时，按“ENT”键，这时，测试方式指示灯自动指向“C”，斜率只能输入整数。

（g）将被测样品依次推（拉）入光路，这时，便可从显示器上分别得到被测样品的浓度值。

3）使用注意事项

（1）仪器应放置在室温5～35℃、相对湿度不大于85%的环境中工作。

（2）放置仪器的工作台应平坦、牢固，不应有振动或其他影响仪器正常工作的现象。

（3）强烈电磁场、静电及其他电磁干扰，都可能影响仪器正常工作，放置仪器时应尽可能远离干扰源。

（4）仪器放置应避开有腐蚀性气体的地方，如硫化氢、二氧化硫、氨气等。

（5）仪器应避免阳光直射。

（6）仪器使用在额定电压的±10%范围内，频率变化在±1Hz 范围内，并要有良好的接地。

（7）仪器通电前检查：①接通电源，仪器预热至少 20min，使仪器进入热稳定工作状态；②仪器接通电源后，即进入自检状态，首先显示“UNICO”，数秒后显示为0.×××A（或−0.×××A），即自检完毕。

附录3　常用缓冲液的配制

1. 配制步骤

以配制1L pH 4.6的乙酸缓冲液为例说明缓冲液的配制步骤。

（1）配制 1L 与乙酸缓冲液相同物质的量浓度的乙酸溶液。

（2）配制 1L 与乙酸缓冲液相同物质的量浓度的乙酸钠溶液。

（3）根据 Henderson-Hasselbalch 方程计算出一定 pH 下乙酸与乙酸钠的物质的量浓度比，从而计算出乙酸缓冲液中乙酸与乙酸钠溶液的体积分数。

（4）由计算出的乙酸与乙酸钠溶液的体积分数计算出 1L 缓冲液中应加入的同摩尔浓度的乙酸与乙酸钠的量，并按此分别量取乙酸与乙酸钠溶液。将二者混合在一起，即为乙酸缓冲液。

（5）用精密酸度计测量缓冲液的 pH，如果低于 4.6，则向缓冲液中滴加乙酸钠溶液，并不断搅拌，直到 pH 达到 4.6。同理，如果测量的 pH 高于 4.6，则用乙酸溶液将 pH 调到 4.6。

注意：实际工作中，为了简便操作，在完成上述（1）、（2）步后，可直接将上述两种溶液相互混加，用酸度计测量直至达到所需缓冲液的 pH。

2. 常用缓冲液的配制

1）乙酸-乙酸钠缓冲液

附表 3-1　乙酸-乙酸钠缓冲液的配制

pH	0.2mol/L 乙酸/mL	0.2mol/L 乙酸钠/mL	pH	0.2mol/L 乙酸/mL	0.2mol/L 乙酸钠/mL
3.72	9.0	1.0	4.80	4.0	6.0
4.05	8.0	2.0	4.99	3.0	7.0
4.27	7.0	3.0	5.23	2.0	8.0
4.45	6.0	4.0	5.37	1.5	8.5
4.63	5.0	5.0	5.57	1.0	9.0

注：（1）0.2mol/L 乙酸溶液：1000mL 水中含乙酸 10.40g。
（2）0.2mol/L 乙酸钠溶液：1000mL 水中含乙酸钠 11.55g。

2）磷酸氢二钠-磷酸二氢钠缓冲液

附表 3-2　磷酸氢二钠-磷酸二氢钠缓冲液的配制

pH	0.2mol/L Na_2HPO_4 /mL	0.2mol/L NaH_2PO_4 /mL	pH	0.2mol/L Na_2HPO_4 /mL	0.2mol/L NaH_2PO_4 /mL
5.8	8.0	92.0	7.0	61.0	39.0
6.0	12.3	87.7	7.2	72.0	28.0
6.2	18.5	81.5	7.4	81.0	19.0
6.4	26.5	73.5	7.6	87.0	13.0
6.6	37.5	62.5	7.8	91.5	8.5
6.8	49.0	51.0	8.0	94.7	5.3

注：（1）0.2mol/L 磷酸氢二钠溶液：1000mL 水中含磷酸氢二钠 53.7g。
（2）0.2mol/L 磷酸二氢钠溶液：1000mL 水中含磷酸二氢钠 31.2g。

3）巴比妥钠-盐酸缓冲液

附表 3-3　巴比妥钠-盐酸缓冲液的配制

pH	0.1mol/L 巴比妥钠/mL	0.1mol/L HCl/mL	pH	0.1mol/L 巴比妥钠/mL	0.1mol/L HCl/mL
6.8	5.22	4.78	8.4	8.23	1.77
7.0	5.36	4.64	8.6	8.71	1.29
7.2	5.54	4.46	8.8	9.08	0.92
7.4	5.81	4.19	9.0	9.36	0.64
7.6	6.15	3.85	9.2	9.52	0.48
7.8	6.62	3.38	9.4	9.74	0.26
8.0	7.16	2.84	9.6	9.85	0.15
8.2	7.69	2.31			

注：0.1mol/L 巴比妥钠溶液即 1000mL 水中含巴比妥钠 20.168g。

4）磷酸氢二钠-磷酸二氢钾缓冲液

附表 3-4　磷酸氢二钠-磷酸二氢钾缓冲液的配制

pH	0.067mol/L Na_2HPO_4 /mL	0.067mol/L KH_2PO_4 /mL	pH	0.067mol/L Na_2HPO_4 /mL	0.067mol/L KH_2PO_4 /mL
4.92	0.10	9.90	7.17	7.00	3.00
5.29	0.50	9.50	7.38	8.00	2.00
5.91	1.00	9.00	7.73	9.00	1.00
6.24	2.00	8.00	8.04	9.50	0.50
6.47	3.00	7.00	8.34	9.75	0.25
6.64	4.00	6.00	8.67	9.90	0.10
6.81	5.00	5.00	8.98	10.00	0
6.98	6.00	4.00			

注：（1）0.067mol/L 磷酸氢二钠溶液：1000mL 水中含磷酸氢二钠 11.876g。

（2）0.067mol/L 磷酸二氢钾溶液：1000mL 水中含磷酸二氢钾 9.078g。

5）tris-HCl 缓冲液

附表 3-5　tris-HCl 缓冲液的配制

pH	0.1mol/L tris/mL	0.1mol/L HCl/mL	pH	0.1mol/L tris/mL	0.1mol/L HCl/mL
7.10	50.00	45.7	8.10	50.00	26.2
7.20	50.00	44.7	8.20	50.00	22.9
7.30	50.00	43.4	8.30	50.00	19.9
7.40	50.00	42.0	8.40	50.00	17.2
7.50	50.00	40.3	8.50	50.00	14.7
7.60	50.00	38.5	8.60	50.00	12.7
7.70	50.00	36.5	8.70	50.00	10.3
7.80	50.00	34.5	8.80	50.00	8.5
7.90	50.00	32.0	8.90	50.00	7.0
8.00	50.00	29.2			

注：0.1mol/L tris（三羟甲基氨基甲烷）即 1000mL 水中含 tris 12.114g。tris 溶液可从空气中吸收二氧化碳，使用后应将瓶塞塞紧。

6）碳酸钠-碳酸氢钠缓冲液

附表 3-6　碳酸钠-碳酸氢钠缓冲液的配制

pH		0.1mol/L Na_2CO_3 /mL	0.1mol/L $NaHCO_3$ /mL
20℃	37℃		
9.16	8.77	1	9
9.40	9.12	2	8
9.51	9.40	3	7
9.78	9.50	4	6
9.90	9.72	5	5
10.14	9.90	6	4
10.28	10.08	7	3
10.53	10.28	8	2
10.83	10.57	9	1

注：（1）0.1mol/L 碳酸钠溶液：1000mL 水中含无水碳酸钠 10.60g（或 $Na_2CO_3·10H_2O$ 28.62g）。

（2）0.1mol/L 碳酸氢钠溶液：1000mL 水中含碳酸氢钠 8.40g。

附录 4　常用酸碱指示剂

名称	pK	pH 范围	颜色变化		配制方法：称取 0.1g 溶于 250mL 下列溶剂
			酸	碱	
甲酚红（酸）		0.2～1.8	红	黄	水（含 2.62mL 0.1mol/L NaOH）
百里酚蓝（麝香草酚蓝）	1.5	1.2～2.8	红	黄	水（含 2.15mL 0.1mol/L NaOH）
甲基黄	3.25	2.0～4.0	红	黄	95%乙醇
甲基橙	3.46	3.1～4.4	红	橙黄	水（含 3mL 0.1mol/L NaOH）
溴酚蓝	3.85	2.8～4.6	黄	蓝紫	水或 20%乙醇（含 1.49mL 0.1mol/L NaOH）
溴甲酚绿（溴甲酚蓝）	4.66	3.8～5.4	黄	蓝	水（含 1.43mL 0.1mol/L NaOH）
甲基红	5.00	4.3～6.1	红	黄	水（指示剂为钠盐）或 60%乙醇（指示剂为游离酸）
氯酚红	6.05	4.8～6.4	黄	紫红	水（含 2.36mL 0.1mol/L NaOH）
溴甲酚紫	6.12	5.2～6.8	黄	红紫	水或 20%乙醇（含 1.85mL 0.1mol/L NaOH）
石蕊		5.0～8.9	红	蓝	水
酚红	7.81	6.8～8.4	黄	红	水（含 2.82mL 0.1mol/L NaOH）
中性红	7.4	6.8～8.0	红	橙棕	70%乙醇
酚酞	9.70	8.3～10.0	无色	粉红	70%乙醇

附录 5　常用元素的相对原子质量表

元素	符号	相对原子质量	元素	符号	相对原子质量
银	Ag	107.868	氮	N	14.0067
铝	Al	26.9815	钠	Na	22.9898
砷	As	74.9216	铌	Nb	92.906
金	Au	196.967	镍	Ni	58.71
硼	B	10.811	氧	O	15.9994
钡	Ba	137.34	锇	Os	190.2
铍	Be	9.0122	磷	P	30.9738
铋	Bi	208.98	镤	Pa	231.0
溴	Br	79.909	铅	Pb	207.19
碳	C	12.01115	钯	Pd	106.4
钙	Ca	40.08	铂	Pt	195.09
镉	Cd	112.40	镭	Ra	226.0
铈	Ce	140.12	铷	Rb	85.47
氯	Cl	35.453	铼	Re	186.2
钴	Co	58.9332	铑	Rh	102.905
铬	Cr	51.996	钌	Ru	101.07
铯	Cs	132.905	硫	S	32.064
铜	Cu	63.54	锑	Sb	121.75
氟	F	18.9984	钪	Sc	44.956
铁	Fe	55.847	硒	Se	78.96
镓	Ga	69.720	硅	Si	28.086
锗	Ge	72.59	锡	Sn	118.69
氢	H	1.0079	锶	Sr	87.62
氦	He	4.0026	钽	Ta	180.948
铪	Hf	178.49	碲	Te	127.60
汞	Hg	200.59	钍	Th	232.038
碘	I	126.9044	钛	Ti	47.90
铟	In	114.82	铊	Tl	204.37
铱	Ir	192.2	铀	U	238.03
钾	K	39.102	钒	V	50.942
镧	La	138.91	钨	W	183.85
锂	Li	6.939	钇	Y	88.905
镁	Mg	24.312	锌	Zn	65.37
锰	Mn	54.9381	锆	Zr	91.22
钼	Mo	95.94			

附录6　硫酸铵饱和度计算表

附表6-1　调整硫酸铵饱和溶液饱和度计算表（25℃）

	硫酸铵终含量/%饱和度																
	10	20	25	30	33	35	40	45	50	55	60	65	70	75	80	90	100
硫酸铵初含量/%饱和度	每升溶液中加固体硫酸铵的量/g*																
0	56	114	144	176	196	209	243	277	313	351	390	430	472	516	561	662	767
10		57	86	118	137	150	183	216	251	288	326	365	406	449	494	592	694
20			29	59	78	91	123	155	189	225	262	300	340	382	424	520	619
25				30	49	61	93	125	158	193	230	267	307	348	390	485	583
30					19	30	62	94	127	162	198	235	273	314	356	449	546
33						12	43	74	107	142	177	214	252	292	333	426	522
35							31	63	94	129	164	200	238	278	319	411	506
40								31	63	97	132	168	205	245	285	375	469
45									32	65	99	134	171	210	250	339	431
50										33	66	101	137	176	214	302	392
55											33	67	103	141	179	264	353
60												34	69	105	143	227	314
65													34	70	107	190	275
70														35	72	153	237
75															36	115	198
80																77	157
90																	79

* 在25℃下，硫酸铵溶液由初浓度调到终浓度时，每升溶液中所加固体硫酸铵的量（g）。

附表6-2　调整硫酸铵饱和溶液饱和度计算表（0℃）

	在0℃硫酸铵终含量/%饱和度																
	20	25	30	35	40	45	50	55	60	65	70	75	80	85	90	95	100
硫酸铵初含量/%饱和度	每100mL溶液中加固体硫酸铵的量/g*																
0	10.6	13.4	16.4	19.4	22.6	25.8	29.1	32.6	36.1	39.8	43.6	47.6	51.6	55.9	60.3	65.0	69.7
5	7.9	10.8	13.7	16.6	19.7	22.9	26.2	29.6	33.1	36.8	40.5	44.4	48.4	52.6	57.0	61.5	66.2
10	5.3	8.1	10.9	13.9	16.9	20.0	23.3	26.6	30.1	33.7	37.4	41.2	45.2	49.3	53.6	58.1	62.7
15	2.6	5.4	8.2	11.1	14.1	17.2	20.4	23.7	27.1	30.6	34.3	38.1	42.0	46.0	50.3	54.7	59.2
20	0	2.7	5.5	8.3	11.3	14.3	17.5	20.7	24.1	27.6	31.2	34.9	38.7	42.7	46.9	51.2	55.7
25	0	0	2.7	5.6	8.4	11.5	14.6	17.9	21.1	24.5	28.0	31.7	35.5	39.5	43.6	47.8	52.2
30	0		0	2.8	5.6	8.6	11.7	14.8	18.1	21.4	24.9	28.5	32.3	36.2	40.2	44.5	48.8
35	0			0	2.8	5.7	8.7	11.8	15.1	18.4	21.8	25.4	29.1	32.9	36.9	41.0	45.3
40	0				0	2.9	5.8	8.9	12.0	15.3	18.7	22.2	25.8	29.6	33.5	37.6	41.8
45	0					0	2.9	5.9	9.0	12.3	15.6	19.0	22.6	26.3	30.2	34.2	38.3
50	0						0	3.0	6.0	9.2	12.5	15.9	19.4	23.0	26.8	30.8	34.8
55	0							0	3.0	6.1	9.3	12.7	16.1	19.7	23.5	27.3	31.3
60	0								0	3.1	6.2	9.5	12.9	16.4	20.1	23.1	27.9
65	0									0	3.1	6.3	9.7	13.2	16.8	20.5	24.4
70	0										0	3.2	6.5	9.9	13.4	17.1	20.9
75	0											0	3.2	6.6	10.1	13.7	17.4
80	0												0	3.3	6.7	10.3	13.9
85	0													0	3.4	6.8	10.5
90	0														0	3.4	7.0
95	0															0	3.5
100	0																0

* 在0℃下，硫酸铵溶液由初浓度调到终浓度时，每100mL溶液中所加固体硫酸铵的量（g）。

附录 7　生物化学实验常用词中英文对照

A

A，absorbance	吸光度
absorption chromatography	吸附色谱
acridine orange	吖啶橙
Acr，acrylamide	丙烯酰胺
agar	琼脂
agarose gel electrophoresis	琼脂糖凝胶电泳
amino black 10B	氨基黑 10B
1, 2, 4-aminonaphthol-sulfonicacid	氨基萘酚磺酸
Ap，ammonium persulfate	过硫酸铵

B

Bis，*N*, *N'*-methylene-bis-acrylamide	*N*, *N'*-甲叉双丙烯酰胺
blue dextran	蓝色葡聚糖
BS，blood sugar	血糖

C

CAME，cellulose acetate membrane electrophoresis	醋酸纤维素薄膜电泳
CBB，Coomassie brilliant blue	考马斯亮蓝
centrifugal technique	离心技术
chromatography	色谱法
CMC，carboxymethylcellulose	羟甲基纤维素

D

DEAE-cellulose，diethylamin ethyl-cellulose	二乙胺基乙基纤维素
dextran	葡聚糖
2DGE，two-dimensional gel electrophoresis	双向凝胶电泳
diphenylamine	二苯胺
disc-electrophoresis	圆盘电泳，不连续电泳
discoid shape	圆盘状
discontinuous electrophoresis	不连续电泳
DNA-CL，dansyl chloride	丹磺酰氯

E

E，extinction	消光度
EB，ethidium bromide	溴化乙锭
EDTA，ethylenediamine tetraacetic acid	乙二胺四乙酸
electrophoresis	电泳
electrophoretic technique	电泳技术

F

F_b	浮力
F_c	离心力
F_f	摩擦阻力
fluorescamine	荧光胺

G

gel filtration chromatography	凝胶过滤色谱
GOD，glucose oxidase	葡萄糖氧化酶

I

IEF，isoelectric focusing	等电聚焦
ion exchange chromatography	离子交换色谱
ion exchange resin	离子交换树脂

L

Lineweaver-Burk	双倒数

M

β-ME，mercaptoethanol	*β*-巯基乙醇
methyl green	甲基绿

N

naphthol blue black	萘酚蓝黑

O

OD，optical density	光密度
oil red	油红

P

PAGE，polyacrylamide gel electrophoresis	聚丙烯酰胺凝胶电泳
partition chromatography	分配色谱

PCR，polymerase chain reaction	聚合酶链反应
pI	等电点
plasmid	质粒
POD，peroxidase	过氧化物酶
pyronine G	焦宁 G
pyronine Y	焦宁 Y

R

R_f	相对迁移率

S

Schiff base	席夫碱
SDS，sodium dodecyl sulfate	十二烷基硫酸钠
sephadex	交联葡聚糖
sepharose	琼脂糖凝胶
sepharose CL	交联琼脂糖
spectrophotometry	分光光度法
standard curve	标准曲线
Sudan black B	苏丹黑 B

T

T，transmittance	透光度
TEMED，tetramethyl ethylenediamine	四甲基乙二胺
toluidine blue	甲苯胺蓝

附录 8　常用网络与期刊资源

一、生物化学与分子生物学专业相关网址

网站名称	网址
中国生物化学与分子生物学学会	http: //www.csbmb.org.cn/
中国生物化学与分子生物学报	http: //cjbmb.bjmu.edu.cn/
北京大学生物化学与分子生物学系	http: //biochemistry.bjmu.edu.cn/
生物帮	http: //www.bio1000.com/
中生网	http: //www.seekbio.com/
中国生物技术信息网	http: //www.biotech.org.cn/
生物通	http: //www.ebiotrade.com/

中国生物技术网	http: //www.zgswjsw.com/

二、食品科学与工程专业相关网站

网站名称	**网址**
食品工艺学家学会	http: // www.ift.org/
食品科学网	http: //www.chnfood.cn/
中国食品科学技术学会	http: //www.cifst.org.cn/
世界食品网	http: //www.sp588.cc/
食品资源	http: //www.food-sources.com/
食品伙伴网	http: //foodmate.net/
食品安全信息	https: //www.foodsafety.gov/
世界卫生组织	http: //www.who.int/
联合国粮食及农业组织	http: //www.fao.org/
美国食品药品监督管理局	http: //www.fda.gov/
美国膳食协会网	http: //www.eatright.org/
美国农业部网	http: //www.usda.gov/
国家食品药品监督管理总局	http: //www.sfda.gov.cn/
欧盟食品安全局	http: //www.efsa.europa.eu/

三、期刊

食品研究进展（*Advances in Food Research*）
农业和生物化学（*Agriculture and Biological Chemistry*）
食品化学（*Food Chemistry*）
碳水化合物聚合物（*Carbohydrate Polymers*）
食品生物化学杂志（*Journal of Food Biochemistry*）
农业与食品化学杂志（*Journal of Agricultural Food Chemistry*）
纤维素化学与技术（*Cellulose Chemistry and Technology*）
食品技术（*Food Technology*）
食品产品开发（*Food Product Development*）